2015年安徽省重大教学改革研究项目“校企合作背景下以技能为导向的课程体系建设研究”（2015zdjy194）
安徽省高等学校省级质量工程项目“分析化学精品资源共享课程”（2016gxk123）
安徽省高等学校省级质量工程项目“药物化学教学团队”（2016jxtd103）
芜湖职业技术学院校级质量工程项目“工业分析技术专业综合改革试点”

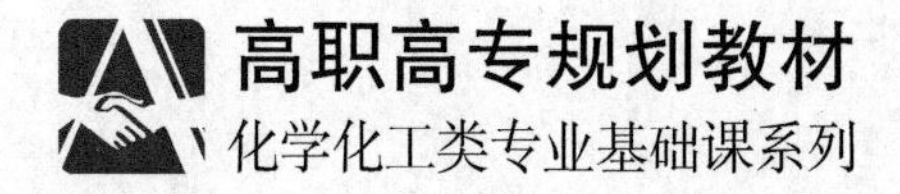

化学分析技术

顾　问　顾　攀　谢志宏
主　编　王　丹
副主编　刘　飞　田大慧
编　者（以姓氏拼音为序）
程国友　刘　飞　田大慧
王　丹　吴明星　杨入梅
钟先锦

北京师范大学出版集团
BEIJING NORMAL UNIVERSITY PUBLISHING GROUP
安徽大学出版社

图书在版编目(CIP)数据

化学分析技术/王丹主编. 一合肥:安徽大学出版社,2019.6(2024.12重印)
高职高专规划教材. 化学化工类专业基础课系列
ISBN 978-7-5664-1828-9

Ⅰ. ①化… Ⅱ. ①王… Ⅲ. ①化学分析一高等职业教育一教材 Ⅳ. ①O65

中国版本图书馆 CIP 数据核字(2019)第 087185 号

化学分析技术　　王　丹　主编

出版发行:北京师范大学出版集团
安徽大学出版社
(安徽省合肥市肥西路3号 邮编 230039)
www.bnupg.com
www.ahupress.com.cn
印　　刷:江苏凤凰数码印务有限公司
经　　销:全国新华书店
开　　本:787 mm×1092 mm　1/16
印　　张:13
字　　数:262千字
版　　次:2019年6月第1版
印　　次:2024年12月第4次印刷
定　　价:35.00元
ISBN 978-7-5664-1828-9

策划编辑:刘中飞　刘　贝　　装帧设计:李　军
责任编辑:刘　贝　武溪溪　　美术编辑:李　军
责任印制:赵明炎

前　言

本教材按照国家制定的高职高专院校课程标准，同时结合高职高专院校专业设置和学生群体的实际情况编写而成。本教材以全面推进素质教育，进一步深化课程改革及确立现代教育观、课程观、质量观为指导，着力体现“以能力为本位，理实并重”的高等职业教育理念。在教材编写中，充分吸取近年来各高职高专院校的分析检测技术课程改革取得的教学成果，充分考虑高职高专院校学生的身心特点和药品类、食品类专业及相关专业岗位对分析检测基础知识、基本方法和基本技能的要求；同时整合教学内容，提高教材的实用性和职业性，有助于推进“学做一体”、以任务为导向的教学模式的开展，从而更好地服务于高职高专教育教学改革。其主要特点如下：

1. 编写体例上采用“学做一体”的模式，打破以往理论与实训分割、实训辅助理论的状况；同时整合、优化教学内容，将理论知识与相关实训内容紧密结合，能够强化技能训练，加强与岗位任务融合。每章除了配有相关的基础实训外，还增加了能力拓展和综合实训，这样做的主要目的是：突出职业技能训练的主导地位；使理论教学与实践技能训练紧密结合，为“学做一体”提供较好的载体；为教学改革和各专业开设实训内容提供更多的选择空间。

2. 教学内容富有弹性，能满足药品类、食品类和其他专业学生或从事分析检测的工作人员学习的要求。本教材引入了知识目标、能力目标、知识链接、例题、思考题、知识点和练习题等模块，能够更好地帮助学生加深对分析检测技术的概念、原理和方法的理解，满足学生自学、提升和探究的需要，达到调动学生学习的积极性、拓展学生的知识面和培养学生创新能力的目的。

3. 在化学分析部分，增加了重量分析法内容，将滴定分析基础知识、酸碱滴定法、沉淀滴定法、配位滴定法和氧化还原滴定法整合为滴定分析法与检测技术，同时在教学内容和学时分配上也进行了缩减。

4. 为了更好地推行工学结合，本书编写组广泛征求了芜湖职业技术学院、安徽丰原药业股份有限公司、巢湖市疾病预防控制中心等单位专家的意见，采纳了专家提出的教材内容密切联系生产实际的建议，使教材内容更加符合岗位的需求。

本教材由王丹担任主编，刘飞、田大慧担任副主编，聘请安徽丰原药业股份有限公司工程师顾攀、巢湖市疾病预防控制中心副主任谢志宏担任编写顾问，编写人员有王丹、刘飞、田大慧、吴明星、钟先锦、程国友和杨入梅。由于编者水平和编写时间所限，教材中难免存在缺点和错误之处，恳请广大师生和专家批评指正。

编　者

2019 年 4 月

目 录

第1章 绪 论

知识目标

1. 掌握分析检测技术的任务和作用。
2. 掌握分析检测技术的分类。
3. 了解分析检测技术的发展趋势。
4. 熟悉定量分析的一般步骤。

能力目标

1. 学会制订分析计划。
2. 能够进行正确的取样及试样的制备操作。

第1节 分析检测技术的任务和作用

分析检测技术是依据物质的物理性质或化学性质，结合仪器的应用来鉴定物质的化学组成、测定物质组分的相对含量以及确定物质的化学结构的一门学科，现在人们一般将其分为化学分析检测技术和仪器分析检测技术两部分。

其中，化学分析检测技术的主要任务是：

(1)鉴定物质的化学组成。

(2)测定物质组分的相对含量。

(3)确定物质的化学结构。

仪器分析检测技术的主要任务是：

(1)定性分析。

(2)定量分析。

(3)结构分析。

(4)特殊分析(物相分析、微区分析、表面分析、价态分析及状态分析等)。

分析检测技术是一门重要的基础科学，它不仅为化学的各个分支学科提供有关物质的组成和结构信息，而且在科学研究、国民经济建设、环境保护和医疗卫生事业的发展及药学教育等方面都有着极其重要的作用。

在科学研究方面，分析检测技术所研究的范围已经超出化学领域。在当今以生物科学和生物工程为基础的“绿色革命”中，分析检测技术在细胞工程、基因工程、蛋白质工程、发酵工程以及纳米技术的研究方面发挥着重要的作用。因此，分析检测技术的发展水平是衡量一个国家科学技术水平的重要标志之一。

在经济建设方面，分析检测技术承担着重要的任务。例如，在自然资源开发中对矿样、石油等产品质量的自动检测；在工业生产中对原料、中间体和成品质量的控制与自动检测；在农业生产中对土壤成分、化肥、农药和粮食的分析及对农作物生长过程的研究，均离不开分析检测技术。因此，分析检测技术是监测国民经济发展状况的“眼睛”。

在医药卫生事业方面，分析检测技术也承担着重要的任务。如临床检验、疾病诊断、病因调查、药品研发、药品质量的全面控制、中草药有效成分的分离和测定、药物代谢和药物动力学研究、药剂的稳定性以及生物利用度、生物等效性研究、药品食品包装材料检测等方面，都离不开分析检测技术。

分析检测技术在医学检验技术和药学专业中尤其重要，是一门重要的专业基础课。许多后续课程和它有关，如检验专业的临床检验、卫生理化检验和微生物检验等课程。药品类相关专业开设的药物化学中对原料、中间体及成品分析和药物构效的研究，药物分析中对药品质量标准的制定、药物主成分的含量分析及纯度检测，药剂学中对制剂稳定性、生物等效性的测定，天然药物化学中对天然药物有效成分的提取、分离、定性鉴定和化学结构的测定，药理学中对药物分子的理化性质和药理作用的关系及药物代谢动力学的研究等，都与分析检测技术有着密切的关系。通过学习本课程，学生不仅能掌握分析检测技术的有关理论及操作技能，还将学到科学研究的方法，对培养实验操作技能，提高分析解决实际问题的能力，牢固树立“量”的概念，促进学生综合素质的发展具有重要的作用。

总之，分析检测技术和许多学科有着紧密的联系，高端科技的发展不仅对分析检测的方法和技术提出了严峻的挑战，也为其改革带来了机遇，拓展了其研究领域，使分析检测技术在多领域发挥着越来越重要的作用。

第2节　分析检测技术的方法分类

分析检测技术的方法多种多样，可从分析任务、分析对象、测定原理、试样用量、分析方法的作用5个方面来进行分类。

一、按分析任务分类

按分析任务不同，分析检测技术可分为定性分析、定量分析和结构分析。定性分析的任务是鉴定试样中元素、离子、基团或化合物组成，定量分析的任务是测定试样中各组分的相对含量，结构分析的任务是研究物质的分子结构和晶体结构。

一般在试样的成分已知时，可直接进行定量分析；如果试样的成分未知，则需先进行定性分析，再进行定量分析。对于新发现的化合物，需首先进行结构分析，确定分子结构后再进行定量分析。

二、按分析对象分类

按分析对象不同，分析检测技术可分为无机分析和有机分析。无机分析的对象为无机物，其主要任务是鉴定试样中元素、离子、原子团或化合物的组成及各组分的相对含量。有机分析的对象为有机物，其主要任务是鉴定试样的元素组成，进行官能团分析及有机物分子的结构分析。

三、按测定原理分类

按测定原理不同，分析检测技术可分为化学分析和仪器分析。**化学分析**是以物质发生化学反应为基础的分析方法，包括化学定性分析和化学定量分析两部分。根据化学反应的现象和特征来鉴定物质的化学成分称为化学定性分析；而根据化学反应中试样和试剂的用量，测定物质中各组分的相对含量称为化学定量分析。化学定量分析又分为重量分析和滴定分析。化学分析具有历史悠久、应用范围广、所用仪器简单、测定结果较准确等优点，故又被称为经典分析。其不足之处是灵敏度较低、分析速度较慢，因此，只适用于常量分析。

仪器分析是以测定物质的物理性质或物理化学性质为基础的分析方法，如电化学分析、光学分析和色谱分析等。其中仪器分析方法分类见表 1-1。仪器分析法具有灵敏、快速、准确及操作自动化程度高等特点，其发展快，应用广泛，特别适合微量分析、痕量分析或复杂体系的成分分析。但其不足之处在于有的仪器价格昂贵，不易普及。

表 1-1 仪器分析方法分类

方法分类	主要方法	被测物质的性质
光学分析	原子发射光谱分析、火焰光度分析	辐射的发射
	分子发光分析、放射分析	辐射的发射
	紫外可见分光光度法、原子吸收分光光度法	辐射的吸收
	红外分光光度法、核磁共振波谱法	辐射的吸收
	比浊法、拉曼光谱法	辐射的散射
	折射法、干涉法	辐射的折射
	X 射线衍射法、电子衍射法	辐射的衍射
	偏振法	辐射的偏转

续表

方法分类	主要方法	被测物质的性质
电化学分析	电位分析法 电导分析法 极谱/伏安分析法 库仑分析法	电极电位 电导 电流—电压 电量
色谱分析	气相色谱法、液相色谱法	两相间的分配

在进行仪器分析前，常常需要对试样进行预处理，如溶解试样、分离与掩蔽试样中的干扰物等。此外，仪器分析还需要化学纯品作标准，而这些化学纯品的成分和含量的确定大多需要采用化学分析方法，所以，化学分析技术与仪器分析技术是相辅相成、互相配合的，前者是分析方法的基础，后者是分析方法发展的方向。化学分析技术与仪器分析技术比较见表1-2。

表1-2 化学分析技术与仪器分析技术比较

项目	化学分析技术	仪器分析技术
测定物质的性质	化学性质	物理性质、物理化学性质
测量参数	体积、质量	吸光度、电位和发射强度等
允许误差	0.1%～0.2%	1%～2%或更高
组分含量	1%～100%	<1%或单分子、单原子
理论基础	化学（溶液四大平衡理论）	化学、物理、数学、电子学和生物学等
解决问题	定性、定量	定性、定量、结构、形态、能态和动力学等

四、按试样用量分类

按试样用量的多少，分析检测技术又可分为常量分析、半微量分析、微量分析和超微量分析。各种分析方法的试样用量和试液体积见表1-3。

表1-3 各种分析方法的试样用量和试夜体积

方法	试样用量(m)	试液体积(V)
常量分析	>0.1 g	>10 mL
半微量分析	0.1～0.01 g	1～10 mL
微量分析	0.1～10 mg	0.01～1 mL
超微量分析	<0.1 mg	<0.01 mL

五、按分析方法的作用分类

按分析方法在实际应用中的作用，分析检测技术可分为例行分析和仲裁分析。**例行分析**又称常规分析，是指一般化学实验室在配合生产中进行的分析，如药厂质检室的日常分析、化工厂产品质检室的常规检测等。**仲裁分析**是指不同单位对产品的分析结果有异议时，要求具有检测技术及资格的仲裁单位（如药检所、法定检验单位等）用法定方法进行的分析。

知识链接

药品质量检验包含：

1. 第一方检验：生产厂家在企业内部进行的检验，也称生产检验。

2. 第二方检验：买方的质量检验，由药品经营销售方进行，也称验收检验。

3. 第三方检验：质量监督部门检验，由各级药品检验所进行，也称仲裁与监督检验。

第3节 分析检测技术的发展趋势

分析检测技术是一门既古老又年轻的学科，它的起源可以追溯到古代的炼金术中。16世纪首次出现了使用天平的试金实验室，且很长时间内在很多方面都有应用，但是未建立起一套完整成熟的理论体系，只是把它视为一门技术。直到20世纪，随着化学基础理论的发展，相关学科间的相互渗透使分析检测技术得到了迅速发展，从一门技术到建立起一套完整成熟的理论体系，经历了三次巨大变革。

第一次变革发生在20世纪初，由于物理化学的溶液理论的发展，溶液四大平衡理论建立，为分析检测技术提供了理论基础，使其由一门技术发展成为一门学科。

第二次变革是近代物理学——核物理学、电子学、原子结构及原子能科学的发展，使分析检测技术又从以化学分析检测技术为主的经典检测技术，发展到以仪器分析检测技术为主的现代分析检测技术，使快速、灵敏的仪器分析检测技术获得蓬勃发展。其间，人们研发出多种检测仪器，应用于多学科、多领域、多方法的检测。

目前，分析检测技术又在经历第三次变革，即以计算机应用为标志的信息化革命。随着环境科学、生命科学、材料科学、能源科学的发展以及生物学、信息科学、计算机技术的引入，分析检测技术的发展进入了一个崭新的领域。第三次变革要求：不仅能确定分析对象中的元素、基团及含量，还能检测原子的价态、分子的结构和聚集态、固体的结晶形态、短寿命反应中间产物的状态等；不但可提供空间分析的数据，而且可做表面、内层和微区分析，甚至三维空间的扫描分析和时间分辨数据，尽可能快速、全面、准确地提供丰富的信息和有用的数据。

例如，在药物分析中，人们不仅要分析药物的结构和含量，还要分析药物的晶形，因为同一种药物可能由于晶形不同而在体内有不同的溶解度，从而产生不同的疗效。因此，现代分析检测不再仅仅是对物质静态的常规检验，而是深入生物体内，实现在线检测和对作用过程的动态监控。总之，现代分析检测已经突破了纯化学领域，它将化学与数学、物理学、计算机科学、生物学及精密仪器制造科学等紧密结合起来，并吸取当今科技最新成就，利用物质的一切可利用的特性，开发新方法与新技术，使分析检测技术发展成为一门融合多门学科的综合性学科，成为当代最富有活力的学科之一。

目前，分析检测技术正在向高灵敏度（分子、原子水平）、高选择性（复杂体系）、快速、自动、简便、经济以及分析仪器自动化、数字化、分析方法的联用和计算机化及智能化、信息化纵深等方面发展。

另外，化学分析检测已经在医学检验和药品检测领域有广泛且深入的应用，各种高端、精密、智能化的检测仪器在医药中的实际应用为人们提供了方便。希望同学们尤其是药学专业和医学检验专业的同学们，要重视、热爱分析检测技术这门学科。

思考题

从分析检测技术未来的发展趋势看，仪器分析法是否会取代化学分析法？

第4节　定量分析的一般步骤

定量分析的任务是测定试样中有关组分的相对含量，在分析检测之前，首先应明确分析任务，制订分析计划，然后按照取样、试样的制备、试样的含量测定和分析结果的表示等操作步骤完成分析任务。

一、制订分析计划

首先明确要解决的问题，如试样的来源、测定的对象、测定的样品数、可能存在的影响因素等。然后根据分析任务制订一个初步的分析计划，包括选用的方法及对准确度、精密度的要求等，以及所需的实验条件，如仪器、设备、试剂和温度等。

二、取样

为了得到有意义的化学信息，确保分析结果的科学性、真实性和代表性，取样非常重要。取样的基本原则是具有代表性，为此必须做到随机、客观、均匀、合理地取样。例如，生产一批原料药 100 kg，而实际分析的试样往往只需 1 g 或更少，如果所取试样不能代表整批原料药的状况，那么即使在分析测定中做得再准确，也是毫无意义的。因此，必须采用科学取样法，从大批原始试样的不同部分、不同深度选取多个取样点取样，然后混合均匀，并从中取出少量物质作为分析试样进行分析，才能保证分析结果能代表整批原始试样的平均组成和含量。

三、试样的制备

选取试样后还要对试样进行制备，使之适合于选定的分析测定方法，消除可能引起的干扰。试样的制备主要包括试样的分解和干扰物质的分离。

(一)试样的分解

定量分析中一般先将试样分解,制成溶液(干法分析除外)后再分析。试样的分解方法有很多,主要有溶解法和熔融法。

1. 溶解法

溶解法是指采用适当的溶剂,将试样溶解后制成溶液。由于试样的组成不同,溶解试样所用的溶剂也不同。常用的溶剂有水、酸、碱和有机溶剂4类。一般情况下,先选择水作为溶剂,不溶于水的试样可根据其性质选用酸或碱作溶剂。常用作溶剂的酸有盐酸、硝酸、硫酸、磷酸、高氯酸、氢氟酸以及它们的混合酸;常用作溶剂的碱有氢氧化钾、氢氧化钠、氨水等。若试样为有机化合物,则一般采用有机溶剂溶解。常用的有机溶剂有甲醇、乙醇、三氯甲烷、苯、甲苯等。

2. 熔融法

熔融法是对试样进行预处理,适合于一些难溶于溶剂的试样。根据试样的性质,将其与酸性或碱性熔剂一起在高温条件下发生复分解反应,使试样中的待测成分转变为可溶于酸、碱或水的化合物。按所用熔剂的酸碱性,可将熔融法分为酸熔法和碱熔法。常用的酸性熔剂有 $K_2Cr_2O_7$。常用的碱性熔剂有 Na_2CO_3、K_2CO_3、Na_2O_2、NaOH 和 KOH 等。

(二)干扰物质的分离

对于组成比较复杂的试样,在进行分析时,被测组分的含量测定常受样品中其他组分的干扰,需在分析前将被测组分分离。常用的分离方法有挥发法、萃取法、沉淀法和色谱法等。

四、试样的含量测定

根据试样的组成、被测组分的性质及含量、测定目的要求和干扰物质的情况等,选择恰当的分析方法进行含量测定。一般来说,测定常量组分常选用重量分析法和滴定分析法;测定微量组分常选用仪器分析法。例如,自来水中钙离子、镁离子的含量测定常选用滴定分析法,而矿泉水中微量锌的含量测定则常选用仪器分析法。

在测定前必须对所用仪器进行校正。实际上,实验室使用的计量器具和仪器都必须定时请权威机构进行校验,所使用的具体分析方法必须经过认证,以确保分析结果符合要求。定量方法认证包括准确度、精密度、检出限、定量限和线性范围等。

五、分析结果的表示

根据分析实验测量的数据，使用各种分析方法的计算公式，可计算出试样中待测组分的含量，即定量分析结果。待测组分不同，其分析结果的表示形式也有所不同。

1. 待测组分的化学表示形式

分析结果通常用待测组分实际存在形式的含量表示，如果待测组分的实际存在形式不清楚，则最好用其氧化物或元素形式的含量来表示分析结果。在金属材料的分析中常用元素形式（Ca、Mg、Al、Fe 等）的含量来表示分析结果，电解质溶液的分析结果常用所存在的离子含量来表示。

2. 待测组分含量的表示方法

固体试样的含量通常用质量分数表示，在药物分析中也可用含量百分数表示；液体试样中待测组分的含量通常用物质的量浓度、质量浓度和体积分数等表示；气体试样中待测组分的含量常用体积分数表示。

一个完整的定量分析结果，不仅包括含量测定结果，还包括测定结果的平均值、测量次数、测定结果的准确度、精密度以及置信度等，因此，应按测量步骤记录原始测量数据，原始测量数据必须真实、完整、清晰，不得任意涂改。根据实验数据，计算测定结果，最后还要对测定结果进行科学合理的分析判断，并写出书面报告。

知识点

1. 分析检测技术是研究物质组成、结构和形态等化学信息的有关理论和技术。

2. 分析检测技术的任务是确定物质的化学组成，测量试样中各组分的相对含量，确定组分化学结构及其对化学性质的影响。

3. 分析检测方法按分析任务、分析对象、测定原理、试样用量和分析方法的作用不同进行分类。常量组分分析检测一般选用化学分析法，微量、痕量组分分析则选用仪器分析法。明确定性分析、定量分析和结构分析的任务和分析检测技术在药学方面的作用。

4. 分析检测技术是一门建立在“量”概念上的基础学科；是一个获取信息、降低系统不确定性的过程；是一种实践性强、应用价值高的科学方法；是一门涉及化学、生物、电学、光学、计算机等知识的综合性学科，是当代最富有活力的学科之一。

5. 定量分析的操作过程一般包括制订分析计划、取样、试样的制备、试样的含量测定和分析结果的表示。

练　习　题

一、名词解释

1. 分析检测技术
2. 化学分析技术
3. 仪器分析技术
4. 无机分析
5. 微量分析

二、单项选择题

1. 分析检测技术按分析任务不同可分为(　　)
   A. 无机分析与有机分析　　B. 定性分析、定量分析和结构分析
   C. 例行分析与仲裁分析　　D. 化学分析与仪器分析
2. 半微量分析中对固体物质称量范围的要求是(　　)
   A. 0.01～0.1 g　　B. 0.1～1 g
   C. 0.001～0.01 g　　D. 0.00001～0.0001 g
3. 滴定分析属于(　　)
   A. 重量分析　　B. 电化学分析
   C. 化学分析　　D. 光学分析
4. 鉴定物质的组成属于(　　)
   A. 定性分析　　B. 定量分析　　C. 常量分析　　D. 化学分析
5. 测定 0.2 mg 样品中被测组分的含量,按取样量的范围属于(　　)
   A. 常量分析　　B. 半微量分析　　C. 超微量分析　　D. 微量分析
6. 用 pH 计测定溶液的 pH 属于(　　)
   A. 定性分析　　B. 滴定分析　　C. 结构分析　　D. 仪器分析

三、多项选择题

1. 分析方法可以按照(　　)进行分类
   A. 任务　　B. 对象　　C. 原理　　D. 用量　　E. 作用
2. 下列分析方法中,按分析对象进行分类的是(　　)
   A. 结构分析　　B. 化学分析　　C. 仪器分析　　D. 无机分析　　E. 有机分析
3. 下列分析方法中,称为经典分析法的是(　　)
   A. 光学分析　　B. 重量分析
   C. 滴定分析　　D. 色谱分析　　E. 电化学分析

4. 仪器分析法的特点是(　　)

A. 准确　　B. 灵敏　　C. 快速　　D. 价廉　　E. 适合于常量分析

5. 定量分析一般包括哪些操作步骤(　　)

A. 取样与制备样品　　B. 含量测定　　C. 数据的处理　　D. 结果的表示　　E. 结果的评价

四、简答题

1. 分析检测技术的任务是什么?

2. 简述分析检测技术的方法分类。

3. 简述化学分析技术和仪器分析技术的异同点。仪器分析检测是否能完全取代化学分析检测?

(吴明星)

第2章　定量分析误差与数据处理

知识目标

1. 掌握误差的类型及表示方法；掌握提高分析结果准确度的方法；掌握有效数字的修约和运算规则。

2. 熟悉准确度和精密度的表示与计算以及两者的关系；熟悉可疑值的取舍方法及分析结果的一般表示方法。

3. 了解分析数据的统计处理的意义和基本方法。

能力目标

1. 会进行有效数字的修约和运算。

2. 会进行可疑值的保留和舍弃。

3. 会正确表示分析结果。

第1节　误差和偏差

定量分析的目的是准确测定试样中物质的含量，因此，要求结果准确可靠。不准确的测定结果将会导致生产上的重大损失和科学研究的错误结论，因而是应当避免的。

在定量分析过程中，受所采用的分析方法、仪器和试剂、工作环境和分析者自身等主客观因素的制约，即使由技术熟练并富有经验的人员采用当前最完善的分析方法和精密的仪器进行测定，所得的结果与待测组分的真实含量也不可能完全相符，它们之间的差值就称为误差。而且同一分析者在相同的条件下，对同一试样细致地进行多次测定（称为平行测定），其结果也不会相同。

上述事实表明，在分析过程中，误差是客观存在且不可避免的。在定量分析中，不仅要对试样中待测组分含量进行准确的测定和正确的计算与表示，还要对测定结果的准确性和可靠性作出科学的评价，并对产生误差的原因进行分析，以便采取适当的措施减小误差，从而提高分析结果的准确性。

一、误差的类型

在定量分析中，根据误差产生的原因和性质，可将误差分为系统误差和偶然误差。

(一)系统误差

系统误差也称可定误差，是在测量过程中由某些确定的原因引起的。它对分析结果的影响比较固定，具有确定性、单向性、重复性及可测性等特点，因而可以设法减小或加以校正。

根据系统误差产生的具体原因，可将系统误差分为以下几类：

1. 方法误差

方法误差来源于分析方法本身不够完善或有缺陷。例如，反应未能定量完成，干扰组分的影响，在滴定分析中滴定终点与化学计量点不符合，在重量分析中沉淀的溶解损失、共沉淀和后沉淀的影响等，都可能导致测定结果偏高或偏低。

2. 仪器误差

仪器误差是由使用的仪器不精准或未经校准而引起的误差。例如，砝码因磨损或锈蚀造成其真实质量与名义质量不符，滴定分析器皿或仪表的刻度不准而又未经校正所引起的误差，均属于仪器误差。

3. 试剂误差

试剂误差是由所用化学试剂纯度不够或蒸馏水中含有微量的杂质而引起的误差。

4. 操作误差

操作误差是由分析工作者的实际操作与正确的操作规程有所出入而引起的操作误差。例如，在滴定管读数时偏高或偏低，辨别指示剂颜色时偏深或偏浅等。

在测定过程中，这 4 种误差都可能存在。因为系统误差是以固定的方向和大小出现，并具有重复性，所以，可用加校正值的方法予以消除，但不能用增加平行测定次数的方法减免。

(二)偶然误差

偶然误差又称随机误差或不可定误差。它是由偶然因素引起的，通常是测量条件(如实验室温度、湿度或电压波动等)有变动而得不到控制，使某次测量值异于正常值。偶然误差的大小和正负都不是固定的。因它在操作中不可避免，故这种误差的分布呈正态分布，如图 2-1 所示。

虽然有时偶然误差无法控制，但从图 2-1 可以发现，它们的出现服从统计规律。即大偶然误差出现的概率小，小偶然误差出现的概率大；绝对值相同的正、负偶然误差出现的概率大体相等，它们之间常能相互完全或部分抵消。所以，可以通过“增加平行测定次数，取平均值”减小测量结果中的偶然误差。

需要注意的是，在测量分析中，由分析工作者的过失而产生的差错，如读错刻度、看错砝码、加错试剂、溶液溅出和计算错误等，都不属于误差范畴，而是错误，应舍弃此分析数据。

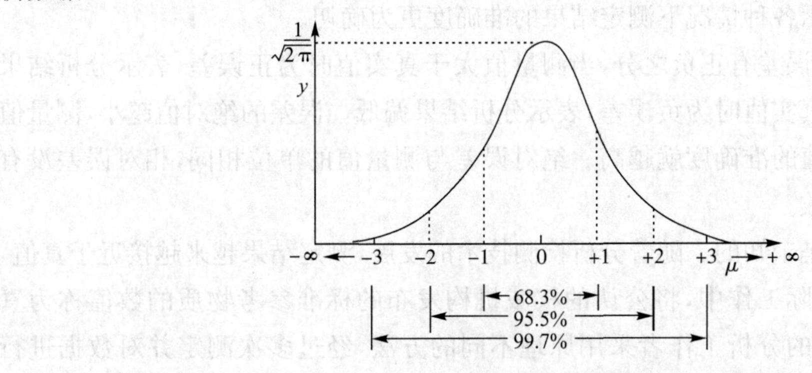

图 2-1　误差的正态分布曲线

二、准确度与精密度

(一)准确度与误差

准确度表示测量值与真实值接近的程度，用**误差**表示。测量值与真实值越接近，误差越小，就越准确；反之，误差越大，准确度就越低。误差有绝对误差和相对误差。

(1)绝对误差(E)指测量值(x)与真实值(μ)之差。

$$E = x - \mu \tag{2-1}$$

(2)相对误差(RE)指绝对误差(E)与真实值(μ)比值的百分率。

$$RE = \frac{E}{\mu} \times 100\% \tag{2-2}$$

【例 2-1】　某学生用万分之一分析天平称两份试样的质量，分别为 1.6380 g 和 0.1639 g，假定两份试样的真实质量分别为 1.6381 g 和 0.1638 g。求称量两份试样时的绝对误差和相对误差分别是多少？

解：两份试样的绝对误差分别是：

$$E_1 = 1.6380 - 1.6381 = -0.0001(\text{g})$$

$$E_2 = 0.1639 - 0.1638 = +0.0001(\text{g})$$

两份试样的相对误差分别为：

$$RE_1 = \frac{-0.0001}{1.6381} \times 100\% = -0.006\%$$

$$RE_2=\frac{0.0001}{0.1638}\times100\%=0.06\%$$

由此可知，绝对误差相等，相对误差并不一定相同。上例中第一个称量结果的相对误差的绝对值为第二个称量结果的相对误差的绝对值的十分之一。也就是说，对于同样的绝对误差，当被测定的量较大时，相对误差就比较小，测定的准确度也就比较高。因此，用相对误差来表示各种情况下测定结果的准确度更为确切。

绝对误差和相对误差有正负之分，当测量值大于真实值时为正误差，表示分析结果偏高；当测量值小于真实值时为负误差，表示分析结果偏低。误差的绝对值越小，测量值越接近于真值，测量值的准确度就越高。绝对误差与测量值的单位相同，相对误差没有单位，为小数或百分数。

一般来说，真值是未知的。随着分析检测技术的发展，测定结果越来越接近于真值，但不等于真值。在实际工作中，将公认的权威机构发布的标准参考物质的数值称为真值。它是由许多资深的分析工作者采用原理不同的方法，经过多次测定并对数据进行统计处理后得出的结果。它反映了当前分析工作中的最高水平，因而是相当准确的，也是相对的真值。

知识链接

约定真值和相对真值

约定真值：国际计量大会规定的值，如相对原子质量、相对分子质量及一些常数等。

相对真值：采用可靠的分析方法，在权威机构认可的实验室里，由不同的有经验的分析工作者使用最精密的仪器对同一试样进行反复多次实验，所得的大量数据经数理统计方法处理后的平均值。

(二)精密度与偏差

在相同条件下，多次测量结果之间相互接近的程度称为**精密度**，它反映了测定值的再现性。由于在实际工作中真值常常是未知的，因此，精密度就成为衡量测定结果的重要因素。

精密度的大小用**偏差**表示。如果测定数据彼此接近，则偏差小，测定的精密度高；相反，如果测定数据分散，则偏差大，精密度低。由于平均值反映了测定数据的集中趋势，因此，各测定值与平均值之差则体现了精密度的高低。偏差的表示方法有以下几种：

(1)绝对偏差(d)指各单次测定值(x_i)与平均值($\bar{x}$)之差：

$$d=x_i-\bar{x} \tag{2—3}$$

(2)平均偏差($\bar{d}$)指单个偏差绝对值的平均值：

$$\bar{d}=\frac{|x_1-\bar{x}|+|x_2-\bar{x}|+\cdots\cdots+|x_n-\bar{x}|}{n}=\frac{\sum_{i=1}^{n}|x_i-\bar{x}|}{n} \quad (2-4)$$

(3)相对平均偏差($R\bar{d}$)指平均偏差占平均值的百分率：

$$R\bar{d}=\frac{\bar{d}}{\bar{x}}\times 100\% \quad (2-5)$$

在测定分析中，分析结果的相对平均偏差一般应小于0.2%。用平均偏差和相对平均偏差表示精密度，简单、方便，但不能较好地反映一组数据的波动情况(即分散程度)。因此，对要求较高的分析结果常采用标准偏差、相对标准偏差表示精密度。

(4)标准偏差(S)指多个平行测定值(测定次数或样本数 $n\leqslant 20$)偏离平均值的距离的平均数，它是方差的算术平方根，其计算公式如下：

$$S=\sqrt{\frac{\sum_{i=1}^{n}(x_i-x)^2}{n-1}} \quad (2-6)$$

式中，$n-1$ 为样本自由度，当 n 趋向无穷大时，$n-1$ 趋向 n，$\bar{x}$ 趋向于真实值 μ。此时的标准偏差称为总体标准偏差，符号为 σ，其计算公式如下：

$$\sigma=\sqrt{\frac{\sum_{i=1}^{n}(x_i-\mu)^2}{n}} \quad (2-7)$$

(5)相对标准偏差(RSD)指标准偏差与平均值之比，可用 Sr 表示；如用百分率表示，又称为变异系数(CV)。

$$RSD=\frac{S}{\bar{x}}\times 100\% \quad (2-8)$$

【例 2-2】 用滴定分析法测定某药物的含量，平行测定 5 次，得到如下数据：37.45%、37.20%、37.50%、37.30%、37.25%。计算此结果的平均值、平均偏差、相对平均偏差、标准偏差、相对标准偏差。

解：$\bar{x}=\frac{37.45\%+37.20\%+37.50\%+37.30\%+37.25\%}{5}=37.34\%$

5 次测量的绝对偏差分别是：

$d_1=+0.11\%$；$d_2=-0.14\%$；$d_3=+0.16\%$；$d_4=-0.04\%$；$d_5=-0.09\%$

$$\bar{d}=\frac{\sum_{i=1}^{n}|x_i-\bar{x}|}{n}=\frac{0.11\%+0.14\%+0.16\%+0.04\%+0.09\%}{5}=0.11\%$$

$$R\bar{d}=\frac{\bar{d}}{\bar{x}}\times 100\%=\frac{0.11\%}{37.34\%}\times 100\%=0.30\%$$

$$S=\sqrt{\frac{\sum_{i=1}^{n}(x_i-\bar{x})^2}{n-1}}=\sqrt{\frac{(0.11\%)^2+(0.14\%)^2+(0.16\%)^2+(0.04\%)^2+(0.09\%)^2}{5-1}}$$

$$=0.13\%$$

$$RSD=\frac{S}{\bar{x}}\times 100\%=\frac{0.13\%}{37.34\%}\times 100\%=0.35\%$$

(三)准确度与精密度的关系

一般用准确度和精密度评价测量结果,前者表示测量结果的正确性,后者表示测量结果的重现性。准确度用误差来表示,它包括系统误差和偶然误差;而精密度用偏差来表示,它仅来源于偶然误差。所以,精密度高,准确度不一定高;但精密度高是准确度高的前提,好的分析结果要求准确度和精密度均高。图 2-2 表示甲、乙、丙、丁 4 位同学测定同一试样中某组分含量所得的结果。

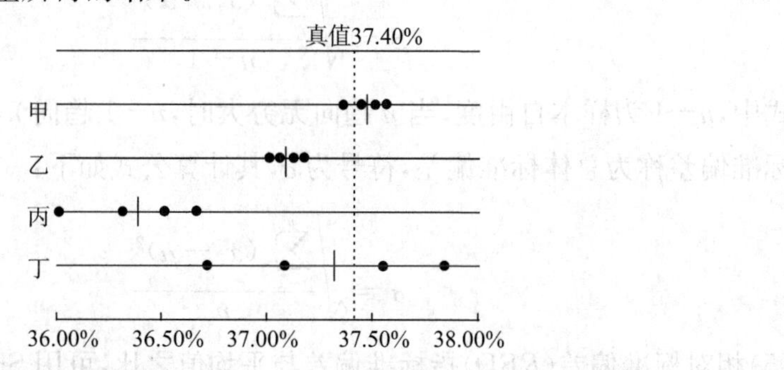

图 2-2 准确度和精密度的关系(·表示每次测定值,|表示平均值)

从图 2-2 可以看出,甲同学测定的结果接近,即精密度高,且各测量值与真实值很接近,说明测量结果的准确度高,测量结果可靠;乙同学测定的结果接近,但平均值与真实值相差较大,说明乙同学测定结果的精密度高,但准确度低,测量结果不可靠;丙同学测定结果的精密度和准确度都很差,测量结果更不可靠;丁同学测定结果的精密度很差,虽然平均值接近真值,但带有偶然性,是大的正负误差抵消的结果,其结果也不可靠。

由此可知,实验结果首先要求精密度高,才能保证准确。但精密度高也不能保证准确度高,因为可能存在系统误差(如乙同学的测量结果)。只有消除了系统误差,精密度高时准确度才高。因此,精密度高是保证准确度高的必要条件,准确度高一定要求精密度高,在评价分析结果时,既要有高的精密度,也要有高的准确度。

思考题

下面是 4 位同学射击后的射击靶图,请用精密度和准确度的概念来评价 4 位同学的射击成绩。

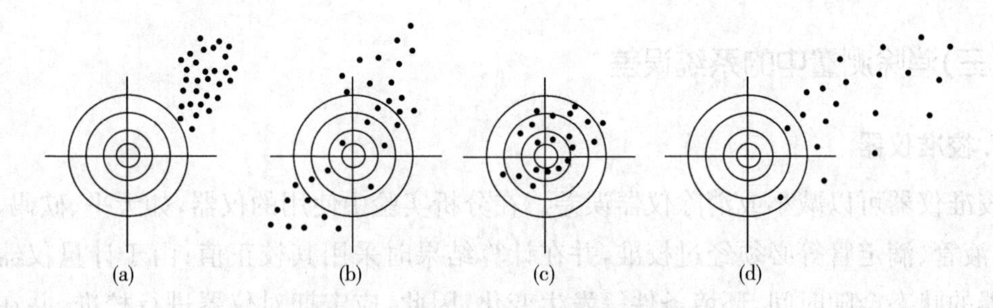

三、提高分析结果准确度的方法

在分析测量过程中，误差是不可避免的。从误差产生的原因来看，要提高分析结果的准确度，应尽可能减小分析测量过程中的系统误差和偶然误差。为减小分析测量过程中的误差，可从以下几个方面来考虑。

(一)选择适当的分析方法

首先需了解不同方法的灵敏度和准确度。应根据测定试样，选择合适的分析方法。重量分析法和滴定分析法的灵敏度虽然不高，但对常量组分的测定，能获得比较准确的分析结果，相对误差一般不超过千分之几。仪器分析法的相对误差较大，但是灵敏度较高、绝对误差小，且准确度符合要求，可用于微量或痕量组分的测定。

选择分析方法时，既要考虑被测组分的含量，也要考虑共存组分的干扰，并根据分析对象、样品情况及对分析结果的要求，选择适当的分析方法。

(二)减少测量误差

为了保证分析结果的准确度，在选定适当的分析方法后，还应尽量减少分析过程中各步骤的测量误差，一般要求各步骤的测量误差小于或等于 0.1%。如使用分析天平称量时，一般万分之一分析天平称量的绝对误差为±0.0001 g。用减重法称取 1 份试样时需称量 2 次，可能引起的最大误差是±0.0002 g，为了使称量的相对误差小于 0.1%，最小称样量不得小于 0.2 g。在滴定分析中，要设法减小滴定管的读数误差，一般滴定管的读数误差是±0.01 mL，滴定 1 次需读数 2 次，因此，可能产生的最大误差是±0.02 mL，为了使滴定的相对误差小于 0.1%，消耗的滴定液体积必须大于 20 mL。

思考题

在滴定分析中，当使用 50 mL 滴定管时，为什么要求滴定液消耗的体积为20～25 mL?

(三)消除测量中的系统误差

1. 校准仪器

校准仪器可以减小或消除仪器误差。在分析实验中使用的仪器,如天平、砝码、容量瓶、移液管、滴定管等必须经过校准,并在计算结果时采用其校正值;由于计量仪器及测量仪器的状态会随时间、环境条件等发生变化,因此,应定期对仪器进行校准,并在同一实验中使用同一套仪器。

2. 对照试验

对照试验是综合检验系统误差的有效方法,主要用于检查所选用的测量方法是否可靠,试剂是否失效。对照试验分为标准品对照法和标准方法对照法。

标准品对照法是用含量已知的标准试样或纯物质代替试样,在完全相同的条件下,用同一方法对其进行定量分析,由分析结果与已知含量的差值,求出分析结果的系统误差。用此误差对实际样品的定量结果进行校正,可减免系统误差。

标准方法对照法是用可靠分析方法与被检验的方法,以同一试样进行对照分析,根据结果判断有无系统误差。两种测量方法测得的结果越接近,则说明被检验的方法越可靠。

3. 回收试验

在没有标准试样,又不宜用纯物质进行对照试验时,可以向样品中加入一定量的被测纯物质(定量分析用对照品),用同一方法进行定量分析。由分析结果中被测组分含量的增加值与加入量之差,可估算出分析结果的系统误差,从而对测定结果进行校正。

4. 空白试验

在不加试样的情况下,按照与分析试样相同的方法、条件、步骤进行的定量分析称为空白试验,所得结果称为空白值。计算时从样品的分析结果中扣除空白值,就可以消除由试剂不纯、纯化水及玻璃器皿的杂质干扰等造成的系统误差。

(四)减少测量中的偶然误差

根据偶然误差的统计分布规律,在消除系统误差的前提下,用适当增加平行测定次数取平均值的方法,可以减少偶然误差对分析结果的影响。在一般分析中通常要求平行测定 3～5 次,在实验中选用稳定性更好的仪器,保持实验环境稳定,提高实验技术人员操作熟练程度等方式,都有助于减少偶然误差。

第 2 节　有效数字及其应用

在定量分析中，为了得到可靠的结果，不仅要准确测定各种数据，还要进行正确的记录和表示数据，并进行合理的处理和运算。测定值既表示了试样中被测组分的含量，也反映了测定的准确程度。因此，了解和掌握有效数字在定量分析中的应用具有很重要的作用。

一、有效数字的定义

有效数字是指在分析工作中实际上能测量的数字。在记录测量数据时，只允许保留一位可疑数字，即数据的末位数欠准，其误差是末位数的±1 个单位。

有效数字不仅可以表示数值的大小，还可以反映测量的精确程度。记录测量数据的位数(有效数字的位数)，必须与所使用的方法及仪器的准确程度相适应。例如，用 50 mL 量筒量取 25 mL 溶液，由于量筒只能准确到 1 mL，因此，只能记录两位有效数字 25。换言之，两位有效数字 25，说明末位的 5 有可能存在±1 mL 的误差，其实际体积为(25±1)mL。若用 50 mL 滴定管消耗 25 mL 溶液，则应记成 25.00 mL，因为滴定管可准确读到 0.1 mL，估计读到 0.01 mL，滴定时所用溶液的体积为 25.00 mL，此数值有四位有效数字，前三位为准确数字，最后一位 0 为可疑数字，实际体积应为(25.00±0.01)mL。由于不同仪器的精度不同，所记录的有效数字的位数也不同，因此，不能随意增减有效数字的位数。

在确定一个测量值的有效数字的位数时，数字 1～9 均为有效数字，数字 0 既可以是有效数字，也可以是只作定位用的无效数字。当 0 位于第一个数字 1～9 之前，则是无效数字，只起定位作用；当 0 位于数字 1～9 之间或小数中非 0 数字之后，则是有效数字，如：

0.6 g、0.002%	一位有效数字
0.065 g、0.40%	两位有效数字
0.0550 g、1.76×10^{-5}	三位有效数字
0.05005 g、6.023×10^{23}	四位有效数字
5.0005 g、98.765	五位有效数字

在实际操作中，变换单位时，有效数字的位数必须保持不变。例如，10.00 mL 应写成 0.01000 L；10.5 L 应写成 1.05×10^{4} mL，而不能写成 10500 mL。首位为 8 或 9 的数字，其有效数字可多计一位，如 86 g 可认为是 3 位有效数字。pH 及 pK_a 等对数值，其有效数字仅取决于小数部分数字的位数，因为其整数部分的数字只代表原值的幂次。例

如，pH =12.08，即$[H^+]=8.3\times10^{-3}$ mol/L，它的有效数字位数是两位，而不是四位。在表示准确度和精密度时，一般只取一位有效数字，最多取两位有效数字，如 $R\bar{d}$ = 0.02%。在有效数字计算中，若遇到倍数、分数关系，则由于它们不是测量所得，其有效数字位数可以认为是没有限制。

思考题

请问在台秤和在分析天平上称得同一物质的质量时，其有效数字位数表示是否相同？以此解释有效数字位数的意义。

二、有效数字的记录、修约规则及运算规则

在分析测试的过程中，可能涉及使用数种准确度不同的仪器或量器，因而所得数据的有效数字位数也不尽相同。为了得到正确的分析结果，必须按一定规则对数据进行记录、修约及运算，以免得出不合理的结论。

(一)有效数字的记录

根据所选用仪器的精度，记录测量数据的有效数字位数，记录数据只保留一位可疑数字。

(二)有效数字修约规则

按运算法则确定有效数字的位数后，舍去多余的尾数，称为数字修约。数字修约规则如下：

(1)按照国家标准 GB/T8170－2008《数值修约规则与极限数值的表示和判定》，采取“四舍六入五留双”的规则进行修约。当测量值中被修约数等于或小于 4 时，舍弃。当被修约数等于或大于 6 时，进位。当被修约数等于 5 时，若 5 后的数字不为 0，则进位；若 5 后无数字或为 0，则看 5 前的一位数，若为偶数(包括 0)，则舍弃，为奇数，则进位。

例如，将下列测量值修约为四位有效数字，得：

3.9074　　3.907
0.54876　　0.5488
1.85451　　1.855
1.85450　　1.854
0.68485　　0.6848
3.3255　　3.326

(2)只允许对原测量值进行一次修约至所需位数，不能分次修约。如将 2.346 修约成两位有效数字，不能先修约成 2.35，再修约成 2.4，而应一次修约成 2.3。

(3)在进行有效数字运算时,可多保留一位,运算后,再将结果修约到应有的位数。

(三)有效数字运算规则

(1)加减法。多个数相加减时,先以小数点后位数最少的数为准进行修约,再进行加减,使运算结果的误差和这些数中绝对误差最大的那个数相当。

例如,0.013+26.46+2.05872 求和,其中 26.46 的绝对误差为±0.01,是最大的,故以其小数点后两位有效数字为保留依据,对这三个数据进行修约后运算,所得结果为:0.01+26.46+2.06=28.53。

(2)乘除法。多个数相乘除时,先以有效数字位数最少的数为准进行修约,再进行运算,使计算结果的误差与这些数中相对误差最大的那个数相当。例如,求0.0325×5.103×60.064÷139.82 的结果,式中 0.0325 的相对误差最大且其有效数字为三位,因此,该算式结果只能保留三位有效数字,即 0.0325×5.10×60.1÷140=0.0712。

三、有效数字在定量分析中的应用

(一)正确选择测量仪器

不同的分析任务对测量仪器有不同的精度要求,因此,必须选择适当的测量仪器。例如,在常量分析中,用减重法称取 0.2 g 试样,一般要求称量的相对误差为±0.1%,其绝对误差为±0.2 g×0.1%=±0.0002 g。由于减量法称量时读两次数,因此,每次读数的绝对误差为±0.0001 g,应选用万分之一的分析天平才可以满足要求。若称量的质量在 2 g 以上,则选用千分之一的分析天平。

(二)正确记录测量数据

根据分析仪器和分析方法的准确度,正确记录测定值,且只保留一位可疑数字。在定量分析中,使用万分之一的分析天平,称量误差一般为±0.0001 g,应记录到小数点后第四位;测量滴定体积,读数误差一般为±0.01 mL,应记录到小数点后第二位。

(三)正确表示分析结果

在测定准确度允许的范围内,数据中有效数字的位数越多,表明测定的准确度越高。但是超过了测量准确度范围的过多位数是毫无意义的,反而降低了测量值的可靠性。通常情况下,对于含量≥10%的组分,分析结果要保留四位有效数字;对于含量为1%~10%的组分,分析结果要保留三位有效数字;对于含量<1%的组分,分析结果要保留两位有效数字。在采用滴定分析法测定常量组分(含量>1%)时,为了使测定结果达到上述要求,配制的标准溶液浓度应具有四位有效数字,此时应使用万分之一的分析天平进行称量，在测量滴定的体积时，应估计到±0.01 mL。对于各种误差的计算，一般只要求一至两位有效数字，采用过多的位数是毫无意义的。

思考题

在某分析室，甲、乙同时进行某试样中亚铁含量的测定。甲乙分别用万分之一的分析天平称取试样 0.2800 g，其分析结果报告为：甲 38.20%、乙 38.199%，请分析甲、乙的报告合理吗？为什么？

第 3 节　分析数据的统计处理

在定量分析中，分析人员获得一系列数据后，通常把这组数据的平均值作为测定结果进行报告。但所得的平均值与真值或标准值的差异是否合理？在精密分析中，只用测量数据的平均值作为测定结果进行报告是不确切的，还应运用数理统计的方法，对有限次测量的数据及分析结果的可靠性进行判断，并给予正确、科学的评价，再对分析结果作报告。

一、可疑值的取舍

在实际分析工作中，平行测定的数据中有时会出现一个或两个与其他结果相差较大的测定值，这种数据称为可疑值或逸出值。如果已经确证此数据是由测定中发生过失造成的，则无论此数据是否异常，都应舍去；而在原因不明的情况下，就必须按照一定的统计方法进行检验，然后再作出判断，是否将此数据舍去。例如，在测定某药物中 Co 的质量分数（$\times 10^{-6}$）时得到如下结果：1.25、1.27、1.31、1.40，显然第四个测量值可视为可疑值，该数据是否保留，需要查找原因后再作决定。目前常用的统计方法是 **G 检验法**和 **Q 检验法**。

（一）G 检验法

G 检验法是目前应用较多、准确度较高的检验方法，其具体步骤如下：

(1)计算包括可疑值在内的平均值和标准偏差。

(2)按下列公式计算 $G_{计}$ 值。

$$G_{计} = \frac{|x_{可疑} - \bar{x}|}{S} \tag{2-9}$$

(3)查 G 值表 2-1 得 $G_{表}$，如果 $G_{计} < G_{表}$，则将可疑值保留，否则应当舍弃。

表 2-1　不同置信度下的 G 值

n	3	4	5	6	7	8	9	10
$G_{95\%}$	1.15	1.48	1.71	1.89	2.02	2.13	2.21	2.29
$G_{99\%}$	1.15	1.49	1.75	1.94	2.10	2.22	2.32	2.41

(二)Q 检验法

Q 检验法又称舍弃商法,适用于平行测定次数较少的情况,其检验步骤如下:

(1)算出测定值的极差(最大值与最小值之差)。

(2)算出可疑值和其临近值之差。

(3)用下列公式计算 $Q_{计}$。

$$Q_{计}=\frac{|x_{可疑}-x_{相邻}|}{x_{最大}-x_{最小}} \tag{2—10}$$

(4)查 Q 值表 2-2 得 $Q_{表}$,若 $Q_{计}>Q_{表}$,则将可疑值舍去,否则应当保留。

表 2-2　不同置信度下的 Q 值

n	3	4	5	6	7	8	9	10
$Q_{90\%}$	0.94	0.76	0.64	0.56	0.51	0.47	0.44	0.41
$Q_{95\%}$	0.97	0.84	0.73	0.64	0.59	0.54	0.51	0.49
$Q_{99\%}$	0.99	0.93	0.82	0.74	0.68	0.63	0.60	0.57

【例 2-3】　6 次标定 NaOH 溶液的浓度,其结果为 0.1050 mol/L、0.1042 mol/L、0.1086 mol/L、0.1063 mol/L、0.1051 mol/L 和 0.1064 mol/L。分别用 G 检验法和 Q 检验法判断 0.1086 mol/L 是否应该舍去(置信度为 0.95)?

解: ① Q 检验法

$$Q_{计}=\frac{|0.1086-0.1064|}{0.1086-0.1042}=0.50$$

查 Q 值表 2-2 得 $n=6$,当置信度为 95%时,$Q_{表}=0.64$。由于 $Q_{计}<Q_{表}$,因此,应保留可疑值 0.1086。

② G 检验法

$$\bar{x}=\frac{0.1050+0.1042+0.1086+0.1063+0.1051+0.1064}{6}=0.1059$$

$$S=\sqrt{\frac{(-0.0009)^2+(-0.0017)^2+0.0027^2+0.0004^2+(-0.0008)^2+0.0005^2}{6-1}}$$

$$=0.0016$$

$$G_{计}=\frac{|0.1086-0.1059|}{0.0016}=1.69$$

查 G 值表 2-1 得 $n=6$,当置信度为 95%时,$G_{表}=1.89$。由于 $G_{计}<G_{表}$,因此,应保留

可疑值 0.1086。此法的判断结果与 Q 检验法一致。

二、分析结果的表示方法

在试样的定量分析中，一般在忽略系统误差的情况下，平行测定每个试样 3 次，即先计算测定结果的平均值，再计算相对平均偏差。若相对平均偏差小于等于 0.2%，则认为符合要求，取其平均值作为最后的测定结果，否则，此次实验不符合要求，需要重做。

【例 2-4】 测定某溶液的浓度，测定的结果分别为 0.9760 mol/L、0.9756 mol/L 和 0.9753 mol/L，计算溶液的平均浓度，并判断此次分析测定是否符合要求。

解：$\bar{x}=\dfrac{0.9760+0.9756+0.9753}{3}\approx 0.9753$

$$\bar{d}=\frac{0.0007+0.0003+0.0000}{3}\approx 0.0003$$

$$R\bar{d}=\frac{0.0003}{0.9753}\times 100\%\approx 0.03\%$$

由于 $R\bar{d}<0.2\%$，即本次实验符合要求，可用 0.9753 mol/L 报告其分析结果。

知识点

1. 定量分析中误差的来源。误差分为系统误差和随机误差。系统误差包括方法误差、仪器与试剂误差和操作误差。它是由固定原因引起的误差，是影响分析结果准确度的主要原因。可通过选择适当的分析方法及仪器、仪器校正、对照试验、空白试验、回收试验来发现、减小系统误差。偶然误差是由偶然因素引起的，可通过“多次测量，取平均值”的方法来减小偶然误差。

2. 准确度和精密度的含义、表示方法(误差和偏差)以及两者之间的关系。偶然误差影响测定结果的准确度；随机误差对测定值的精密度与准确度均有影响。

3. 有效数字的概念、记录和运算规则。有效数字的记录、修约和运算规则如下：

记录：记录测量值时，只保留一位可疑数字。

修约：①采取“四舍六入五留双”的规则进行修约。②一次修约到所需位数，不能分次修约。

运算：①先修约后运算。②加减法：各数据均应以小数点后位数最少的为准。③乘除法：各数据包括结果均应以有效数字位数最少的数为准。

要求：能根据测定准确度的要求，正确选择分析方法和量器，在运算中正确取舍有效数字，正确表示测定结果。

4. 可疑值的取舍常用 G 检验法和 Q 检验法。

基础实训 1　电子天平使用及称量练习

【目的】

1. 熟悉电子天平的称量原理、基本结构和性能指标。
2. 熟练掌握直接称量法、递减(差减)称量法和固定质量称量法的操作方法。
3. 学会正确使用电子天平。

【原理】

分析天平是分析化学实验室中最重要的称量仪器。常用的分析天平有电光分析天平和电子分析天平两大类。

电子天平是新一代天平,它利用电子装置完成电磁力补偿的调节,使物体在重力场中实现力的平衡,或通过电磁力矩的调节使物体在重力场中实现力矩的平衡。通过设定的程序,可实现自动调零、自动校正、自动去皮、自动显示称量结果,或将称量结果通过接口直接输出、打印等。

尽管电子天平的型号很多,但其基本结构和称量原理是基本相同的,主要形式是顶部承载式(又称上皿式)。悬盘式天平由于稳定性欠佳、不易平衡,已很少见。

顶载式电子天平是根据电磁力补偿工作原理制成的,称量时不需要砝码,将被测物放在天平盘上,几秒钟内即可达到平衡,显示读数,其结构如图 2-3 所示。该电子天平具有操作简便、称量速度快、精确度高等特点,还具有自动校正、去皮、超载指示、故障报警、质量电信号输出等功能,可与打印机、计算机联用,还可统计称量的最大值、最小值、平均值及标准偏差等。

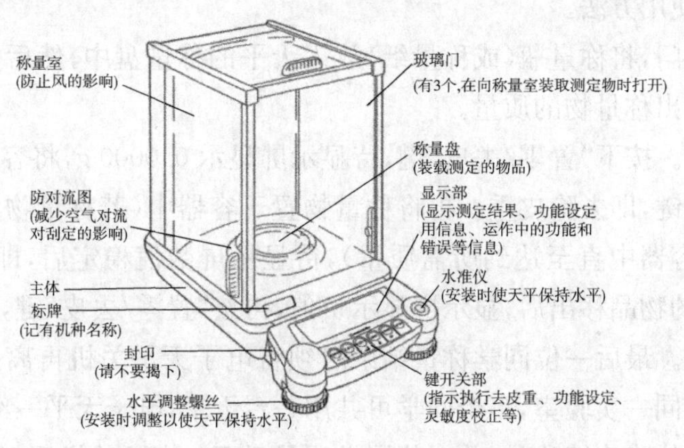

图 2-3　顶载式电子天平的基本结构示意图

【仪器与试剂】

1. 仪器

电子天平、称量瓶、烧杯。

2. 试剂

Na_2CO_3固体。

【内容与步骤】

1. 取下天平罩，叠好后平放在天平箱右后方的台面上或天平箱的顶部。

2. 称量时，操作者面对天平端坐，记录本放在胸前的台面上，存放和接受称量物的器皿放在天平箱左侧。

3. 操作开始前应作如下检查和调整。

(1)了解待称物体的温度与天平箱里的温度是否相同。如果待称物体曾加热或冷却过，必须将该物体放置在天平箱近旁一定时间，待该物体的温度与天平箱里的温度相同时再进行称量。盛放称量物的器皿应保持清洁干燥。观察天平箱内的干燥剂是否失效，若失效，则换上干燥的蓝色硅胶。

(2)观察天平称量盘是否清洁。若称量盘上有粉尘，则用软毛刷轻轻扫净；若称量盘上有斑痕脏物，则用浸有无水酒精的软布轻轻擦拭。

(3)检查天平是否处于水平位置。若水准仪的气泡不在圆圈的中心，则应站立，目视水准仪，用手旋转天平底板下面的两个垫脚螺丝，调节天平两侧的高度直至水平。使用时不得随意挪动天平。

(4)打开电源，预热至规定时间。轻按“开机”键，待天平显示屏出现稳定的 0.0000 g 后即可进行称量。

4. 电子天平使用方法。

(1)打开天平门，将称量瓶(或称量纸)放入天平的称量盘中，然后关上天平门，待读数稳定后，即可读出称量物的质量。

(2)去皮称量。按下“置零/去皮”键，待显示屏显示 0.0000 g，将容器放在天平盘上，再按“置零/去皮”键，即去除皮重。再将称量物置于容器中(若称量物为粉状或液体，则应逐步将其加入容器中直至达到所需质量)，待显示屏数值稳定后，即得称量物的净质量。将天平盘上的物品移出后，显示屏显示负值，再按“置零/去皮”键，则显示 0.0000 g。

(3)称量结束。最后一位同学称量结束时须将电子天平关机再离开(由于电子天平的称量速度快，在同一实验室，多个同学可共用一台天平；电子天平一经开机、预热、校准后，多个同学即可依次连续称量，前一位同学称量后不一定要关机后离开)。

5. 称量方法。

在分析化学实验中，常用的称取试样方法有固定质量称样法、递减（差减）称样法和直接称样法。

(1)固定质量称样法。在分析化学实验中，当需要用直接法配制指定浓度的标准溶液时，常常用固定质量称样法称取基准物质。此法只能用来称取不易吸湿的、且不与空气中各种组分发生作用的、性质稳定的粉末状物质，不适用于块状物质的称量。

具体操作方法如下：首先用去皮法调节好天平的零点，将称量纸放在称量盘中心，极其小心地用左手持盛有试样的药匙，伸向称量纸中心部位上方 2～3 cm 处，左手拇指、中指及掌心拿稳药匙，食指轻弹（最好是摩擦）药匙柄，让药匙里的试样以非常缓慢的速度抖入称量纸。这时，眼睛既要注意药匙，也要注视天平的读数盘，待读数盘的数值达到目标值时，停止弹击药匙。

(2)递减（差减）称样法。在递减（差减）称样法中，称取试样的量是由两次称量之差求得的，分析化学实验中用到的基准物和待测固体试样大都采用此法。采用本法称量时，被称量的物质不直接暴露在空气中，因此，本法特别适合称量易挥发、吸水以及易与空气中 O_2、CO_2 发生反应的物质。该法要求称量样品的质量为 0.20～0.25 g。

操作方法如下：戴上手套，用手拿住表面皿的边沿，连同放在上面的称量瓶一起从干燥器里取出。打开瓶盖，将稍多于需要量的试样用药匙加入称量瓶，盖上瓶盖，或用清洁的纸条叠成约 1 cm 宽的纸带，套在称量瓶上，如图 2-4 所示。左手把称量瓶放在天平称量盘的正中位置，称出称量瓶加试样的准确质量（准确到 0.1 mg），记下显示屏显示数值 m_1。左手将称量瓶从称量盘上取下，放在接收器的上方；右手打开瓶盖，但瓶盖不能离开接收器上方。将瓶身慢慢向下倾斜，这时原来在瓶底的试样逐渐流向瓶口。接着，用瓶盖轻轻敲击瓶口内缘，使试样缓缓加入接受容器内，如图 2-5 所示。待加入的试样量接近需要量时（通常从体积上估计或试重得知），一边继续用瓶盖轻敲瓶口，一边逐渐将瓶身竖直，使粘在瓶口附近的试样落入接受容器或落回称量瓶底部。然后盖好瓶盖，把称量瓶放回天平称量盘上，关好天平门，准确称其质量 m_2。两次称量读数之差（m_1-m_2）即为加入接受容器里的第一份试样的质量 Δm。若要称取 3 份试样，则连续称量 4 次即可。

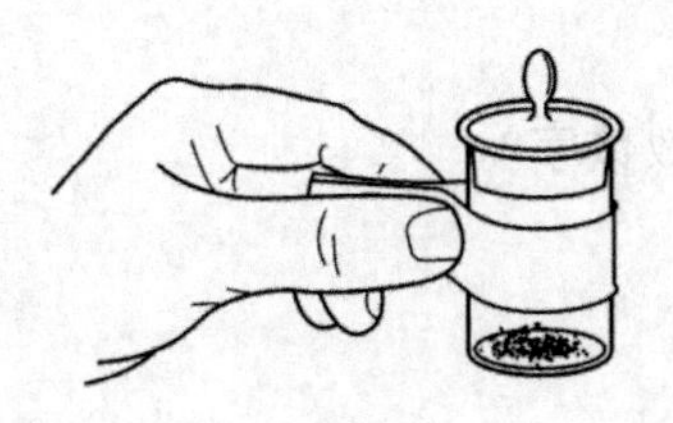
图 2-4　拿称量瓶方法

图 2-5　敲样方法

(3)直接称样法。对某些在空气中没有吸湿性的试样或试剂,如金属、合金等,可以用直接称样法称取。即将用药匙取的试样,放在已知质量的清洁而干燥的表面皿或硫酸纸上,一次称取一定质量的试样,然后将试样全部转移到接受容器中。

放在空气中的试样通常都含有湿存水(固体物质本身带有水分,这些水分不是结晶水),其含量随试样的性质和条件而变化。因此,不论用上述哪种方法称取试样,在称量前均必须采用适当的干燥方法,将水分除去。

【注意事项】

1.由于电子天平自重较轻,使用中容易因碰撞而发生位移,造成水平改变,因此,使用过程中动作要轻。

2.电子天平还有一些其他的功能键,有些是供维修人员调校用的,未经允许,不得使用这些功能键。

【数据记录与处理】

1.数据记录

年 月 日

记录项目	1	2	3
(称量瓶+试样)的质量(倒出前)	m_1	m_2	m_3
(称量瓶+试样)的质量(倒出后)	m_2	m_3	m_4
称出试样的质量 Δm			

2.数据处理

$\Delta m_1 = m_1 - m_2$;$\Delta m_2 = m_2 - m_3$;$\Delta m_3 = m_3 - m_4$。

【思考】

1.怎样用递减(差减)称样法和固定质量称样法称样?它们各有什么优缺点?分别宜在何种情况下采用?

2.电子天平的“去皮”称量是怎样进行的?

3.在记录和计算数据中,如何正确运用有效数字?

练　习　题

一、填空题

1. 系统误差又称可定误差，根据误差产生的原因，可将系统误差分为________________。

2. 减小偶然误差的方法是____。

3. 可疑值的取舍最常用的方法有____。

4. 有效数字的修约采用__________________________________规则。

二、单项选择题

1. 根据有效数字和准确度，判断下述哪种操作是正确的。

(1)配制 1000 mL 0.1 mol/L HCl 滴定液，需(　　)8.3 mL 12 mol/L 浓 HCl。

A. 用滴定管量取　　B. 用量筒量取

C. 用吸管量取

(2)配制 1 L 0.14 mol/L NaOH 标准溶液，需采用(　　)称取 5.6 g NaOH。

A. 万分之一的天平　　B. 千分之一的天平

C. 十分之一的台秤

2. 下列各项定义中，不正确的是(　　)。

A. 绝对误差是测定值与真值之差

B. 相对误差是绝对误差在真值中所占的百分率

C. 偏差是指测定值与平均值之差

D. 总体平均值就是真值

3. 精密度的表示方法不包括(　　)。

A. 绝对偏差　　B. 相对误差　　C. 平均偏差　　D. 相对平均偏差

4. 以下关于偶然误差的叙述中，正确的是(　　)。

A. 大小误差出现的概率相等　　B. 正负误差出现的概率相等

C. 正误差出现的概率大于负误差　　D. 负误差出现的概率大于正误差

5. 测量结果与被测量真值之间的一致程度，称为(　　)。

A. 重复性　　B. 再现性　　C. 准确性　　D. 精密性

6. 下列何种方法可用于减免分析测试中的系统误差(　　)。

A. 进行仪器校正　　B. 增加测定次数

C. 认真细心操作　　D. 测定时保持环境的湿度一致

7. 下列各数中，有效数字位数为四位的是(　　)。

A. $W_{CaO}=25.40\%$　　B. $[H^+]=0.0265$ mol/L

C. pH＝10.40　　D. 450 kg

8. 下列哪种方法可以减小分析测定中的偶然误差(　　)。

A. 对照试验　　B. 空白试验

C. 仪器校正　　D. 增加平行试验的次数

9. 在进行样品称量时,汽车经过天平室附近引起的天平震动属于(　　)。

A. 系统误差　B. 偶然误差　C. 过失误差　D. 操作误差

10. 砝码被腐蚀引起的误差属于(　　)。

A. 方法误差　　B. 空白试验

C. 仪器误差　　D. 增加平行试验的次数

11. 空白试验能减少(　　)。

A. 仪器误差　B. 偶然误差　C. 试剂误差　D. 操作误差

12. 2.0 L 溶液用毫升表示,正确的表示方法是(　　)。

A. 2000 mL　B. 2000.0 mL　C. 2.0×10^3 mL　D. 20×10^2 mL

13. 对定量分析结果的相对平均偏差的要求,通常是(　　)。

A. $R\bar{d}\geqslant0.2\%$　　B. $R\bar{d}\geqslant0.02\%$

C. $R\bar{d}\leqslant0.2\%$　　D. $R\bar{d}\leqslant0.02\%$

14. 用 20 mL 移液管移出的溶液体积应记录为(　　)。

A. 20.00 mL　B. 20.0 mL　C. 20 mL　D. 20.000 mL

15. 若电子天平的称量误差为±0.1 mg,用减重法称取试样 0.1000 g,则称量的相对误差为(　　)。

A. ±0.20%　B. ±0.10%　C. ±0.2%　D. ±0.1%

16. 某同学用 Q 检验法判断可疑值的取舍,是分以下几步进行的,其中错误的是(　　)。

A. 将测量数据按大小顺序排列

B. 计算除可疑值与邻近值之差

C. 计算舍弃 $Q_{计}$

D. 查表得 $Q_{表}$,若 $Q_{表}\geqslant Q_{计}$,则舍弃可疑值

17. 某同学在标定 HCl 溶液的浓度时,测定的 4 次结果分别为 0.1018 mol/L、0.1017 mol/L、0.1018 mol/L、0.1019 mol/L,而 HCl 溶液的准确浓度为 0.1036 mol/L,则该同学的测量结果为(　　)。

A. 准确度较好,但精密度较差　　B. 准确度较好,精密度也好

C. 准确度较差,但精密度较好　　D. 准确度较差,精密度也较差

18. 滴定管的读数误差为±0.02 mL,滴定时消耗标准溶液 20.00 mL,则相对误差是(　　)。

A. ±0.001%　B. ±0.01%　C. ±0.1%　D. ±1.0%

19. 实验中读错刻度属于(　　)。

A. 系统误差　B. 偶然误差　C. 过失错误　D. 操作误差

20. 定量分析工作要求测定结果的误差(　　)。

A. 越小越好　B. 在允许误差范围内

C. 等于零　D. 略大于允许误差

三、简答题

1. 简述误差与偏差、准确度与精密度的区别和联系。

2. 分析实践工作中常用何种方法表示精密度？与平均偏差相比，标准偏差能更好地表示一组数据的离散程度，为什么？如何提高分析结果的准确度？

3. 何谓有效数字？有效数字在分析工作中的应用有何意义？

4. 表示分析结果的方法有哪些？

5. 何谓空白试验，空白试验的目的是什么？

6. 滴定管的读数误差为±0.02 mL。如果滴定中消耗标准溶液的体积分别为 2 mL 和 20 mL 左右，读数的相对误差各是多少？相对误差的大小说明什么问题？

四、实例分析题

1. 下列数据各包括了几位有效数字？

(1)0.0330　(2)10.030　(3)0.01020　(4)8.7×10^{-5}

(5)$pK_a=4.74$　(6)pH =10.00

2. 甲乙同时测定某一试样中硫的质量分数，均称取试样 3.5 g，所得结果分别为：甲：0.042%、0.041%；乙：0.04099%、0.04201%。请问哪一份报告是合理的，为什么？

3. 测定铁矿石中铁的质量分数(以 $\omega_{Fe_2O_3}$ 表示)，5 次测定的结果分别为 67.48%、67.37%、67.47%、67.43%和 67.40%。计算平均偏差、相对平均偏差、标准偏差和相对标准偏差。

(钟先锦)

第3章　重量分析法

知识目标

1. 了解重量分析法的原理、应用及方法分类。
2. 掌握沉淀法中对沉淀形式和称量形式的要求及影响沉淀纯度的因素。
3. 了解沉淀形态及其影响因素；掌握晶形沉淀与无定形沉淀的沉淀条件。
4. 掌握沉淀法在定量分析中的应用。
5. 了解挥发法的测定原理；掌握物质的干燥方法。
6. 了解萃取法的测定原理及应用；掌握分配比、分配系数、萃取效率等概念。

能力目标

1. 能熟练进行重量分析法的结果计算。
2. 掌握重量分析法的基本操作，能熟练进行样品溶解、沉淀、过滤、干燥和灼烧等操作。
3. 能应用沉淀法和挥发法的测定原理进行待测物含量的测定。

重量分析法通常是指通过物理方法或化学反应将试样中待测组分与其他组分分离，以称量的方法称取待测组分或其难溶化合物的质量，从而计算出待测组分在试样中的质量分数。重量分析法实质上包括分离和称量两个过程。根据分离方法的不同，重量分析法又可分为**挥发法**、**沉淀法**和**萃取法**等，其中以沉淀法应用较多。

重量分析法是经典的化学分析方法，它通过直接称量得到分析结果，不需要引入许多数据，也不需要基准物质作比较。对于高含量组分的测定，重量分析法比较准确，一般测定的相对误差为0.1%～0.2%。对于高含量的硅、磷、钨、稀土元素等试样的准确分析，目前仍常用重量分析法。由于重量分析法操作较繁琐、费时，不适用于快速分析和生产中的控制分析，对低含量组分的测定误差较大，因此，在实践中逐渐被其他方法所取代。但目前仍有一些分析项目，如对一般供试样品中的水分测定，检查一些药品试验项目中的水中不溶物、炽灼残渣、中草药灰分、干燥失重及药典中某些药物的含量测定等，仍采用重量分析法。

第 1 节　沉淀法

沉淀法是利用沉淀反应，将试样中的待测组分转化为难溶物的形式(沉淀形式)从溶液中分离出来，经过滤、洗涤、干燥或灼烧后，得到一种纯净、稳定的物质形式(称量形式)，然后进行称量，最后根据称量形式的重量计算待测组分的含量。沉淀法是重量分析法中的主要方法。

一、沉淀法对沉淀形式和称量形式的要求

在沉淀法中，待测组分溶液中加入合适的沉淀剂后，析出的沉淀物质称为沉淀形式。沉淀形式经处理后，供最后称量的物质称为称量形式。在分析过程中，沉淀是经过干燥或灼烧后再进行称量的，在干燥或灼烧过程中可能发生化学变化，即称量的物质可能不是原来的沉淀，而是从沉淀转化来的另一种物质，因而沉淀形式和称量形式的化学组成可以相同，也可以不同。如用沉淀法测定 SO_4^{2-} 或 Ba^{2+} 时，沉淀形式和称量形式都是 $BaSO_4$，两者相同；但用沉淀法测定 Ca^{2+} 时，沉淀形式是 $CaC_2O_4 \cdot H_2O$，经灼烧后所得的称量形式是 CaO，两者不同。

沉淀法是一种具有高准确度的分析方法，测量误差主要与下列因素有关：①沉淀的完全程度。②沉淀的玷污程度。③沉淀的分离程度。④称量过程等。因此，为保证测定具有足够的准确度，在进行沉淀重量分析时，沉淀形式与称量形式应具备以下几个条件。

(一)对沉淀形式的要求

(1)沉淀要完全，沉淀的溶解度必须很小。沉淀溶解造成的损失量应不超过万分之一电子天平的称量误差范围，这样才能保证待测组分沉淀完全。一般要求溶解损失应小于 0.2 mg。

(2)沉淀应便于过滤和洗涤。尽量获得颗粒粗大的晶形沉淀。如果是无定形沉淀，应注意掌握沉淀条件，改善沉淀的性质。

(3)沉淀力求纯净。制备沉淀时应尽量避免带入其他杂质，或杂质尽量在洗涤、灼烧时除去。要求称量形式中所含杂质的量不得超过称量误差所允许的范围。

(4)沉淀形式应易转化为称量形式。

知识链接

沉淀的溶解度和溶度积

沉淀反应的完全程度主要取决于沉淀溶解度(S)或溶度积(Ksp)的大小，S 或 Ksp 越小，因沉淀溶解损失而引起的误差就会越小。同离子效应、盐效应、酸效应和配位效应等均会影响沉淀的溶解性。因而需要根据沉淀溶解平衡原理，充分考虑影响沉淀平衡的因素，尽可能减小沉淀的溶解损失。针对不同的测量组分，选择适当的沉淀剂和适宜的沉淀条件。

(二)对称量形式的要求

(1)有确定的化学组成。称量形式必须符合一定的化学式，这是对称量形式最重要的要求，是沉淀法定量计算分析结果的依据。

(2)性质必须十分稳定。称量形式不受空气中水分、二氧化碳和氧气的影响，在干燥、灼烧时不易分解。

(3)摩尔质量尽可能大。称量形式的摩尔质量大，这样少量的待测组分可以得到较大量的称量物质，从而提高分析灵敏度，减少称量误差。

思考题

请讨论测定铝时，称量形式分别为 Al_2O_3($M_{Al_2O_3}$ 为 101.96 g/mol)和 8-羟基喹啉铝 $Al(C_9H_6NO)_3$[$M_{Al(C_9H_6NO)_3}$ 为 459.44 g/mol]，若两种称量形式的沉淀在操作过程中损失量相同，请问哪种称量形式的准确度更高?

二、沉淀形态及其影响因素

为了获得纯净且易于分离和洗涤的沉淀，必须了解沉淀形成的过程和沉淀条件的选择。

(一)沉淀的形态

沉淀按其颗粒大小和外表形态的不同，可粗略地分为晶形沉淀(如 $BaSO_4$ 等)和无定形沉淀(如 $Fe_2O_3 \cdot nH_2O$ 等)两类。**晶形沉淀**是由较大的沉淀颗粒组成，颗粒直径为 0.1～1 μm，内部排列较规则，结构紧密，所占体积比较小，易于过滤和洗涤。**无定形沉淀**是由许多疏松微小沉淀颗粒聚集而成，颗粒直径一般小于 0.02 μm，沉淀颗粒的排列杂乱无序，其中又包含大量数目不等的水分子，可形成疏松絮状沉淀，体积大，不但容易吸附杂质，而且难以过滤和洗涤。

(二)沉淀的形成

沉淀的形成包括晶核的形成和晶核的成长两个过程。

1. 晶核的形成

晶核的形成有两种情况。一种是**均相成核**作用,在过饱和溶液中组成沉淀物的构晶离子由于相互碰撞及静电作用而缔合起来,自发地形成晶核,称为均相成核。例如,$BaSO_4$的均相成核是在过饱和溶液中,由于静电作用,Ba^{2+}和SO_4^{2-}缔合为离子对($Ba^{2+}SO_4^{2-}$),离子对进一步结合阴阳离子,形成离子群,当离子群生长到一定大小时,就构成晶核。一个$BaSO_4$晶核就是由8个构晶离子,即4个离子对($Ba^{2+}SO_4^{2-}$)组成。另一种是**异相成核**作用,在进行沉淀的过程中,溶剂、试剂以及容器内壁上存在大量肉眼看不见的固体颗粒,这些固体颗粒在沉淀过程中起着晶种的作用,诱导沉淀形成,称为异相成核。在进行沉淀反应时,溶液中不可避免地混有大量的固体微粒,因此,异相成核作用总是存在。在某些情况下,溶液中只有异相成核作用,此时溶液中晶核数目只取决于混入的固体颗粒的数目,而不再形成新的晶核。

2. 晶核的成长

溶液中有晶核形成之后,溶液中的构晶离子随即向晶核表面扩散,并沉积到晶核上,晶核逐渐长大成沉淀颗粒。这种沉淀颗粒有聚集成更大的聚集体的倾向。若沉淀颗粒互相凝聚,则生成无定形沉淀;若溶液中的构晶离子继续在沉淀颗粒周围定向排列,颗粒晶体不断增大,则生成颗粒较大的晶形沉淀。

(三)影响沉淀形态的主要因素

沉淀颗粒的形态和大小主要由聚集速度和定向速度的相对大小决定。构晶离子聚集成晶核,晶核成长为沉淀颗粒,沉淀颗粒进一步聚集成聚集体,这一过程的速度称为**聚集速度**。在聚集的同时,构晶离子在自己的晶核上按一定顺序排列于晶格内,晶核就渐渐增大而形成晶体,这种构晶离子定向排列的速度称为**定向速度**。在沉淀过程中,如果聚集速度大于定向速度,生成的晶核数多,却来不及进行晶格排列,则得到小颗粒的无定形沉淀。反之,如果定向速度大于聚集速度,构晶离子在自己的晶核上有足够的时间进行晶格排列,则得到较大颗粒的晶形沉淀。

聚集速度主要与溶液的相对过饱和度有关。上世纪初期,冯·韦曼(Von Weimarn)通过对制备$BaSO_4$沉淀的研究得出一个经验公式,即形成沉淀的初速度与溶液的过饱和度成正比,与所生成沉淀的溶解度成反比,可用式(3－1)表示:

$$V = \mathrm{K}\frac{Q-S}{S} \tag{3-1}$$

式中,V为聚集速度(或称形成沉淀的初始速度);Q为加入沉淀剂瞬间生成沉淀物质的浓度；S 为沉淀的溶解度；$(Q-S)$ 为沉淀物质的过饱和度；$(Q-S)/S$ 为相对过饱和度；K 为比例常数，它与沉淀的性质、温度和介质等因素有关。

由式(3－1)可见，如果沉淀的溶解度大，瞬间生成沉淀物质的浓度不高，溶液的相对过饱和度小，则聚集速度慢，易成长为大颗粒，得到晶形沉淀；反之，则生成无定形沉淀。如在稀溶液中沉淀获得 $BaSO_4$，通常是晶形沉淀；若在浓溶液(如溶液浓度为 0.75～3 mol/L)中沉淀获得 $BaSO_4$，则形成胶状沉淀。所以，只有设法增大沉淀的溶解度，降低溶液的相对过饱和度，才能获得大颗粒的晶形沉淀。

定向速度主要与沉淀物质的性质有关。一般极性强的盐类，如 $BaSO_4$、CaC_2O_4 等具有较大的定向速度，所以，得到的是晶形沉淀。而高价金属氢氧化物的极性较弱，溶解度极小，定向速度小而聚集速度大，一般都形成无定形沉淀或胶状沉淀。

知识链接

沉淀剂的选择

应根据对沉淀形式及称量形式的要求来考虑沉淀剂的选择。常要求沉淀剂具有较好的选择性，即要求沉淀剂只能和待测组分生成沉淀，与试液中的其他组分不起作用。例如，丁二酮肟和 H_2S 都可沉淀 Ni^{2+}，但在测定 Ni^{2+} 时常选用前者；又如沉淀 Zr^{4+} 时，选用在 HCl 溶液中与 Zr^{4+} 有特效反应的苦杏仁酸作沉淀剂，这时即使有钛、铁、钒、铝、铬等十多种离子存在，也不产生干扰。

此外，还应保证沉淀中或滤液中的过量沉淀剂易挥发或易通过灼烧除去。一些铵盐和有机沉淀剂都能满足这项要求。

许多有机沉淀剂的选择性较好，组成固定，易于分离和洗涤，不仅简化了操作，加快了速度，而且称量形式的相对分子量也较大，因此，在沉淀重量法中，有机沉淀剂的应用日益广泛。

三、影响沉淀纯度的因素

在重量分析法中，要求从溶液中析出的沉淀应是纯净的，不混有杂质的，或者所含的杂质不影响重量分析的准确度。所以，必须了解影响沉淀纯度的因素，从而找到提高沉淀纯度的方法。影响沉淀纯度的主要因素是共沉淀现象和后沉淀现象。

(一)共沉淀现象

在沉淀反应中，沉淀从溶液中析出时，溶液中某些可溶性杂质也夹杂在沉淀中同时沉淀下来，这种现象称为共沉淀。产生共沉淀的主要原因有以下三种：

1. 表面吸附

在沉淀颗粒内部，正、负离子按晶格的一定顺序排列，处在内部的每个构晶离子都被异电荷离子包围。如在 $BaSO_4$ 沉淀中，每个 Ba^{2+} 都被 SO_4^{2-} 包围，而每个 SO_4^{2-} 也都被 Ba^{2+} 包围，整个沉淀内部处于静电平衡状态。但处于沉淀颗粒表面和晶棱、晶角处的构晶离子至少有一个方向上的静电能力没有平衡，因而具有吸引异电荷离子的能力。$BaSO_4$ 沉淀在过量的 $BaCl_2$ 溶液中进行，沉淀表面首先吸附 Ba^{2+}，组成第一吸附层，使沉淀表面带负电荷；然后再吸附溶液中的 Cl^- 或 OH^-，组成第二吸附层，晶体表面吸附如图 3-1 所示。第一吸附层和第二吸附层共同构成沉淀表面的双电层，该双电层随沉淀一起沉降而玷污沉淀。

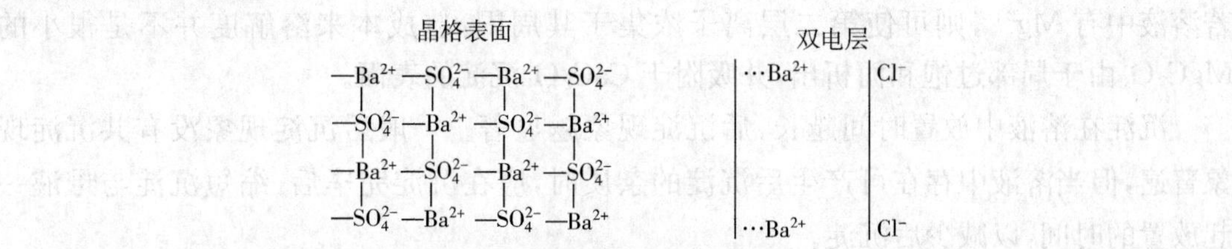

图 3-1　晶体表面吸附示意图

表面吸附作用具有选择性。第一吸附层优先吸附构晶离子或与构晶离子大小相近、电荷相同的离子。第二吸附层优先吸附可与第一吸附层离子生成微溶或离解度较小的化合物的离子，且离子价数越高、浓度越大越易被吸附。相对第一吸附层而言，第二吸附层的离子比较松弛，吸附得不太牢固，容易被溶液中浓度较大的其他离子置换，这一性质给洗去杂质提供了有利条件。

知识链接

影响表面吸附的因素

表面吸附杂质量的多少，与沉淀的总表面积、杂质离子浓度和温度等因素有关。沉淀的总表面积越大，吸附的杂质量越多；杂质离子浓度越大，被吸附的杂质量越多；溶液的温度越高，吸附的杂质量越少。

2. 形成混晶

每种晶形沉淀都有一定的晶体结构。当溶液中杂质离子与沉淀构晶离子的半径相近、晶体结构相似时，杂质离子可以取代构晶离子进入晶格而形成混晶。如 Pb^{2+} 与 Ba^{2+} 的离子半径相近，$BaSO_4$ 与 $PbSO_4$ 的晶体结构相似，Pb^{2+} 就可能混入 $BaSO_4$ 的晶格中，与 $BaSO_4$ 形成混晶而被共沉淀。

形成混晶的选择性较高，要避免也困难。而且由混晶造成的共沉淀不像表面吸附那样，能通过洗涤的方法除去杂质离子，要减少或消除混晶的最好方法是将有关杂质预先分离除去。

3. 包埋或吸留

在沉淀过程中，由于沉淀生成过快，沉淀表面吸附的杂质离子来不及离开就被随后沉积的沉淀所覆盖,因而被包埋在沉淀内部而引起共沉淀,这种现象称为吸留。吸留是由吸附引起的,因而符合吸附规律。吸留的杂质被包埋在沉淀内部,不能通过洗涤的方法除去,但可通过陈化或重结晶来降低杂质含量。

(二)后沉淀现象

沉淀析出后并与母液一起放置过程中,溶液中原来不能析出沉淀的组分也在沉淀表面逐渐沉积下来的现象,称为后沉淀。例如,CaC_2O_4沉淀表面吸附较高浓度的$C_2O_4^{2-}$,若溶液中有 Mg^{2+},则可使第二层离子浓集于其周围,造成本来溶解度并不是很小的MgC_2O_4由于局部过饱和而析出,并吸附于 CaC_2O_4沉淀的表面。

沉淀在溶液中放置时间越长,后沉淀现象越显著。一般后沉淀现象没有共沉淀现象普遍,但当溶液中存在可产生后沉淀的杂质时,应在沉淀完毕后,缩短沉淀与母液一起放置的时间,以减少后沉淀。

四、沉淀的条件

在沉淀重量法中,常加入适当过量的沉淀剂,利用同离子效应来降低沉淀的溶解度,以使沉淀完全。在一般情况下,沉淀剂用量为过量 50%～100%;若沉淀剂不易挥发,在干燥或灼烧时不易除去,则以过量 20%～30%为宜。如果沉淀剂过量,则可能因引起盐效应、酸效应及配位效应等而使沉淀的溶解度增大。此外,还应根据沉淀的不同形态,选择不同的沉淀条件,以获得符合沉淀法要求的沉淀。

(一)晶形沉淀的沉淀条件

1. 在适当稀的溶液中进行

稀溶液的相对过饱和度不大,有利于形成大颗粒的晶形沉淀。同时,由于晶体颗粒大,表面积小,吸附作用小,因此,表面吸附的杂质少。溶液稀时杂质浓度小,共沉淀现象减少,可提高纯度。但对于溶解度较大的沉淀,溶液不能太稀。

2. 在热溶液中进行

热溶液既可提高沉淀的溶解度,减小相对过饱和度,有利于得到大颗粒沉淀;又可减少沉淀对杂质的吸附,有利于得到纯净的沉淀。但对于热溶液中溶解度较大的沉淀,应放冷后再过滤,以减少溶解损失。

3. 在不断搅拌时慢慢地加入沉淀剂

这样可以防止局部过浓现象,使沉淀在整体或局部溶液中的过饱和度不致过高,有利于得到颗粒较大且纯净的沉淀。

4. 陈化

沉淀析出完全后,将沉淀与母液共同放置一段时间,这一过程称为陈化。陈化过程能使细小的结晶溶解，使粗大的结晶长大，最后获得晶形完整、纯净的大颗粒沉淀。这是因为具有较大表面积的细小结晶的溶解度比具有较小表面积的粗大结晶的溶解度大。同时，原来被小晶体吸附或包埋的杂质，也可因此进入溶液而减少。但陈化有利于后沉淀，应予以注意。

(二)无定形沉淀的沉淀条件

无定形沉淀的溶解度一般很小，沉淀中相对过饱和度较大，很难通过减小溶液的相对过饱和度来改变沉淀的性质。无定形沉淀颗粒微小，体积庞大，吸附杂质多，容易胶溶，难于过滤和沉淀。因此，对于无定形沉淀，主要考虑如何加速沉淀微粒凝聚，获得紧密的沉淀，减少杂质吸附和防止胶溶。至于沉淀的溶解损失，可以忽略不计。所以，无定形沉淀的形成条件是：

1. 在较浓的溶液中进行

加入沉淀剂的速度应适当加快，这样得到的沉淀含水量少、体积小、结构也较紧密。但无定形沉淀在浓溶液中进行，这样杂质的浓度相应提高，吸附的杂质也多，故在沉淀反应完毕后，应立即加入较大量热水冲稀并充分搅拌，使吸附的部分杂质转入溶液中。

2. 在热溶液中进行

在热溶液中进行沉淀可使沉淀微粒易于凝聚，以减少表面吸附，防止形成胶体，有利于提高沉淀的纯度。

3. 加入适量电解质

电解质电离产生的离子能中和胶体微粒的电荷，可防止形成胶体溶液，降低水化程度，促使沉淀凝聚。洗涤沉淀应用易挥发的电解质，如盐酸、氨水、铵盐等溶液，既可防止胶溶，又能将吸附层中难挥发的杂质交换出来。

4. 不必陈化

沉淀完全后，应趁热立即过滤，不必陈化。无定形沉淀一经放置，将逐渐失去水分而聚集得更加紧密，而且已吸附的杂质将很难洗去。

(三)均匀沉淀法

在晶形沉淀形成过程中，虽然是在不断搅拌时缓慢滴加沉淀剂，但仍不可避免地造成沉淀剂的局部过浓现象，采用均匀沉淀法能克服此现象。均匀沉淀法是利用化学反应，在溶液内部缓慢而均匀地产生所需的沉淀剂，待沉淀剂达到一定浓度时即产生沉淀。这样使沉淀在溶液中的过饱和度减小，又能较长时间维持过饱和状态，而且沉淀剂是均匀地分布于溶液各处，无局部过浓现象，因此，可以使沉淀从溶液中缓慢、均匀地析出，得到的沉淀颗粒大、结构紧密、纯净而且易于过滤、洗涤。

若用普通沉淀方法测定Ca^{2+}的含量并不理想，则可采用均匀沉淀法。在含有Ca^{2+}的酸性溶液中加入$(NH_4)_2C_2O_4$，因酸效应的影响，不能析出CaC_2O_4沉淀。然后再向溶液中加入$CO(NH_2)_2$，搅拌均匀后逐渐加热至90 ℃左右，$CO(NH_2)_2$逐渐水解生成NH_3并均匀分布在溶液中，NH_3中和溶液中的H^+，使酸度逐渐降低，$C_2O_4^{2-}$浓度徐徐增加，最后均匀而缓慢地析出粗大、纯净的CaC_2O_4沉淀。

$$CO(NH_2)_2 + H_2O = CO_2 + 2NH_3 \uparrow$$

(四)利用有机沉淀剂进行沉淀

与无机沉淀剂相比，有机沉淀剂一般具有选择性高、沉淀的溶解度小、沉淀吸附杂质少、沉淀物的分子量大、烘干后即可直接称重等优点。因此，它得到广泛应用。

思考题

1. 请利用沉淀溶解平衡原理解释为什么溶解度大的沉淀不能在浓度太稀的溶液中进行沉淀？
2. 为什么晶形沉淀需陈化，而无定形沉淀不必陈化？

五、沉淀法应用示例

(一)SO_4^{2-}的测定

测定SO_4^{2-}时，一般用$BaCl_2$将SO_4^{2-}沉淀成$BaSO_4$，再灼烧、称量，但较费时。多年来，许多专家学者都曾对沉淀法测定SO_4^{2-}作过不少改进，力图克服其繁琐费时的缺点。

由于$BaSO_4$沉淀颗粒较细，在浓溶液中沉淀时容易形成胶体，且$BaSO_4$不易被一般溶剂溶解，不能进行二次沉淀，因此，沉淀作用应在稀HCl溶液中进行。溶液中不允许有酸性不溶物和易被吸附的离子(如Fe^{3+}、NO_3^-等)存在。如果存在Fe^{3+}，则常采用EDTA掩蔽。

采用玻璃砂芯坩埚抽滤$BaSO_4$沉淀，再将其烘干、称量。虽然其准确度比灼烧法稍差，但可缩短分析时间。

$BaSO_4$沉淀法测定SO_4^{2-}的应用很广，玄明粉(泻药)、磷肥、萃取磷肥、水泥中的SO_4^{2-}和许多其他可溶性硫酸盐都可用此法测定。

(二)硅酸盐中SiO_2的测定

硅酸盐在自然界中分布很广，绝大多数硅酸盐不溶于酸，因此，试样一般需用碱性熔剂熔融后再加酸处理。此时金属元素成为离子溶于酸中，而大部分SiO_3^{2-}则成胶状硅酸$SiO_2 \cdot nH_2O$析出，少部分仍分散在溶液中，需经脱水才能沉淀。经典方法是用HCl

反复蒸干脱水，但这种方法繁琐、费时。后来多采用动物胶凝聚法，即利用动物胶吸附 H^+ 而使其带正电荷(蛋白质中氨基酸的氨基吸附 H^+)，与带负电荷的硅酸胶粒发生胶凝而析出。但必须蒸干才能完全沉淀。近年来，用长碳链季铵盐如十六烷基三甲基溴化铵(简称 CTMAB)作沉淀剂，它在溶液中呈带正电荷胶粒，可以不用再加 HCl 蒸干，而将 H_2SiO_3 定量沉淀，所得沉淀疏松而易于洗涤。这种方法比动物胶法优越，且可缩短分析时间。

用此法得到的 H_2SiO_3 沉淀，需经高温灼烧才能完全脱水和除去引入的沉淀剂。但即使经过灼烧，还可能带有不易挥发的杂质(如铁、铝等的化合物)。在要求较高的分析中，于灼烧、称量后，还需加 HF 及 H_2SO_4，然后再加热灼烧，使 SiO_2 转化成 SiF_4 而挥发逸去，最后称量，由两次质量差得纯 SiO_2 的质量。

(三)P_2O_5的测定

沉淀法测定 P_2O_5 的精密度较高，易获得准确结果。常采用磷钼酸喹啉重量法进行测定。磷钼酸喹啉沉淀颗粒比磷钼酸铵沉淀颗粒粗，较易过滤，但喹啉易挥发，且具有特殊气味，实验时要求实验室通风良好。

磷矿中的磷酸盐用酸分解后，可能生成偏磷酸(HPO_3)或次磷酸(H_3PO_2)等物质，故在沉淀前要用 HNO_3 处理，使之全部变成磷酸(H_3PO_4)。

磷酸在酸性溶液中[(7%～10%)HNO_3]与钼酸钠和喹啉作用形成磷钼酸喹啉沉淀，沉淀经过滤、烘干、除去水分后称量。反应式如下：

$$H_3PO_4 + 3C_9H_7N + 12Na_2MoO_4 + 24HNO_3 =\!=\!=$$
$$(C_9H_7N)_3H_3[PO_4 \cdot 12MoO_3] \cdot H_2O \downarrow + 11H_2O + 24NaNO_3$$

沉淀剂用喹钼柠酮试剂(含有喹啉、钼酸钠、柠檬酸、丙酮)，柠檬酸的作用是在溶液中与钼酸配合，以降低钼酸的浓度；避免沉淀出硅钼酸喹啉(干扰测定)，同时防止钼酸钠水解析出 MoO_3。丙酮的作用是使沉淀颗粒增大而疏松，便于洗涤，同时可增加喹啉的溶解度，避免其沉淀析出而干扰测定。

(四)其他

例如，用四苯硼酸钠 $NaB(C_6H_5)_4$ 沉淀 K^+，反应式如下：

$$K^+ + B(C_6H_5)_4^- =\!=\!= KB(C_6H_5)_4 \downarrow$$

此沉淀经过滤、烘干、除去水分后即可称量。

又如，丁二酮肟试剂与 Ni^{2+} 生成鲜红色沉淀，该沉淀组成恒定，经烘干后称量，可得到满意的结果。反应式如下：

$$Ni^{2+} + 2C_4H_8N_2O_2 =\!=\!= Ni(C_4H_7N_2O_2)_2 \downarrow + 2H^+$$

六、沉淀法的结果计算

沉淀法是一种不需要标准校正的定量方法，其定量基础是沉淀分离步骤前后被测组分主体元素的质量不变，即被测组分的主体元素在沉淀形式、称量形式和试样中的质量(或物质的量)守恒。因此，沉淀析出后，经过滤、洗涤、干燥或灼烧，制成符合称量形式要求的沉淀，用电子天平准确称重。依据一系列相关的化学反应(如沉淀反应、随后的沉淀形式到称量形式的转化反应等)的化学计量关系，根据所得沉淀的重量和样品的重量，计算试样中待测组分的含量百分比。

(一)化学因数

在重量分析中，通常按下式计算被测组分的质量分数：

$$\omega_x = \frac{m_x}{m} \tag{3-2}$$

式中：ω_x 为被测组分的质量分数；m_x 为被测组分的含量；m 为试样质量。

如果最后称量被测组分的质量，则分析结果的计算比较简单。例如，用重量法测定岩石中的 SiO_2，称样 0.2000 g，析出硅胶沉淀后将其灼烧成 SiO_2 的形式称量，得 0.1364 g，则试样中的 SiO_2 质量分数为：

$$\omega_{SiO_2} = \frac{m_{SiO_2}}{m} = \frac{0.1364}{0.2000} = 0.6820$$

但是，在很多情况下，沉淀(称量形式)与被测组分不一样，这时就需要由沉淀的质量计算出被测组分的质量，即：

$$m_x = Fm' \tag{3-3}$$

式中：m_x 为被测组分的含量；m' 为称量形式的质量；F 为**换算因数**或称为**化学因数**。F 为 m_x 和 m' 的比例系数，其意义是 **1 g 称量形式的沉淀相当于待测组分的克数**。

$$F = \frac{a \times \text{待测组分的摩尔质量}}{b \times \text{称量形式的摩尔质量}} \tag{3-4}$$

式中的 a 和 b 分别为使待测组分与称量形式的物质的量相当所配的系数。具体地说，知道了称量形式的质量后，乘以换算因数，即可求得被测组分的质量。换算因数可根据有关的化学式求得。表 3-1 为部分被测组分与称量形式的换算因数。

表 3-1　部分被测组分与称量形式的换算因数

被测组分	称量形式	换算因数
Fe	Fe_2O_3	$2M_{Fe}/M_{Fe_2O_3}$
MgO	$Mg_2P_2O_7$	$2M_{MgO}/M_{Mg_2P_2O_7}$
P_2O_5	$Mg_2P_2O_7$	$M_{P_2O_5}/M_{Mg_2P_2O_7}$
$K_2SO_4 \cdot Al_2(SO_4)_3 \cdot 24H_2O$	$BaSO_4$	$M_{K_2SO_4 \cdot Al_2(SO_4)_3 \cdot 24H_2O}/4M_{BaSO_4}$

注：换算因数与沉淀形式无关。

【例 3-1】 计算用 AgCl 测定 Cl^- 的换算因数。

解：称量形式为 AgCl，被测组分的表示形式为 Cl^-。1 mol AgCl(143.5 g)相当于 1 mol Cl^-(35.45 g)，1 单位的 AgCl 相当于 F 单位的 Cl^-，则：

$$M_{Cl^-} : M_{AgCl} = F:1$$

$$F = \frac{M_{Cl^-}}{M_{AgCl}} = \frac{35.45}{143.5} = 0.2470$$

【例 3-2】 计算 0.2000 g Fe_2O_3 相当于 FeO 的质量。

解：1 mol Fe_2O_3 相当于 2 mol FeO，换算因数为：

$$F = \frac{2M_{FeO}}{M_{Fe_2O_3}} = \frac{2\times 71.85}{159.7} = 0.8998$$

由换算因数计算 FeO 的质量：

$$m_{FeO} = F\times 0.2000 = 0.8998\times 0.2000 = 0.1800(g)$$

(二)重量分析结果的计算

【例 3-3】 称取某试样 0.2621 g，用 $MgNH_4PO_4$ 重量法测定其中镁的质量分数，得 $Mg_2P_2O_7$ 0.6300 g，求 MgO 的质量分数。

$$解：\omega_{MgO} = \frac{m_{Mg_2P_2O_7}\times \dfrac{2M_{MgO}}{M_{Mg_2P_2O_7}}}{m} = \frac{0.6300\times \dfrac{2\times 40.31}{222.56}}{0.2621} = 0.8707$$

【例 3-4】 称取某铁矿石试样 0.2500 g，经处理后，沉淀形式为 $Fe(OH)_3$，称量形式为 Fe_2O_3，质量为 0.2490 g，求 Fe 和 Fe_3O_4 的质量分数。

$$解：\omega_{Fe} = \frac{m_{Fe_2O_3}}{m}\times\frac{2M_{Fe}}{M_{Fe_2O_3}} = \frac{0.2490}{0.2500}\times\frac{2\times 55.85}{159.7} = 0.6966$$

$$\omega_{Fe_3O_4} = \frac{m_{Fe_2O_3}}{m}\times\frac{2M_{Fe_3O_4}}{3M_{Fe_2O_3}} = \frac{0.2490}{0.2500}\times\frac{2\times 231.55}{3\times 159.7} = 0.9627$$

【例 3-5】 测定四草酸氢钾的含量，用 Ca^{2+} 作沉淀剂，最后灼烧成 CaO 进行称量。称取样品 0.5172 g，最后得 CaO 0.2265 g，计算样品中 $KHC_2O_4\cdot H_2C_2O_4\cdot 2H_2O$ 的质量分数。

解：1 mol $KHC_2O_4\cdot H_2C_2O_4\cdot 2H_2O$ 相当于 2 mol CaC_2O_4，相当于 2 mol CaO，换算因数为：

$$F = \frac{M_{KHC_2O_4\cdot H_2C_2O_4\cdot 2H_2O}}{2M_{CaO}} = \frac{254.1}{2\times 56.08} = 2.266$$

$$\omega_{KHC_2O_4\cdot H_2C_2O_4\cdot 2H_2O} = \frac{0.2265\times 2.266}{0.5172} = 0.9924$$

第2节 挥发法

挥发法是利用物质的挥发特性，通过加热或其他方法使之与试样分离，然后进行称量，再根据称量结果计算待测组分的含量。根据称量对象不同，挥发法又可分为直接法和间接法。

一、直接法

待测组分与其他组分分离后，如果称量的物质为待测组分或其衍生物，通常称为**直接法**。如将带有一定结晶水的固体加热至适当温度，用高氯酸镁吸收逸出的水分，则高氯酸镁增加的质量就是固体样品中结晶水的质量。又如在进行有机物中碳、氢元素的分析中，将有机物放置于封闭的管道中，高温通氧炽灼后，其中的氢和碳分别生成 H_2O 和 CO_2；先用高氯酸镁选择性地吸收 H_2O，再用碱石棉选择性地吸收 CO_2，最后分别测定两个吸收剂各自增加的重量，就可分别换算出试样中氢元素和碳元素的含量。

《中国药典》规定的药品灰分和炽灼残渣的测定也属于直接法。只是，此时测定的不是挥发性物质，而是测定供试品经高温氧化挥发后剩下的不挥发性无机物质。

二、间接法

待测组分与其他组分分离后，如果通过称量其他组分，测定供试品减失的重量来求待测组分的含量，则称为**间接法**。《中国药典》规定对药品"干燥失重法"的测定属于间接法。例如，对于葡萄糖干燥失重的测定，称取葡萄糖($C_6H_{12}O_6 \cdot H_2O$)试样 1.1880 g，在 105 ℃加热干燥，除去试样中的水分和其他可挥发性物质，当干燥达到恒重时(恒重是指样品连续两次干燥或灼烧后的重量之差不超过某一规定值，《中国药典》规定为 ±0.3 mg)，试样的重量为 1.0811 g，则该试样的干燥失重为：

$$\frac{1.1880-1.0811}{1.1880}\times 100\% = 9.00\%$$

在间接法中，样品的干燥是关键，应根据试样的性质不同，采用不同的干燥方法。

(一)常压加热干燥

将试样置于电热干燥箱中，在常压(101.33 kPa)条件下加热干燥至恒重，温度一般控制在 105～110 ℃。常压加热干燥适用于性质稳定，受热不易挥发、氧化或分解变质的试样。如 $BaSO_4$、维生素 B_1 等干燥失重的测定，可选择 105 ℃进行干燥。对某些吸湿性强或水分不易被除去的样品，也可适当提高温度或延长干燥时间。

某些化合物如 $NaH_2PO_4 \cdot 2H_2O$，虽受热不易变质，但因结晶水的存在而有较低的熔点，在加热干燥时，未达到干燥温度就成熔融状态，这很不利于水分的挥发。测定这类物质的水分时，应先在较低的温度下或用干燥剂除去部分水分，再提高干燥温度。

(二)减压加热干燥

将试样置于恒温减压干燥箱中，在减压条件下加热干燥，加热温度一般为 60～80 ℃。减压加热干燥的温度越低，干燥时间越短，适用于高温中易变质或熔点低时水分难挥发的试样。如硫酸新霉素在常压加热干燥时间过长会分解变质，《中国药典》规定用五氧化二磷作为干燥剂，应在 60 ℃减压干燥至恒重。

(三)干燥剂干燥

将试样置于放有干燥剂的密闭容器中，在常压或减压的条件下进行干燥。干燥剂干燥是在室温下进行的，适用于遇热易分解、挥发及升华的样品。如 NH_4Cl 受热易分解，可置于放有浓硫酸的干燥器中干燥。有些试样在常压下干燥，其水分不易除去，可置于减压干燥器中干燥。

常用的干燥剂有浓硫酸、无水氯化钙、五氧化二磷、硅胶等，一般情况下，它们的吸水能力为：五氧化二磷＞浓硫酸＞硅胶＞无水氯化钙。使用时应根据试样的性质正确选择干燥剂，并检查干燥剂是否失效。

第 3 节　萃取法

萃取法是利用待测组分的溶解特性，用萃取剂萃取，使之与其他组分分离，再将萃取剂蒸干，根据干燥物的重量计算待测组分的含量。萃取法中有的是用萃取剂直接从固体粉末样品中萃取待测组分，称为**液-固萃取**；但更多的是将样品制成水溶液，再用与水不相混溶的有机萃取剂进行萃取，称为**液-液萃取**。本节主要讨论液-液萃取法的基本原理。

一、分配系数和分配比

液-液萃取是利用物质在互不相溶的两相中的分配系数或分配比不同，将待测组分从试样中分离出来。

(一)分配系数

现有含溶质 A 的水溶液（水相），向该溶液中加入与水不相溶的有机溶剂，水溶液中的溶质A将部分转移到有机溶剂中(有机相),使水相中A的浓度减小,有机相中A的浓度增大。假设溶质A只有一种存在形式,当溶质A在两相中的浓度不再发生变化时,即达到了分配平衡。

$$A_{水} \Leftrightarrow A_{有}$$

在一定温度下,溶质A在有机相中的平衡浓度$[A]_{有}$与在水相中的平衡浓度$[A]_{水}$之比,称为**分配系数**,用K_D表示。

$$K_D = \frac{[A]_{有}}{[A]_{水}} \tag{3-5}$$

分配系数与溶质和溶剂的特性以及温度等有关,在一定条件下是一个常数。显然,溶质A在有机相中的溶解度越大,在水相中的溶解度越小,则分配系数越大。

(二)分配比

在液-液萃取体系中,由于聚合、电离、配位及其他副反应,溶质在两相中可能有多种存在形式。假设溶质A以A_1、A_2……A_n等n种形式存在于两相中,在这个萃取体系中,达到分配平衡时,溶质A在有机相中的总浓度$c_{有}$与在水相中的总浓度$c_{水}$之比,称为**分配比**,用D表示。

$$D = \frac{c_{有}}{c_{水}} = \frac{[A_1]_{有} + [A_2]_{有} + \cdots\cdots + [A_n]_{有}}{[A_1]_{水} + [A_2]_{水} + \cdots\cdots + [A_n]_{水}} \tag{3-6}$$

分配比通常不是一个常数,它与试剂的浓度和溶质的副反应等因素有关。与分配系数相比,分配比的表述比较复杂,但它容易测得,因而更具有实用价值。

二、萃取效率

萃取效率是指萃取的完全程度,常用萃取百分率$E\%$表示,即:

$$E\% = \frac{c_{有} \times V_{有}}{c_{有} \times V_{有} + c_{水} \times V_{水}} \times 100\% \tag{3-7}$$

由式(3-7)可知,萃取百分率$E\%$与分配比D和两相的体积比$V_{水}/V_{有}$有关。分配比越大,体积比越小,萃取百分率越高。如果分配比D值不够大,根据"少量多次"的原则,常采用连续几次萃取的方法,用同样量的萃取剂分几次萃取。虽然这样操作比较麻烦,但可提高萃取效率。

假设含有W_0 g被萃取物质A的$V_{水}$ mL水溶液,用$V_{有}$ mL萃取剂萃取一次,如果留在水溶液中未被萃取的A为W_1 g,则萃取到萃取剂中的A为$(W_0 - W_1)$g,即:

$$D = \frac{c_{有}}{c_{水}} = \frac{\dfrac{(W_0 - W_1)}{V_{有}}}{\dfrac{W_1}{V_{水}}}$$

$$解得：W_1 = W_0\left(\frac{V_{水}}{D \times V_{有} + V_{水}}\right) \tag{3-8}$$

如果每次用 $V_{有}$ mL 萃取剂，共萃取 n 次，水相中剩余的 A 为 W_n g，则：

$$W_n = W_0\left(\frac{V_{水}}{D \times V_{有} + V_{水}}\right)^n \tag{3-9}$$

例如，含 10 mg 碘的 90 mL 水溶液，用 90 mL CCl_4 按下列两种情况萃取（已知 D=85)：①用 90 mL CCl_4 萃取一次，得 $E\%=98.84\%$。②每次用 30 mL CCl_4 萃取三次，则 $E\%\approx100.0\%$，萃取效率提高。

当 D 值太小时，仅仅依靠增大有机相的体积或不断增加萃取次数而使萃取完全，这种方法是不可取的。在实际工作中，一般要求 $D>10\%$。

三、萃取法应用示例

(1)二盐酸奎宁注射液的含量测定原理。抗疟药二盐酸奎宁注射液是一种生物碱制剂，它易溶于水，但其游离生物碱本身不溶于水，而溶于有机溶剂，故可用有机溶剂萃取，用萃取法测定。

(2)测定方法。精密量取一定量试样，加氨试液使试样成碱性，此时奎宁生物碱游离，用氯仿分次振摇萃取，直至把奎宁生物碱萃取完全。分离、合并氯仿萃取液，然后过滤，将滤液置于水浴上蒸去氯仿，干燥直至恒重，称量，这样就可计算样品中二盐酸奎宁的含量。

知识点

1. 重量分析法包括分离和称量两大步骤。根据分离方法的不同，分为沉淀法、挥发法和萃取法。

2. 沉淀法对沉淀形式和称量形式分别有不同的要求。

3. 沉淀的形成过程可大致表示如下：

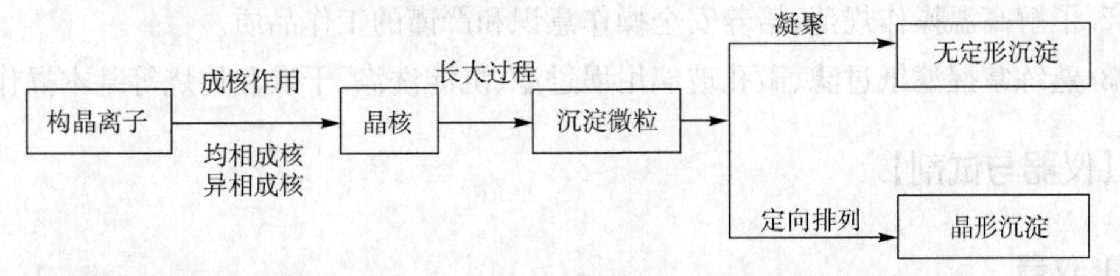

4. 影响沉淀纯度的因素及纯化沉淀的方法。

(1)影响纯度的因素：共沉淀（表面吸附、吸留与包夹和生成混晶）和后沉淀。

(2)提高纯度的措施：选择适当的分析程序，降低杂质离子的浓度，洗涤，必要时再沉淀。

5. 进行沉淀的条件。

(1)晶形沉淀：在稀溶液中进行、在热溶液中进行、不断搅拌时慢慢加入沉淀剂、陈化。采用均匀沉淀法可避免沉淀剂局部过浓，有利于得到晶形沉淀。

(2)无定形沉淀：在浓溶液中进行、在热溶液中进行、加入适量电解质、不必陈化，再沉淀(必要时)。

6. 沉淀法的应用及结果计算。

$$\omega_{\text{被测组分的质量分数}}=\frac{F\times \text{称量形式的质量}}{\text{试样质量}}$$

$$F=\frac{a\times \text{待测组分的摩尔质量}}{b\times \text{称量形式的摩尔质量}}$$

注：a、b 是使待测组分与称量形式的物质的量相当所配的系数。

7. 挥发法可分为直接法和间接法。间接法中根据试样的性质不同，可采用常压加热干燥、减压加热干燥、干燥剂干燥等方法。

8. 液-液萃取的完全程度常用萃取百分率 $E\%$ 表示，萃取百分率 $E\%$ 与分配比 D 和两相的体积比 $V_{水}/V_{有}$ 有关。

9. 分配比越大，体积比越小，则萃取百分率越高。如果分配比 D 值不够大，根据“少量多次”的原则，常采用连续几次萃取的方法，用同样量的萃取剂分几次萃取。

基础实训 2　沉淀法的基本操作

【目的】

1. 认识沉淀分析法中常用的仪器。
2. 了解高温操作规范，培养安全操作意识和严谨的工作品质。
3. 熟练掌握滤纸过滤、微孔玻璃坩埚过滤、沉淀洗涤、干燥和灼烧等基本操作。

【仪器与试剂】

1. 仪器

烧杯(100 mL、500 mL)、长颈漏斗、玻璃棒、表面皿、洗瓶、坩埚、电炉、坩埚钳、快速定量滤纸(9 cm)、淀帚、微孔玻璃坩埚、泥三角、干燥器、马弗炉。

2. 试剂

H_2SO_4 稀溶液、$BaCl_2$ 溶液。

【内容与步骤】

(一)试样的分解

1. 液体试样

可量取一定体积的液体试样,置于洁净烧杯中进行分析。

2. 固体试样

固体试样可用水溶、酸溶、碱溶和熔融等方法制备溶液。

(1)水溶。称取一定量能溶于水的试样,置于烧杯中,沿烧杯壁加入蒸馏水,用玻璃棒搅拌,使试样溶解,然后将玻璃棒放在烧杯嘴处,盖上表面皿。必要时,可加热以促其溶解,但温度不宜太高,以防止溶液溅出。

(2)酸(碱)溶。溶于酸溶液或碱溶液的试样,若在溶解时无气体产生,则按水溶解的方法处理。若溶解时有气体产生,则应先加少量水湿润试样,并盖上表面皿,由烧杯嘴处滴加溶剂,等剧烈作用后,用手自上面拿住表面皿和烧杯并轻轻摆动,使试样完全溶解;再用洗瓶吹洗表面皿的凸面和烧杯壁,使之流入烧杯内,切勿使溶液溅出。

(3)熔融。需用熔融法分解的试样,应根据所用熔剂的性质和被测组分的要求,选用适宜的坩埚,并将其洗净烘干。放入一部分熔剂和称取的试样,混匀后将剩余的熔剂盖在试样上,并盖上坩埚盖;在电炉或马弗炉中熔融之后,冷却至室温,放于烧杯中,加适量水稀释浸提;浸提完毕后用洁净坩埚钳取坩埚,用洗瓶吹洗坩埚内外壁并使之流入烧杯中,然后吹洗烧杯壁,盖上表面皿。

(二)沉淀的进行

准备好干净的烧杯,烧杯的底部和内壁不应有纹痕,再配上合适的玻璃棒和表面皿;三者组成一套,在整个操作过程中不得互换。

根据所形成的沉淀的性状(晶形或非晶形),选择适当的沉淀条件。沉淀所需试剂应事先准备好。加入液体试剂时,应沿烧杯壁或玻璃棒加入,勿使溶液溅出。沉淀剂一般用滴管逐滴加入,同时不停搅拌,以减少局部过饱和现象,搅拌时不要用玻璃棒敲打和刻划烧杯壁。若需要在热溶液中进行沉淀,最好在水浴上加热。沉淀剂加完后,需静置。在澄清的试样中,沿烧杯壁滴加一滴沉淀剂,观察沉淀剂滴落处是否出现浑浊,无浑浊时表明已沉淀完全,否则应补加沉淀剂直至沉淀完全。

(三)沉淀的过滤和洗涤

过滤沉淀常用的器皿有滤纸和微孔玻璃坩埚(微孔玻璃漏斗)。

1. 滤纸过滤

(1)滤纸的选择。溶液的黏度、温度、过滤时的压力、过滤器孔隙的大小和沉淀物质形态等,都会影响过滤的速度。溶液黏度越大,过滤越慢。热溶液比冷溶液容易过滤。无定形沉淀和粗大晶形沉淀,如 $Fe(OH)_3$、$Al(OH)_3$ 等不易过滤,应选用空隙较大的快速滤纸;中等粒度的晶形沉淀,如 $ZnSO_4$ 等可用中速滤纸;细晶形的沉淀,如 $BaSO_4$、CaC_2O_4 等因易穿透滤纸,应用紧密的慢速滤纸。选择的滤纸直径应与沉淀的量相适应,沉淀的量不应超过滤纸圆锥的一半,同时滤纸上边缘应低于漏斗边缘0.5~1 mm,以免沉淀漏出。

滤纸过滤采用常压过滤法,微孔玻璃坩埚过滤则常采用减压过滤法。常压过滤法所用的定量滤纸有快速、中速、慢速三种,一般为圆形,直径分别为 7 cm、9 cm、11 cm 等。定量滤纸又称为"无灰滤纸",一般在灼烧后,每张滤纸的灰分不超过 0.1 mg(小于或等于常量分析天平的感量),在重量分析法中可忽略不计。各类定量滤纸在滤纸盒上用白带(快速)、蓝带(中速)、红带(慢速)作为分类标志。

(2)漏斗的选择。漏斗的锥体角度应为 60°,漏斗颈的直径一般为 3~5 mm,颈长为 15~30 cm,颈口处磨成 45°,如图 3-2 所示。漏斗的大小应与滤纸的大小相适应,应使折叠后的滤纸上缘低于漏斗上沿 0.5~1 cm,决不能超出漏斗边缘。

(3)滤纸的折叠。折叠滤纸时手要洗净擦干。滤纸的折叠如图 3-3 所示。先把滤纸对折并按紧一半,然后再对折,但不要按紧,把折成圆锥形的滤纸放入漏斗中。滤纸的大小应低于漏斗边缘 0.5~1 cm,若高出漏斗边缘,可剪去一圈。观察折好的滤纸是否与漏斗内壁紧密贴合,若未贴合紧密,则可以适当改变滤纸的折叠角度,直至与漏斗贴紧后把第二次折边折紧。取出圆锥形滤纸,将半边为三层滤纸的外层折角撕下一块,这样可以使内层滤纸紧密贴在漏斗内壁上,撕下来的那块滤纸保留,用于擦拭烧杯内残留的沉淀。

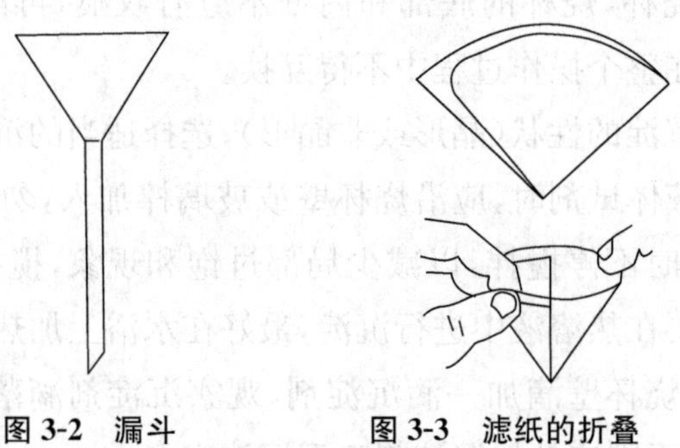

图 3-2 漏斗 **图 3-3 滤纸的折叠**

(4)做水柱。滤纸放入漏斗后,用手按紧使之与漏斗内壁紧密贴合,然后用洗瓶加水润湿全部滤纸。用手指轻压滤纸以赶去滤纸与漏斗壁间的气泡,然后加水至滤纸边缘,此时漏斗颈内应全部充满水,可形成水柱。滤纸上的水已全部流尽后,漏斗颈内的水柱应仍能保持，这样由于液体的重力可起抽滤作用，加快过滤速度。

若不能形成水柱，则可用手指堵住漏斗下口，稍掀起滤纸三层的一边，用洗瓶向滤纸和漏斗间的空隙内加水，直到漏斗颈及锥体的一部分被水充满，然后边按紧滤纸边慢慢松开堵住出口的手指，此时应该形成水柱。如仍不能形成水柱或水柱不能保持，而漏斗颈又确定洗净，则是因为漏斗颈太大。实践证明，漏斗颈太大的漏斗是不能形成水柱的，应更换漏斗。

做好水柱的漏斗应放在漏斗架上，下面放一个洁净的烧杯用于承接滤液，滤液可用于其他组分的测定。有时不需要滤液，但考虑在过滤过程中，可能有沉淀渗滤或滤纸意外破裂而需要重滤，所以，要用洗净的烧杯来承接滤液。为了防止滤液外溅，一般将漏斗颈出口斜口长的一侧贴紧烧杯内壁。漏斗位置的高低以过滤过程中漏斗颈的出口不接触滤液为宜。

(5)倾泻法过滤和初步洗涤。过滤和洗涤一定要一次完成，因此，必须事先计划好时间，操作不能间断，特别是过滤胶状沉淀。

过滤时，为了避免沉淀堵塞滤纸空隙，影响过滤速度，一般多采用倾泻法过滤。即倾斜静置烧杯，待沉淀下降后，先将上层清液倾入漏斗中，而不是一开始过滤就将沉淀和溶液搅匀后过滤，过滤操作如图3-4所示。将烧杯移到漏斗上方，轻轻提起玻璃棒，将玻璃棒下端轻碰烧杯壁，使悬挂的液滴流回烧杯中；将烧杯嘴与玻璃棒贴紧，玻璃棒直立，玻璃棒下端接近三层滤纸的一边，慢慢倾斜烧杯，使上层清液沿玻璃棒流入漏斗中，漏斗中的液面不要超过滤纸高度的2/3，或使液面离滤纸边缘约5 mm，以免少量沉淀因毛细管作用越过滤纸上沿而造成损失。

暂停倾注后，应将烧杯嘴沿玻璃棒往上提，逐渐使烧杯直立，待玻璃棒和烧杯由相互垂直变为几乎平行时，将玻璃棒由烧杯嘴移入烧杯中。这样才能避免留在玻璃棒端及烧杯嘴上的液体流到烧杯外壁。将玻璃棒放回原烧杯时，勿将上层清液搅混，也不要靠在烧杯嘴处(因烧杯嘴处沾有少量沉淀)，如此重复操作，直至将上层清液倾注完。当烧杯内的液体较少而不便倾出时，可将玻璃棒稍向左倾斜，使烧杯倾斜的角度更大些。

在倾注完上层清液后，可将沉淀置于烧杯中进行初步洗涤。根据沉淀类型选用适当的洗涤液。

① 晶形沉淀可用冷的稀的沉淀剂进行洗涤，因为同离子效应可以减少沉淀的溶解损失。若沉淀剂为不挥发的物质，则不能用作洗涤液，此时可改用蒸馏水或其他合适的溶液。

② 无定形沉淀用热的电解质溶液作洗涤剂，以防止产生胶溶现象，大多采用易挥发的铵盐溶液作洗涤剂。

③ 溶解度较大的沉淀采用沉淀剂和有机溶剂共同洗涤，可降低沉淀的溶解度。

洗涤时，沿烧杯内壁四周注入少量洗涤液，每次约20 mL，充分搅拌，静置。待沉淀沉降后，按上法倾注过滤，每次应尽可能将洗涤液倾尽，如此洗涤沉淀 4～5 次。随时检查滤液是否透明，即不含沉淀颗粒，否则应重新过滤或重做实验。最后少量沉淀的冲洗如图 3-5 所示。

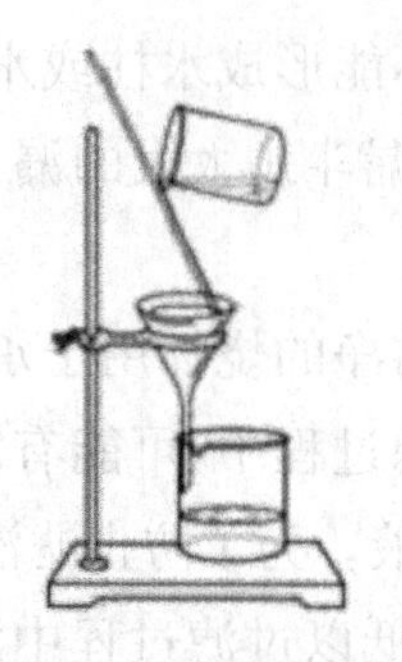

图 3-4 倾泻法过滤

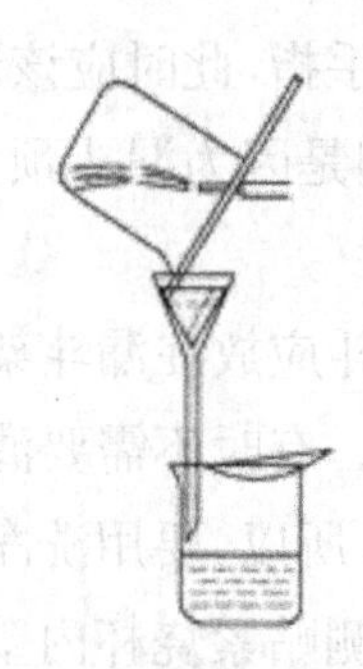

图 3-5 最后少量沉淀的冲洗

(6)沉淀的转移。沉淀用倾泻法洗涤后，在盛有沉淀的烧杯中加入少量洗涤液，搅拌混合后，全部倾入漏斗中，如此重复 2～3 次。将玻璃棒横放在烧杯口上，玻璃棒下端比烧杯口长 2～3 cm，左手食指按住玻璃棒，大拇指在前，其余手指在后，将烧杯放在漏斗上方，倾斜烧杯使玻璃棒仍指向三层滤纸的一边，用洗瓶冲洗烧杯壁上附着的沉淀，使之全部转移至漏斗中，如图 3-5 所示。

最后用保存的小块滤纸擦拭玻璃棒，再将其放入烧杯中，用玻璃棒压住滤纸进行擦拭。用玻璃棒将擦拭后的滤纸块拨入漏斗中，再用洗涤液冲洗烧杯，将残存的沉淀全部转入漏斗中。也可用淀帚(如图 3-6 所示)擦洗烧杯上的沉淀，然后将淀帚洗净。淀帚一般可自制，即剪一段乳胶管，一端套在玻璃棒上，另一端用橡胶胶水黏合，用夹子夹扁晾干即可。

(7)洗涤。将沉淀全部转移到滤纸上以后，再在滤纸上进行最后的洗涤。这时用洗瓶由滤纸边缘稍下处呈螺旋形向下移动冲洗沉淀，如图 3-7 所示，这样可使沉淀集中于滤纸锥体的底部，不可将洗涤液直接冲到中央滤纸上，以免沉淀外溅。

图 3-6 淀帚

图 3-7 洗涤沉淀

采用“少量多次”的方法洗涤沉淀，即每次加少量洗涤液，洗后尽量沥干，再加第二次洗涤液，这样可提高洗涤效率。洗涤次数一般都有规定，如洗涤 8～10 次或洗至流出液无 Cl^- 等。如果要求洗至流出液无 Cl^-，则洗几次后用小试管或小表皿接取少量滤液，

用硝酸酸化的 $AgNO_3$ 溶液检查滤液中是否还有 Cl^-，若无白色沉淀，则可认为已洗涤完毕，否则需进一步洗涤。

2. 微孔玻璃坩埚(微孔玻璃漏斗)过滤

有些沉淀如 AgCl 沉淀不能与滤纸一起灼烧，因其易被还原。有些沉淀如丁二肟镍沉淀、磷铝酸喹啉沉淀等，不需灼烧，只需烘干即可称量；也不能用滤纸过滤，因为滤纸烘干后，重量会改变很多。在这种情况下，应改用微孔玻璃坩埚(或微孔玻璃漏斗)(如图 3-8 所示)过滤。

图 3-8　微孔玻璃坩埚和微孔玻璃漏斗

这种滤器的滤板是用玻璃粉末在高温下熔结而成的，这类滤器的分级和牌号见表 3-2。

表 3-2　滤器的分级和牌号

牌号	孔径分级(μm)		牌号	孔径分级(μm)	
	>	≤		>	≤
$P_{1.6}$	—	1.6	P_{40}	16	40
P_4	1.6	4	P_{100}	40	100
P_{10}	4	10	P_{160}	100	160
P_{16}	10	16	P_{250}	160	250

注：资料引自 GB11415－1989。

滤器的牌号用每级孔径的上限值前置以字母“P”表示，上述牌号是我国于 1990 年开始实施的新标准。过去玻璃滤器一般分为 6 种型号，现将过去使用的玻璃滤器的旧牌号及孔径列于表 3-3。

表 3-3　滤器的旧牌号及孔径范围

旧牌号	G_1	G_2	G_3	G_4	G_5	G_6
滤板孔径(μm)	80～120	40～80	15～40	5～15	2～5	<2

分析实验中常用 P_{40}(G_3)和 P_{16}(G_4)号玻璃滤器。例如，过滤金属汞用 P_{40} 号，过滤 $KMnO_4$ 用 P_{16} 号漏斗式滤器，重量法测 Ni 用 P_{16} 号坩埚式滤器。

P_4 和 $P_{1.6}$ 号滤器常用于过滤微生物，而这种滤器又称为细菌漏斗。在使用这种滤器前，应先用强酸(HCl 或 HNO_3)处理，然后用水洗净。洗涤时通常采用抽滤法，如图 3-9

所示，在抽滤瓶瓶口配一块稍厚的橡皮垫，在橡皮垫上挖一个圆孔，将微孔玻璃坩埚(或微孔玻璃漏斗)插入圆孔中(市场上出售这种橡皮垫)，使抽滤瓶的支管与水流泵连接，先将强酸倒入微孔玻璃坩埚(或微孔玻璃漏斗)中，然后打开水流泵抽滤。当抽滤结束时，应先拔掉抽滤瓶支管上的胶管，再关闭水流泵，否则水流泵中的水会倒吸入抽滤瓶中。

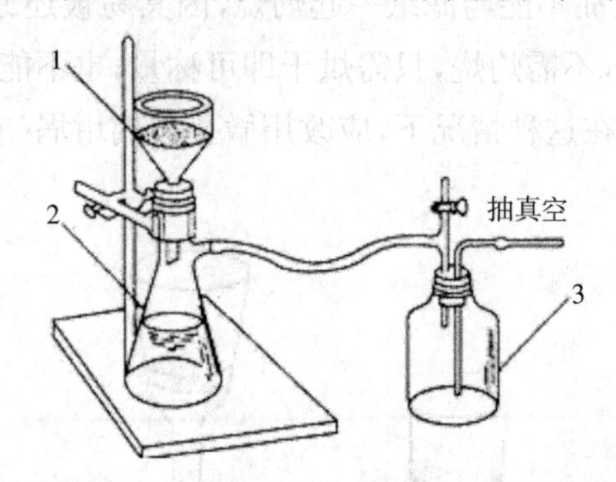

1. 微孔玻璃坩埚(或漏斗)；2. 抽滤瓶；3. 防倒流装置

图 3-9 抽滤装置图

这种滤器耐酸不耐碱，不可用强碱处理，也不适于过滤强碱溶液。将已洗净、烘干至恒重的微孔玻璃坩埚(或微孔玻璃漏斗)置于干燥器中备用，过滤时，所用装置与图 3-9 相同，在开动水流泵抽滤条件下，用倾泻法进行过滤，其操作步骤与上述用滤纸过滤相同，不同之处是在抽滤条件下进行。

(四)干燥和灼烧

沉淀的干燥和灼烧是在一个预先灼烧至恒重的坩埚中进行的，因此，在干燥和灼烧沉淀前，必须预先准备好坩埚。

1. 坩埚的准备

先将坩埚洗净，用小火烤干或烘干并编号(可用含 Fe^{3+} 或 Co^{2+} 的蓝墨水在坩埚外壁上编号)，然后在所需温度下加热灼烧(可在高温电炉中进行灼烧)。由于温度骤升或骤降常使坩埚破裂，最好将坩埚放入冷的炉膛中使其温度逐渐升高，或者将坩埚置于已升至较高温度的炉膛口预热一下，再放进炉膛中。一般将坩埚置于 800～950 ℃灼烧 0.5 h(新坩埚需灼烧 1 h)。从高温炉中取出坩埚时，应先将高温炉降温，然后将坩埚移入干燥器中，将干燥器连同坩埚一起移至天平室，冷却至室温(约需 30 min)后取出称量。随后进行第二次灼烧，15～20 min 后冷却和称量。如果前后两次称量结果之差不大于 0.2 mg，即可认为坩埚质量已恒定，否则还需再灼烧直至质量恒定。灼烧空坩埚的温度必须与以后灼烧沉淀的温度一致。

坩埚的灼烧也可以在煤气灯上进行。事先将坩埚洗净晾干，将其直立在泥三角上，盖上坩埚盖，但不要盖严，需留一小缝。将煤气灯逐渐升温，最后在氧化焰中高温灼烧，直至质量恒定，灼烧时间和在高温电炉中相同。

2. 沉淀的干燥和灼烧

准备好坩埚后即可开始沉淀的干燥和灼烧。利用玻璃棒将滤纸和沉淀从漏斗中取出，按图 3-10、3-11 所示折卷成小包，把沉淀包卷在里面。此时应特别注意，勿使沉淀有任何损失。如果漏斗上沾有沉淀，可用滤纸片擦拭，与沉淀包卷在一起。

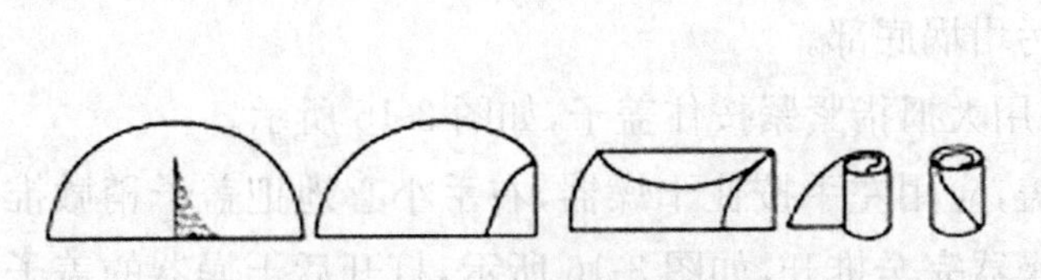

图 3-10 过滤后滤纸的折卷

图 3-11 沉淀后滤纸的折卷

将滤纸放入质量已恒定的坩埚内，使滤纸层较多的一边向上，这样滤纸较易灰化。按图 3-12 所示，将坩埚斜置于泥三角上，盖上坩埚盖，然后按图 3-13 所示将滤纸烘干并炭化，在此过程中必须防止滤纸着火，否则会使沉淀飞散而损失。若已着火，则应立刻移开煤气灯，并将坩埚盖盖上，让火焰自熄。

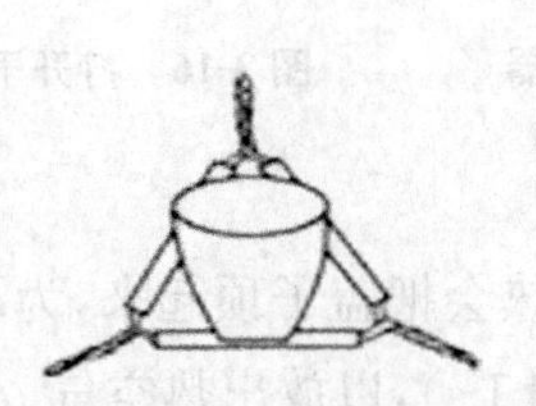

图 3-12 坩埚斜置于泥三角上

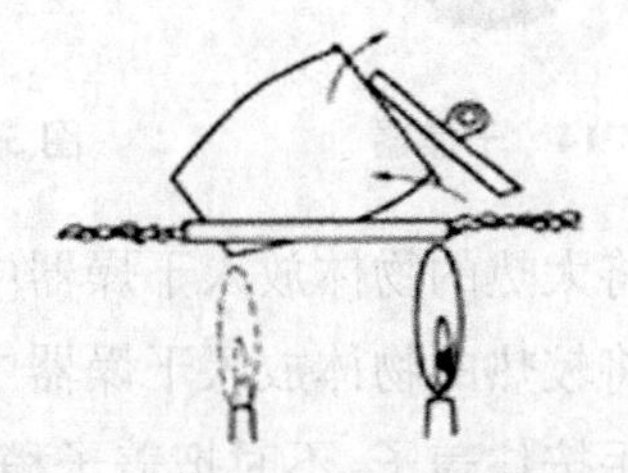

图 3-13 烘干和炭化

当滤纸炭化后，可逐渐提高温度，并随时用坩埚钳转动坩埚，把坩埚内壁上的黑炭完全除去，将炭烧成 CO_2 而除去的过程称为灰化。待滤纸灰化后，将坩埚垂直地放在泥三角上，盖上坩埚盖（留一小孔隙），于指定温度下灼烧沉淀，或者将坩埚放在高温电炉中灼烧。一般第一次灼烧时间为 30～45 min，第二次灼烧时间为 15～20 min。每次灼烧沉淀完毕并从炉内取出后，都需要在空气中稍冷却，再移入干燥器中。沉淀需冷却到室温后称量，然后再灼烧、冷却、称量，直至质量恒定。

微孔玻璃坩埚（或微孔玻璃漏斗）烘干即可称量。一般将微孔玻璃坩埚（或微孔玻璃漏斗）和沉淀一起放在表面皿上，然后放入烘箱中，根据沉淀的性质确定烘干温度。一般第一次烘干时间要长些，约 2 h，第二次烘干时间可短些，为 45～60 min，应根据沉淀的性质具体处理。沉淀烘干后，取出微孔玻璃坩埚（或微孔玻璃漏斗），置于干燥器中冷却至室温后称量。反复烘干、称量，直至质量恒定。

3. 干燥器的使用方法

干燥器是具有磨口盖子的密闭厚壁玻璃器皿，常用于保存坩埚、称量瓶、试样等物品。需在干燥器的磨口边缘涂一薄层凡士林，使之与盖子密合，如图 3-14 所示。干燥器底部盛放干燥剂，最常用的干燥剂是变色硅胶和无水氯化钙，其上搁置洁净的带孔瓷板，坩埚等放在瓷板上。干燥剂吸收水分的能力是有一定限度的。例如，硅胶在 20 ℃时，被硅胶干燥过的 1 L 空气中残留水分为 6×10^{-3} mg；在 25 ℃时，被无水氯化钙干燥过的 1 L 空气中残留水分小于 0.36 mg。因此，干燥器中的空气并不是绝对干燥的，只是湿度较低而已。使用干燥器时应注意下列事项：

(1)干燥剂不可放太多，以免玷污坩埚底部。

(2)搬移干燥器时，要用双手，并用大拇指紧紧按住盖子，如图 3-15 所示。

(3)打开干燥器时，不能向上掀盖，应用左手按住干燥器，右手小心地把盖子稍微推开，等冷空气徐徐进入后，才能将干燥器完全推开，如图 3-16 所示，打开后干燥器的盖子必须仰放在桌子上。

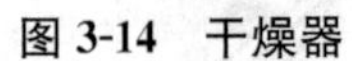

图 3-14　干燥器　　图 3-15　搬移干燥器　　图 3-16　打开干燥器

(4)不可将太热的物体放入干燥器中。

(5)有时将较热的物体放入干燥器中后，空气受热会把盖子顶起来，为了防止盖子被打翻，应当用手按住盖子，不时把盖子稍微推开(不到 1 s)，以放出热空气。

(6)灼烧或烘干后的坩埚和沉淀不宜在干燥器内放置过久，否则会因吸收一些水分而使质量略有增加。

(7)变色硅胶干燥时为蓝色(含无水 Co^{2+})，受潮后变粉红色(含水合 Co^{2+})，可将受潮的硅胶在 120 ℃烘干，待其变蓝后反复使用，直至破碎不能用。

(五)学生练习

教师按实际情况选择 $BaSO_4$ 或 AgCl 沉淀形式，要求学生按以上基本操作进行练习，注意各操作要点。

【技能操作要点】

1. 根据试样的性质选择合适的分解方法。

2. 注意晶形沉淀与非晶形沉淀的不同沉淀条件。

3. 过滤沉淀时，应根据沉淀性质选择合适的滤器。

4. 灼烧沉淀时，要注意安全，同时防止沉淀损失。将沉淀灼烧至恒重，采用干燥器冷却和保存。

基础实训 3　玄明粉中 Na_2SO_4 含量的测定

【目的】

1. 掌握 $BaSO_4$ 沉淀的制备原理及方法。
2. 熟练掌握样品的称取与溶解、沉淀的干燥与灼烧等基本操作。
3. 学会计算样品中 Na_2SO_4 的含量。

【原理】

在酸性溶液中，以 $BaCl_2$ 为沉淀剂，使玄明粉中的硫酸盐成为晶形沉淀析出，经陈化、过滤、洗涤、灼烧后，用 $BaSO_4$ 沉淀形式称量，即可计算出样品中 Na_2SO_4 的含量。

在 HCl 酸性溶液中进行沉淀，可防止 CO_3^{2-}、$C_2O_4^{2-}$ 等离子与 Ba^{2+} 形成沉淀，且酸度可增加 $BaSO_4$ 的溶解度，降低其相对过饱和度，有利于获得较好的晶形沉淀。由于沉淀剂过量，存在同离子效应，因此，溶解度损失可忽略不计。

Cl^-、NO^{3-}、ClO_3^- 等阴离子和 K^+、Na^+、Ca^{2+} 等阳离子均可参与共沉淀，故应在热稀溶液中进行沉淀，以减少共沉淀的发生。因 $BaSO_4$ 的溶解度受温度影响较小，故可用热水洗涤沉淀。

【仪器与试剂】

1. 仪器

烧杯(100 mL 和 500 mL)、玻璃棒、表面皿、滴管、洗瓶、量筒(10 mL 和 100 mL)、定量滤纸(9 cm)、长颈漏斗、坩埚(25 mL，灼烧至恒重)、坩埚钳、干燥器、电炉(或水浴锅)、石棉网、马弗炉、电子天平。

2. 试剂

玄明粉样品、稀盐酸(6 mol/L)、$BaCl_2$ 溶液(0.1 mol/L)、$AgNO_3$ 溶液(0.1 mol/L)。

【内容与步骤】

1. 样品的称取与溶解

准确称取干燥至恒重的玄明粉样品约 0.4 g，置于 500 mL 烧杯中，加 25 mL 蒸馏水使其溶解，并稀释至 200 mL。

2. 沉淀的制备

(1)在上述溶液中加入 1 mL 稀 HCl，盖上表面皿后，置于石棉网上，加热至近沸。

取 $BaCl_2$ 溶液 30～50 mL，置于小烧杯中，加热至近沸，然后用滴管将热 $BaCl_2$ 溶液逐滴加入样品溶液中，同时不断搅拌溶液。当 $BaCl_2$ 溶液即将逐滴加完时，静置，向上清液中加入 1～2 滴 $BaCl_2$ 溶液，观察是否出现白色浑浊，用于检验是否沉淀完全。然后盖上表面皿，置于电炉（或水浴锅）上，在搅拌条件下继续加热，陈化约 30 min 后冷却至室温。

（2）沉淀的过滤和洗涤。将上清液用倾泻法倒入漏斗中的滤纸上，用一洁净烧杯收集滤液（检查有无沉淀现象，若有，则应重新换滤纸）。用少量热蒸馏水洗涤沉淀 3～4 次（每次加热水 10～15 mL），然后将沉淀小心地转移至滤纸上。用洗瓶吹洗烧杯内壁，使洗涤液并入漏斗中，用撕下的滤纸角擦拭玻璃棒和烧杯内壁，并将滤纸角放入漏斗中，用少量蒸馏水洗涤滤纸上的沉淀（约 10 次），直至滤液不发生 Cl^- 反应（用 $AgNO_3$ 溶液检查）。

3. 沉淀的干燥和灼烧

取下滤纸，将沉淀包好，置于已恒重的坩埚中，先用小火烘干炭化，再用大火灼烧至滤纸灰化。然后将坩埚转入马弗炉中，在 800～850 ℃灼烧约 30 min。取出坩埚，待红热退去后置于干燥器中，冷却 30 min 后称量。再重复灼烧 20 min，冷却、取出、称量直至恒重。平行测定 3 次。取平行测定 3 份的数据，根据 $BaSO_4$ 质量计算 Na_2SO_4 的质量分数。

【注意事项】

1. 实训前，应预习和本实训有关的基本操作内容。
2. 溶液加热至近沸，但不煮沸，以防止溶液溅失。
3. $BaSO_4$ 沉淀的灼烧温度应控制在 800～850 ℃，否则，将与碳作用而被还原。
4. 检查滤液中的 Cl^- 时，用小表面皿收集 10～15 滴滤液，加 2 滴 $AgNO_3$ 溶液，观察是否出现浑浊，若有浑浊，则继续洗涤。

【技能操作要点】

1. 本实验是为了获得晶形沉淀，需遵循稀、热、慢、搅、陈的操作要点。
2. 洗涤沉淀是利用同离子效应，需少量多次洗涤。
3. 正确掌握操作要点，尤其是马弗炉的使用。
4. 将沉淀灼烧至恒重，采用干燥器冷却和保存。
5. 平行测定 3 次，相对误差不超过 0.1%，平行测定的相对偏差不得大于 0.5%。

【数据记录与处理】

1. 数据记录

年 月 日

项目		1	2	3
空坩埚重 m_0(g)	第1次			
	第2次			
空坩埚恒重质量 m_0(g)				
样品质量 m_s(g)				
灼烧后质量(坩埚+$BaSO_4$)m_1(g)	第1次			
	第2次			
灼烧后恒重质量(坩埚+$BaSO_4$)m_1(g)				
$\omega_{Na_2SO_4}$				
$\bar{\omega}_{Na_2SO_4}$				
$\overline{Rd}$				

注:恒重指两次灼烧后灼烧物质量之差<0.2 mg。恒重质量以符合要求的最后一次灼烧后称量的质量为准。

2. 数据处理

$$\omega_{Na_2SO_4}=\frac{m_1-m_0}{m_s}\times F$$

式中:ω 为 Na_2SO_4 的质量分数;m_1 为灼烧后坩埚+$BaSO_4$ 质量(g);m_0 为坩埚质量(g);m_s 为样品质量(g);F 为换算因子($M_{Na_2SO_4}/M_{BaSO_4}=142.04/233.39=0.6086$)。

【思考】

1. 结合实验说明晶形沉淀的最适条件有哪些?
2. 沉淀完全和沉淀纯净的措施有哪些?

能力拓展1 淀粉中水分含量的测定(直接干燥法)

【目的】

1. 掌握称量瓶的烘干与恒重的基本操作方法。
2. 掌握样品的烘干与恒重的基本操作方法。

3. 熟练进行实训数据的记录与处理。

【原理】

淀粉中的水分一般是指在 100 ℃左右直接干燥的情况下所失去物质的总量。淀粉中的水分受热后产生的蒸气压高于空气在电热干燥箱中的分压，这使淀粉中的水分蒸发出来，同时由于不断地加热和排走水蒸气，因此，淀粉干燥的速度取决于这个压差的大小。直接干燥法适用于在 95～105 ℃测定不含或含其他挥发性物质甚微的淀粉；也适用于其他食品中水分的测定，如腌肉、腊肉、肉松、麦乳精、饼干、方便面和水产品等。

【仪器与试剂】

1. 仪器

恒温干燥箱、电子天平、扁形称量瓶、干燥器。

2. 试剂

淀粉样品。

【内容与步骤】

1. 取洁净铝制或玻璃制的扁形称量瓶，置于 95～105 ℃干燥箱中，瓶盖斜支于瓶边；干燥 0.5～1.0 h 后，取出扁形称量瓶并将瓶盖盖好，置于干燥器内冷却 0.5 h 后称量，并重复干燥至恒重。

2. 称取 2.00～10.00 g 淀粉样品，放入此称量瓶中，样品厚度约为 5 mm。加盖，准确称量后，置于 95～105 ℃干燥箱中，瓶盖斜支于瓶边，干燥 2～4 h 后，取出盖好瓶盖，置于干燥器内冷却 0.5 h 后称量。然后再放入 95～105 ℃干燥箱中干燥 1 h 左右，取出盖好瓶盖，置于干燥器内冷却 0.5 h 后再称量。称量至前后两次质量差不超过 0.2 mg，即为恒重。

【注意事项】

1. 本法所用设备操作简单，但用时较长，实验过程应避免外界水分的影响，称量瓶等设备必须干净且干燥。

2. 水分蒸发完全与否无直观指标，只能靠恒重来判断。恒重是指两次干燥称量的重量差不超过规定的毫克数，一般不超过 0.2 mg。

【技能操作要点】

1. 本实训的基本操作是恒重操作。

2. 测定的相对误差≤0.1%，相对偏差≤0.2%。

3. 淀粉的评价指标：标准GB/T8883－2008规定淀粉中水分≤14％。

【数据记录与处理】

1. 数据记录

年 月 日

项目		1	2	3
称量瓶重 m_0(g)	第1次			
	第2次			
称量瓶恒重质量 m_0(g)				
称量瓶＋淀粉质量 m_1(g)				
干燥后质量(称量瓶＋淀粉)m_2(g)	第1次			
	第2次			
干燥后恒重质量(称量瓶＋淀粉)m_2(g)				
ω_{H_2O}				
$\bar{\omega}_{H_2O}$				
Rd				

注：恒重指两次干燥后干燥物质量之差＜0.2 mg。恒重质量以符合要求的最后一次干燥后称量的质量为准。

2. 数据处理

$$H_2O\% = \frac{m_1 - m_2}{m_1 - m_0} \times 100\%$$

式中：m_1为称量瓶和样品的总质量(g)；m_2为称量瓶和样品干燥后的质量(g)；m_0为称量瓶质量(g)。

【思考】

1. 哪些样品可以用直接干燥法测定其中的水分含量？
2. 如何确定样品的恒重？本方法规定恒重的范围是什么？

练 习 题

一、名词解释

1. 沉淀形式
2. 称量形式

3. 共沉淀现象
4. 后沉淀现象
5. 陈化
6. 化学因数
7. 分配系数
8. 分配比
9. 萃取效率

二、单项选择题

1. 不能用于硅酸盐分析的酸是(　　)。

A. 盐酸　　B. 硫酸　　C. 磷酸　　D. 碳酸

2. 硅酸盐烧失量一般主要指(　　)。

A. 化合水和 CO_2　　B. 水分　　C. 吸附水和 CO_2　　D. CO_2

3. 硫酸盐中,以水分子状态存在于矿物晶格中,如 $CaSO_4 \cdot H_2O$ 中的水分属于(　　)。

A. 吸附水　　B. 结晶水　　C. 结构水　　D. 游离水

4. 过滤细晶形的沉淀如 $BaSO_4$、CaC_2O_4 时,应选用(　　)。

A. 快速滤纸　　B. 中速滤纸　　C. 慢速滤纸　　D. 都可以

5. 使用标准物氧化锌前需将其置于 800 ℃进行干燥处理,可以选用(　　)。

A. 电炉　　B. 马弗炉　　C. 电烘箱　　D. 水浴锅

6. 只需烘干就可称量的沉淀选用(　　)过滤。

A. 微孔玻璃坩埚　　B. 定性滤纸　　C. 无灰滤纸　　D. 定量滤纸

7. 某萃取体系的萃取百分率为 98%,$V_{有}=V_{水}$,则分配系数为(　　)。

A. 98　　B. 94　　C. 49　　D. 24.5

8. 对实验室安全用电的叙述,不正确的是(　　)。

A. 不得用照明线接 2 kW 的电炉进行加热操作

B. 马弗炉必须单独走动力线

C. 精密仪器不得与马弗炉、烘箱、电磁炉等使用一条线送电

D. 实验人员离开实验室时,马弗炉、烘箱等可以不关

9. 实验室中常用的属于明火直接加热的加热设备是(　　)

A. 电炉和烘箱　　B. 烘箱和马弗炉

C. 酒精灯和煤气灯　　D. 超级恒温水浴锅

10. 在重量分析中灼烧沉淀,测定灰分常用(　　)

A. 马弗炉　　B. 电热板　　C. 电加热套　　D. 电炉

11. 在沉淀法中,为使沉淀完全,沉淀剂用量一般为(　　)。

A. 10%　　B. 150%　　C. 50%～100%　　D. 20%

12. 下列哪种属于晶形沉淀的沉淀条件（ ）。

A. 陈化　B. 不必陈化

C. 在浓溶液中进行　D. 加入适量的电解质

13. 下列哪种属于无定形沉淀的沉淀条件（ ）。

A. 陈化　B. 不必陈化

C. 在稀溶液中进行　D. 在冷溶液中进行

14. 下列哪个条件均适合于晶形沉淀与无定形沉淀（ ）。

A. 陈化　B. 不必陈化

C. 在浓溶液中进行　D. 在热溶液中进行

15. 影响沉淀纯度的因素是（ ）。

A. 加热　B. 表面吸附　C. 陈化　D. 溶液浓度

16. 下列哪种沉淀形成时一般为无定形沉淀（ ）。

A. AgCl　B. CaC_2O_4　C. $Fe(OH)_3$　D. $BaSO_4$

17. 在硫酸钡干燥失重测定中，常采用下列哪种干燥方法（ ）

A. 减压加热干燥　B. 干燥剂干燥　C. 常温干燥　D. 常压加热干燥

18. 硫酸新霉素的干燥方法为（ ）。

A. 减压加热干燥　B. 干燥剂干燥　C. 常温干燥　D. 常压加热干燥

19. 下列哪种干燥剂吸水能力最强（ ）

A. 浓硫酸　B. 无水氯化钙　C. 五氧化二磷　D. 硅胶

20. 萃取法中，一般要求萃取效率 D（ ）。

A. ＞15　B. ＞20　C. ＞10　D. ＞5

21. 在重量分析法中，影响弱酸盐沉淀溶解度的主要因素为（ ）。

A. 水解效应　B. 酸效应　C. 盐效应　D. 同离子效应

22. 在重量分析法中，能使沉淀溶解度减小的因素是（ ）。

A. 酸效应　B. 盐效应　C. 同离子效应　D. 生成配合物

23. 用滤纸过滤时，玻璃棒下端（ ），并尽可能接近滤纸。

A. 对着一层滤纸的一边　B. 对着滤纸的锥顶

C. 对着三层滤纸的一边　D. 对着滤纸的边缘

24. 沉淀法测定铁时，过滤 $Fe(OH)_3$ 沉淀应选用（ ）。

A. 快速定量滤纸　B. 中速定量滤纸

C. 慢速定量滤纸　D. 微孔玻璃坩埚

25. 沉淀法测定硅酸盐中 SiO_2 的含量，结果分别为 37.40%、37.20%、37.32%、37.52%、37.34%，则平均偏差和相对平均偏差是（ ）。

A. 0.04%、0.58%　B. 0.08%、0.21%　C. 0.06%、0.48%　D. 0.12%、0.32%

26. 用沉淀法测定 $C_2O_4^{2-}$ 含量，若 CaC_2O_4 沉淀中有少量草酸镁（MgC_2O_4）沉淀，则对测定结果有何影响（　　）

A. 产生正误差　B. 产生负误差　C. 降低精密度　D. 对结果无影响

27. 下列用于灼烧沉淀和高温处理试样的是（　　）。

A. 蒸发皿　B. 坩埚　C. 研钵　D. 布式漏斗

28. 下列不是晶形沉淀所要求的沉淀条件是（　　）。

A. 沉淀作用宜在较浓溶液中进行　B. 应在不断搅拌下加入沉淀剂

C. 沉淀作用宜在较稀溶液中进行　D. 应进行沉淀的陈化

29. 下列关于重量分析，不正确的操作是（　　）。

A. 过滤时漏斗应贴着烧杯内壁，使滤液沿着烧杯壁流下，不致溅出

B. 沉淀的灼烧在已恒重的坩埚中进行

C. 坩埚从电炉中取出后应立即放入干燥皿中

D. 灼烧空坩埚的条件必须与以后灼烧沉淀的条件相同

30. 下列关于沉淀吸附的一般规律，说法正确的是（　　）。

A. 离子价数低的比离子价数高的易吸附　B. 离子浓度越大越易被吸附

C. 沉淀颗粒越大，吸附能力越强　D. 温度越高，越有利于吸附

三、判断题

1. 分配定律表述了某溶质在两个互不相溶的两相中达到溶解平衡时，该物质在两相中的浓度比值是一个常数。（　　）
2. 分配定律是表示某溶质在两个互不相溶的溶剂中的溶解量之间的关系。（　　）
3. 为保证被测组分沉淀完全，沉淀剂应越多越好。（　　）
4. 物质 B 溶解于两个同时存在的互不相溶的液体中，达到平衡后，该物质在两相中的质量摩尔浓度之比等于常数。（　　）
5. 在沉淀反应中，沉淀的颗粒越大，沉淀吸附的杂质越多。（　　）
6. 瓷坩埚可以加热至 1200 ℃，灼烧后重量变化小，故常用于灼烧沉淀和称重。（　　）
7. 共沉淀引入的杂质量随陈化时间增加而增多。（　　）
8. 重量分析中对形成胶体的溶液进行沉淀时，可放置一段时间，以促使胶体微粒胶凝，然后再过滤。（　　）
9. 烘箱和高温炉内绝对禁止烘、烧易燃、易爆及有腐蚀性的物品和非实验用品，更不允许加热食品。（　　）
10. 沉淀颗粒的大小和形态主要由聚集速度决定。（　　）
11. 重量分析法中恒重的定义是指前后两次称量的质量之差不超过 0.2 mg。（　　）
12. 重量分析法的准确度比吸光光度法高。（　　）
13. 硫酸钡沉淀为强碱强酸盐的难溶化合物，所以，酸度对溶解度影响不大。（　　）

14. 沉淀完全后进行陈化是为了使沉淀更纯净、沉淀颗粒变大。（ ）

15. 为了获得纯净的沉淀，洗涤沉淀时洗涤的次数越多，每次用的洗涤液越多，则杂质含量越少，结果的准确度越高。（ ）

四、简答题

1. 什么是重量分析法？根据分离方法不同，常分为哪几类？

2. 沉淀法对沉淀形式和称量形式各有什么要求？

3. 在制备 $BaSO_4$ 沉淀及 $Al(OH)_3$ 沉淀时，应如何选择沉淀条件？

4. 为什么要进行陈化？哪些情况不需要陈化？

5. 影响沉淀纯度的因素有哪些？如何提高沉淀的纯度？

6. 挥发法的干燥方法有哪些？分别适用于何种物质的分析？

7. 如何选择萃取剂？如何用同一种萃取剂提高萃取效率？

五、实例分析题

1. 计算下列化学因数。

待测组分	沉淀形式	称量形式
(1) Ag	AgCl	AgCl
(2) $NH_4Fe(SO_4)_2$	$BaSO_4$	$BaSO_4$
(3) As_2O_3	Ag_3AsO_4	Ag_2O

2. 用沉淀法测定玄明粉中硫酸钠的含量，精密称取干燥至恒重的玄明粉试样 0.2408 g，加水溶解，再加盐酸煮沸，在不断搅拌下缓缓滴入加热的 $BaCl_2$ 溶液，直至沉淀完全，然后置于水浴上加热 30 min，静置 1 h。将 $BaSO_4$ 沉淀过滤、洗涤、干燥灼烧至恒重，得沉淀 0.3891 g。计算样品中 Na_2SO_4 的百分含量。

3. 用沉淀法测定杀虫剂中的砷时，先将砷沉淀为 $MgNH_4AsO_4$ 形式，然后转变为称量形式 $Mg_2As_2O_7$。若已知 1.627 g 杀虫剂试样可转变为 106.5 mg $Mg_2As_2O_7$，试计算该杀虫剂中 As_2O_3 的质量分数。

4. 灼烧过的 $BaSO_4$ 沉淀为 0.5013 g，其中有少量的 BaS，用 H_2SO_4 润湿灼烧过的 $BaSO_4$ 沉淀，并蒸发除去过量的 H_2SO_4，再灼烧后称得沉淀的质量为 0.5021 g，求 $BaSO_4$ 中 BaS 的质量分数。

5. 用沉淀法测定某补铁剂中铁的含量。随机取 15 片试样，重 20.505 g，研磨成粉末。取其中的 3.1160 g 试样溶解后，将铁元素沉淀为 $Fe(OH)_3$，洗涤、灼烧沉淀后得到 0.3550 g Fe_2O_3，计算每片补铁剂中铁的含量（以 Fe_2O_3 表示）。

（王 丹 刘 飞 田大慧）

第4章　滴定分析法与检测技术

知识目标

1. 了解用于滴定分析反应的基本条件，掌握滴定分析法的基本概念和分类、基准物质的条件、滴定液浓度的表示方法及滴定液的配制与标定方法。

2. 掌握各类滴定分析法中常用指示剂的变色原理。

3. 理解强碱(酸)滴定强酸(碱)及强碱(酸)滴定弱酸(碱)的滴定曲线，掌握滴定突跃及指示剂的选择原则。

4. 理解三种银量法的测定原理，掌握其测定条件及测定对象。

5. 掌握EDTA的性质，与金属离子形成配合物的特点以及金属指示剂的变色原理。

6. 熟悉配位滴定中的酸效应，即酸效应系数的概念；掌握配位滴定准确性的判断依据。

7. 了解副反应与副反应系数、配合物的条件稳定常数的意义以及配位滴定法在药物分析中的应用。

8. 了解氧化还原滴定法的分类及加快反应速率的方法；掌握氧化还原滴定法中常用的指示剂类型及特点。

9. 掌握高锰酸钾法和碘量法的基本原理、滴定条件的选择、指示剂的使用原则及其对待测物含量测定的应用。

10. 能熟练进行滴定分析法中物质相对含量的计算。

能力目标

1. 熟悉常见的滴定仪器的基本操作。

2. 能熟练配制与标定常见的滴定液。

3. 能根据待测物的性质，选择合适的滴定分析方法并计算其相对含量。

滴定分析法是以“四大反应平衡”(即酸碱反应平衡、沉淀-溶解反应平衡、氧化还原反应平衡和配位反应平衡)理论为基础的定量分析法。当化学反应按反应式定量完成，即反应物之间按一定的物质的量之比完成化学反应时，即可用已知浓度的标准溶液计算待测物质的浓度或相对含量。

第 1 节　滴定分析法概述

一、滴定反应的基本条件

滴定分析法是一种以化学反应为基础的定量分析方法。但不是所有的化学反应都可用于滴定分析，能适用于滴定分析的化学反应必须同时满足以下条件。

(1)化学反应必须按反应式定量完成，且不能有副反应，即反应物之间必须有确定的系数比。这是用已知浓度的标准溶液计算待测物浓度或含量的前提。

(2)化学反应完成的程度要高。反应完成的程度必须达到 99.9%以上，才能确保分析误差在 0.1%以下。

(3)化学反应速率要快。对于某些反应速率较慢的反应，可采取适当的措施来加快反应速率。

(4)必须有简便可靠的方法确定反应终点。一旦出现反应到达终点的现象，应立即停止滴定。可利用反应物自身颜色的变化或加入指示剂等方法确定反应终点。

二、滴定分析法的基本概念及分类

(一)滴定分析法的基本概念

(1)**滴定分析法**指将一种已知准确浓度的溶液(即滴定液)，滴加到被测物质的溶液中，直到所加的滴定液与被测物质按化学计量式关系定量完全反应为止，然后根据滴定液的浓度和消耗的体积，计算出被测物质的浓度或含量的方法。

(2)**滴定液**指已知准确浓度的溶液，又称为标准溶液。

(3)**滴定**指将滴定液滴加到被测物质中的过程，通常是通过滴定管完成的。

(4)**化学计量点**指滴加的滴定液的物质的量与被测物的物质的量正好符合化学反应式所表示的计量关系(简称计量点，用 sp 表示)。

(5)**指示剂**指在滴定过程中，在被测物质的溶液中加入的一种辅助试剂，通常利用它的颜色变化来提示到达化学计量点。

(6)**滴定终点**指在滴定过程中，指示剂恰好发生颜色变化的转变点(用 ep 表示)。

(7)化学计量点是理论值，而滴定终点是实测值，两者之间往往存在着一定的差别，由此造成的误差称为**滴定误差**(又称为终点误差)，它属于系统误差中的方法误差。

(二)滴定分析法的分类与滴定方式

1. 滴定分析法的分类

依据化学反应类型,可将滴定分析法分为以下四大类。

(1)**酸碱滴定法**是以酸碱中和反应为基础的分析方法。其反应实质可表示为:

$$H^+ + OH^- \rightleftharpoons H_2O$$

(2)**沉淀滴定法**是以沉淀反应为基础的分析方法。其特点是生成难溶性的沉淀,如:

$$Ag^+ + X^- \rightleftharpoons AgX\downarrow$$

(3)**配位滴定法**是以配位反应为基础的分析方法。其特点是利用配位剂与金属离子生成稳定的配合物,其基本反应可表示为:

$$M + Y \rightleftharpoons MY$$

(4)**氧化还原滴定法**是以氧化还原反应为基础的分析方法。氧化还原反应是基于电子转移的化学反应,如:

$$2MnO_4^- + 5H_2O_2 + 6H^+ \rightleftharpoons 2Mn^{2+} + 5O_2\uparrow + 8H_2O$$

2. 滴定分析法的滴定方式

滴定分析法的滴定方式主要有下列几种。

(1)**直接滴定方式**是指将滴定液直接滴加到被测物质溶液中的一种滴定方式。只要是符合滴定分析法基本条件的化学反应,都可用直接滴定方式进行滴定。例如,用 NaOH 滴定液滴定 HCl 溶液,用 $AgNO_3$ 滴定液滴定 NaCl 溶液等,均属于直接滴定方式。

$$HCl + NaOH \rightleftharpoons NaCl + H_2O$$

$$NaCl + AgNO_3 \rightleftharpoons AgCl\downarrow + NaNO_3$$

(2)**间接滴定方式**指当被测物质不能与滴定液直接发生反应时,可以先加入某种试剂,使之与被测物质发生反应,再用适当的滴定液滴定其中一种生成物,间接测定被测物质的浓度或含量。例如,用氧化还原法测定 $CaCl_2$ 的含量时,由于 $CaCl_2$ 不能直接与 $KMnO_4$ 滴定液反应,可先加入过量的 $(NH_4)_2C_2O_4$,使 Ca^{2+} 定量沉淀为 CaC_2O_4,CaC_2O_4 经洗涤后用 H_2SO_4 溶解,生成具有还原性的 $H_2C_2O_4$,然后用 $KMnO_4$ 滴定液滴定生成的 $H_2C_2O_4$,间接算出 $CaCl_2$ 的含量。其主要反应如下:

$$Ca^{2+} + C_2O_4^{2-} \rightleftharpoons CaC_2O_4\downarrow$$

$$CaC_2O_4 + 2H^+ \rightleftharpoons H_2C_2O_4 + Ca^{2+}$$

$$2MnO_4^- + 5H_2C_2O_4 + 6H^+ \rightleftharpoons 2Mn^{2+} + 10CO_2\uparrow + 8H_2O$$

(3)**返滴定方式**指如果被测物质是不溶性固体或滴定反应的速率很慢,则可以先加入准确、过量的滴定液至被测物质中,待反应完全后,用另一种滴定液滴定剩余的滴定液,又称为**剩余滴定方式**。例如,测定 $CaCO_3$ 的含量时,可先加入准确、过量的 HCl 滴定液，待反应完全后，再用 NaOH 滴定液滴定剩余的 HCl 滴定液，根据 NaOH 滴定液的用量算出过量的 HCl 滴定液的量，再算出 $CaCO_3$ 的含量。反应如下：

$$CaCO_3 + 2HCl(准确、过量) \rightleftharpoons CaCl_2 + CO_2 \uparrow + H_2O$$

$$NaOH + HCl(剩余) \rightleftharpoons NaCl + H_2O$$

(4)**置换滴定方式**指如果被测物质与滴定液的化学反应没有确定的计量关系或伴有副反应等，则可先用某种试剂与被测物质发生反应，置换出与被测物质有一定计量关系的另一种物质，再用滴定液滴定置换出的物质。例如，$Na_2S_2O_3$ 与 $K_2Cr_2O_7$ 之间发生反应时，由于反应无确定的计量关系，因此，可利用 $K_2Cr_2O_7$ 在酸性条件下氧化 KI 而定量置换出 I_2，再用 $Na_2S_2O_3$ 滴定液滴定置换出 I_2，根据消耗的 $Na_2S_2O_3$ 含量，确定置换出的 I_2 含量，从而算出 $K_2Cr_2O_7$ 含量。其反应如下：

$$Cr_2O_7^{2-} + 6I^- + 14H^+ \rightleftharpoons 2Cr^{3+} + 3I_2 \uparrow + 7H_2O$$

$$I_2 + 2S_2O_3^{2-} \rightleftharpoons 2I^- + S_4O_6^{2-}$$

由于符合直接滴定方式的化学反应有限，因此，常采用间接滴定方式、返滴定方式、置换滴定方式等，扩大滴定分析方法的应用范围。但必须指出的是，因间接滴定方式、返滴定方式、置换滴定方式等的步骤较多，其准确度会有所下降。

思考题

1. 化学计量点与滴定终点的区别是什么？
2. 四种滴定方式的应用有何不同？

三、基准物质与滴定液

(一)基准物质

基准物质是指高纯度、组成与化学式高度一致、化学性质稳定的物质，能用于直接配制滴定液或标定滴定液。基准物质必须符合下列要求：

(1)组成与化学式完全符合，若含结晶水，则其数目也应与化学式相符，如 $H_2C_2O_4 \cdot 2H_2O$ 等。

(2)纯度高，其质量分数不低于 0.999。

(3)性质稳定，不分解，不潮解，不风化，不吸收空气中的二氧化碳和水，不被空气中的氧气氧化等。

(4)摩尔质量尽可能大，以减少称量的相对误差。

知识链接

基准物质和标准物质

基准物质是由试剂生产厂(或公司)提供的,即在标准物质量值的基础上,通过比较法定值,常用于滴定分析中直接配制滴定液或标定溶液浓度的标准物质。但它们不能提供标准物质,因为标准物质是量值的基础,要求高,应由国家权威机构提供。

(二)滴定液

1.滴定液浓度的表示方法

滴定液浓度常用物质的量浓度表示。物质的量浓度是指单位体积滴定液中所含溶质的物质的量,用 c_B 表示,单位为 mol/L,即

$$c_B = \frac{n_B}{V} \tag{4-1}$$

式中,n_B 为物质 B 的物质的量,单位为 mol;V 为溶液的体积,单位为 L。

$$n_B = \frac{m_B}{M_B} \tag{4-2}$$

式中,m_B 为物质 B 的质量,单位为 g;M_B 为物质 B 的摩尔质量,单位为 g/mol。

【例 4-1】 100 mL NaOH 溶液中含 NaOH 0.4 g,计算 NaOH 溶液的物质的量浓度。

解:$M_{NaOH}=40$ g/mol,根据式(4-2)得:

$$n_{NaOH}=\frac{m_{NaOH}}{M_{NaOH}}=\frac{0.4}{40.00}=0.01(\text{mol})$$

再根据式(4-1)得:

$$c_{NaOH}=\frac{n_{NaOH}}{V_{NaOH}}=\frac{0.01}{0.1}=0.1(\text{mol/L})$$

答:NaOH 溶液的物质的量浓度为 0.1 mol/L。

知识点

滴定度

在日常分析工作中,也常用滴定度表示滴定液的浓度。其含义有两种,一种是指每毫升滴定液相当于被测物质的质量,以 $T_{T/A}$ 表示,单位为 g/mL,其中右下角斜线左边的 T 表示滴定液的分子式,斜线右边的 A 表示被测物质的分子式,如 $T_{HCl/NaOH}=0.004000$ g/mL,表示 1 mL HCl 滴定液相当于0.004000 g

NaOH 。另一种是指每毫升滴定液所含溶质的质量，以 T_A表示，如 $T_{NaOH}=$ 0.003200 g/mL，表示 1 mL NaOH 溶液中含有 0.003200 g NaOH。

用滴定度($T_{T/A}$)计算被测物质的含量较为简便，因此，其在化学分析中应用较为广泛。

2. 滴定液的配制与标定方法

(1)滴定液的配制。

①直接配制法：准确称取一定量的基准物质，用适量的溶剂溶解后，定量转移至容量瓶中，加溶剂稀释至刻度，根据基准物质的质量和溶液的体积，即可计算出滴定液的准确浓度。凡是基准物质，都可以采用直接配制法配制滴定液。

②间接配制法：凡是不符合基准物质条件的物质，只能采用间接配制法配制。间接配制法的程序和直接配制法一致，但是只能配制成近似所需浓度的溶液，再用基准物质或另一种滴定液来确定该溶液的准确浓度。

(2)滴定液的标定。利用基准物质或已知准确浓度的滴定液来确定另一种滴定液浓度的过程称为标定。常用的标定方法有两种：

①基准物质标定法：按操作方式不同，可分为以下两种。

a. 多次称量法：精密称取基准物质若干份，分别置于锥形瓶中，加适量的溶剂溶解后用待标定的滴定液滴定，根据基准物质的质量和待标定滴定液消耗的体积，即可计算出待标定滴定液的准确浓度。

b. 移液管法：精密称取基准物质一份，置于烧杯中，加适量的溶剂溶解后，定量转移至容量瓶中，再加溶剂稀释至刻度，摇匀；用移液管移取一定量的该溶液，置于锥形瓶中，用待标定的滴定液滴定，平行测定若干次，计算出待标定滴定液的准确浓度。

②比较标定法：准确量取一定体积的待标定溶液，用已知准确浓度的滴定液滴定，或准确量取一定体积的已知浓度的滴定液，用待标定溶液滴定，根据消耗两种溶液的体积及已知滴定液的浓度，计算出待标定溶液的准确浓度。此方法操作简便，但准确度较基准物质标定法低。

四、滴定分析计算

(一)滴定分析计算依据

在滴定分析中，设 A 为被测物质，T 为滴定液，其滴定反应可表示为：

$$aA + tT \rightleftharpoons cC + dD$$

(被测物)(滴定液)　　(生成物)

到化学计量点时，t mol T 恰好与 a mol A 完全反应，即被测物质 A 与滴定液 T 的物质的量之比等于各物质的反应系数之比。

$$n_A : n_T = a : t$$

$$n_A = \frac{a}{t} n_T \quad (4-3)$$

(二)滴定分析计算实例

1. 滴定液配制中的计算

根据配制前后溶液中溶质的物质的量相等,即 $n_{配制前} = n_{配制后}$。如果配制前物质的状态是固体,则有:

$$\frac{m_T}{M_T} = c_T V_T \quad (4-4)$$

如果配制前物质的状态是溶液,则有:

$$c_1 V_1 = c_2 V_2 \quad (4-5)$$

式中,"1"表示稀释前,"2"表示稀释后。

【例 4-2】 准确称取于 120 ℃干燥至恒重的基准无水碳酸钠 0.5215 g,加适量水溶解后,定量转移至 100 mL 容量瓶中,加水至刻度,摇匀。试求该碳酸钠滴定液的物质的量浓度。

解: $M_{Na_2CO_3}$=105.99 g/mol,根据式(4-4)得:

$$c_{Na_2CO_3} = \frac{m_{Na_2CO_3}}{M_{Na_2CO_3} \times V} = \frac{0.5215}{105.99 \times 100 \times 10^{-3}} = 0.04920(\text{mol/L})$$

答:该碳酸钠滴定液的物质的量浓度为 0.04920 mol/L。

【例 4-3】 欲配制 0.1000 mol/L NaCl 滴定液 100.00 mL,应称取基准 NaCl 多少克?

解: M_{NaCl}=58.44 g/mol,根据式(4-4)得:

$m_{NaCl} = c_{NaCl} \times V_{NaCl} \times M_{NaCl} = 0.1000 \times 0.1000 \times 58.44 = 0.5844(\text{g})$

答:应称取基准 NaCl 0.5844 g。

【例 4-4】 已知浓盐酸的密度为 1.19 g/mL,质量分数为 0.37,试求该盐酸溶液的物质的量浓度。若要配制 0.1 mol/L 盐酸溶液 500 mL,应取浓盐酸多少毫升?

解: 每升浓盐酸中含 HCl 的质量为:

$1.19 \times 0.37 \times 1000 = 440(\text{g})$

根据式(4-4)得:

$$c_{HCl} = \frac{m_{HCl}}{M_{HCl} \times V_{HCl}} = \frac{440}{36.45 \times 1} = 12(\text{mol/L})$$

根据式(4-5)得:

$12 \times V_1 = 0.1 \times 0.5$

$V_1 \approx 4(\text{mL})$

答:浓盐酸的物质的量浓度是 12 mol/L,应取浓盐酸 4 mL。

2. 滴定液标定中的计算

根据式(4－3),如果用基准物质标定滴定液,则得:

$$\frac{m_A}{M_A}=\frac{a}{t}c_T V_T \tag{4-6}$$

如果用比较法标定滴定液,则得:

$$c_A V_A=\frac{a}{t}c_T V_T \tag{4-7}$$

【例 4-5】 精密称取基准无水碳酸钠 0.5304 g,配制成 100.00 mL 溶液,用移液管移取 25.00 mL 该溶液,置于 250 mL 锥形瓶中,用待标定的盐酸溶液滴定至终点,消耗盐酸溶液 24.51 mL,求该盐酸溶液的物质的量浓度。

解: $Na_2CO_3+2HCl \rightleftharpoons 2NaCl+CO_2\uparrow+H_2O$

根据式(4－6)得:

$$c_{HCl}=\frac{2\times m_{Na_2CO_3}}{M_{Na_2CO_3}\times V_{HCl}}=\frac{2\times 0.5304\times\frac{1}{4}}{105.99\times 24.51\times 10^{-3}}=0.1021(mol/L)$$

答:该盐酸溶液的物质的量浓度为 0.1021 mol/L。

【例 4-6】 精密量取待标定的 NaOH 溶液 25.00 mL,置于 250 mL 锥形瓶中,用 HCl 滴定液(0.1021 mol/L)滴定至终点,消耗 HCl 滴定液 25.28 mL,试求该 NaOH 溶液的物质的量浓度。

解: $HCl+NaOH \rightleftharpoons NaCl+H_2O$

根据式(4－7)得:

$$c_{NaOH}=\frac{c_{HCl}\times V_{HCl}}{V_{NaOH}}=\frac{0.1021\times 25.28\times 10^{-3}}{25.00\times 10^{-3}}=0.1032(mol/L)$$

答:该 NaOH 溶液的物质的量浓度是 0.1032 mol/L。

3. 被测物质含量的计算

被测物质的含量通常用质量分数表示。**质量分数**是指供试品中所含纯物质的质量与供试品质量之比,其公式为:

$$\omega_A=\frac{m_A}{m_s} \tag{4-8}$$

《中国药典》中药物含量常用百分数表示,即:

$$A\%=\frac{a}{t}\cdot\frac{c_T V_T M_A}{m_s}\times 100\% \tag{4-9}$$

【例 4-7】 用 $AgNO_3$ 滴定液测定氯化钠含量:精密称取供试品氯化钠 0.1833 g,加水溶解,并加适量指示剂,用 $AgNO_3$ 滴定液(0.1000 mol/L)滴定至终点,消耗 $AgNO_3$ 滴定液 24.50 mL,计算供试品中氯化钠的质量分数。

解: $NaCl+AgNO_3 \rightleftharpoons AgCl\downarrow+NaNO_3$

根据反应及式(4－6)、式(4－7)得：

$$m_{NaCl}=\frac{m_{NaCl}}{m}=c_{AgNO_3}\times V_{AgNO_3}\times M_{NaCl}=0.1000\times 24.50\times 10^{-3}\times 58.44=0.1432(g)$$

$$\omega_{NaCl}=\frac{m_{NaCl}}{m}=\frac{0.1432}{0.1833}=0.7812$$

答：供试品中氯化钠的质量分数为0.7812。

【例4-8】 用NaOH测定草酸含量：精密称取供试品草酸0.4856 g，配制成100.00 mL溶液，用移液管移取25.00 mL溶液，置于250 mL锥形瓶中，加适量指示剂，然后用NaOH滴定液(0.1032 mol/L)滴定至终点，消耗NaOH溶液24.36 mL，计算供试品中草酸含量的百分数。

解：$H_2C_2O_4+2NaOH \rightleftharpoons Na_2C_2O_4+2H_2O$

根据反应及式(4－6)、式(4－9)得：

$$m_{H_2C_2O_4}=\frac{1}{2}\times M_{H_2C_2O_4}\times c_{NaOH}\times V_{NaOH}=\frac{1}{2}\times 90.036\times 0.1032\times 24.36\times 10^{-3}=0.1132(g)$$

$$H_2C_2O_4\%=\frac{m_{H_2C_2O_4}}{m_s}\times\frac{100}{25}\times 100\%=93.25\%$$

答：供试品中草酸含量的百分数为93.25%。

【例4-9】 量取浓度约为30%的H_2O_2供试品溶液1.00 mL，置于250 mL容量瓶中，加水稀释至刻度，充分摇匀后移取25.00 mL，置于250 mL锥形瓶中，加3 mol/L H_2SO_4 5 mL，用$KMnO_4$滴定液(0.01825 mol/L)滴定至终点，消耗$KMnO_4$滴定液的体积为20.22 mL，试计算供试品H_2O_2的质量浓度。

解：$5H_2O_2+2MnO_4^-+6H^+ \rightleftharpoons 2Mn^{2+}+5O_2\uparrow+8H_2O$

根据反应及式(4－7)，可计算出H_2O_2的物质的量浓度：

$$c_{H_2O_2}=\frac{5}{2}\times\frac{c_{MnO_4^-}\times V_{MnO_4^-}}{V_{H_2O_2}}=\frac{5}{2}\times\frac{0.01825\times 20.22\times 10^{-3}}{1.00\times 10^{-3}\times\frac{25.00}{250.00}}=9.225(mol/L)$$

根据质量浓度与物质的量浓度换算关系：$\rho_B=c_B\times M_B$得：

$$\rho_{H_2O_2}=9.225\times 34.016=314.7976(g/L)$$

答：H_2O_2的质量浓度为314.7976 g/L。

4. 估算应称量物质的质量

在滴定分析中，为保证实验结果的准确性，消耗滴定液的体积应在20 mL以上。但如果消耗滴定液的体积过多，则既浪费试剂，又浪费时间，一般要求消耗滴定液的体积为20～25 mL，所以，有必要对应称量物质进行估算。

【例4-10】 标定盐酸滴定液时，消耗0.1 mol/L盐酸滴定液20～25 mL，计算应称取基准无水碳酸钠多少克？

解：$Na_2CO_3 + 2HCl \rightleftharpoons 2NaCl + CO_2 \uparrow + H_2O$

根据反应及式(4－6)得：

$$m_{Na_2CO_3} = \frac{1}{2} \times c_{HCl} \times V_{HCl} \times M_{Na_2CO_3}$$

当 $V_{HCl}=20$ mL 时，得：

$$m_{Na_2CO_3} = \frac{1}{2} \times 0.1 \times 20 \times 10^{-3} \times 105.99 = 0.11\ (g)$$

当 $V_{HCl}=25$ mL 时，得：

$$m_{Na_2CO_3} = \frac{1}{2} \times 0.1 \times 25 \times 10^{-3} \times 105.99 = 0.13\ (g)$$

答：应称取基准无水碳酸钠 0.11～0.13 g。

5. 估算滴定液的消耗体积

【例 4-11】　标定 0.1 mol/L 盐酸滴定液：准确称取基准无水碳酸钠 0.1256 g，加适量的水溶解，再加适量的指示剂，用待标定的盐酸滴定液滴定，试估算滴定终点时消耗盐酸滴定液的体积。

解：$Na_2CO_3 + 2HCl \rightleftharpoons 2NaCl + CO_2 \uparrow + H_2O$

根据反应及式(4－6)得：

$$V_{HCl} = \frac{2m_{Na_2CO_3}}{c_{HCl} \times M_{Na_2CO_3}} = \frac{2 \times 0.1256}{0.1 \times 105.99} = 0.024(L) = 24(mL)$$

答：滴定终点时消耗盐酸滴定液的体积为 24 mL。

知识点

1. 滴定反应必须符合的基本条件：①化学反应必须按反应式定量完成。②化学反应完成的程度要高。③化学反应速率要快。④必须有简便可靠的方法确定反应终点。

2. 滴定液是滴定分析中用于测定样品含量的标准溶液，其浓度的表示方法有两种：①物质的量浓度(国家法定计量单位)。②滴定度(药物分析或生产实践中应用较多)。

3. 化学计量点是理论值，滴定终点是实验测定值，两者之间的差称为终点误差。

4. 凡是基准物质，均可以用直接法配制滴定液，否则只能用间接法配制滴定液。

5. 间接法配制的滴定液必须进行标定，标定方法有基准物质标定法和比较标定法。前者的准确度比后者高。

6. 滴定分析的主要计算公式：$n_A = \frac{a}{t} n_T$，可根据此公式推出滴定分析中其他计算公式，从而解决滴定分析的有关计算问题。

7. 计算时应注意化学计量系数表示，即所求物质的计量系数一定写在分子上，已知物质的化学计量系数一定写在分母上。计算时注意单位的统一。

8. 当用滴定度计算含量时，如规定浓度与实际浓度不等，应用校正因子校正。

第2节 酸碱滴定法

酸碱滴定法是以酸碱反应为基础的滴定分析方法。该法具有操作简便、准确度高等优点，是化学分析中的经典分析方法，可用于直接测定酸碱性物质或间接测定能与酸碱性物质反应的物质的含量。它不仅广泛应用于科学研究和工农业分析，还常用于药品、食品的分析检测。因用于滴定分析的酸碱反应具有反应速度快、反应过程中没有任何外观变化的特点，故在反应过程中必须借助一些物质的颜色变化来确定化学计量点和指示滴定终点。这些在酸碱滴定过程中能根据自身颜色变化来指示滴定终点的物质称为**酸碱指示剂**。了解酸碱指示剂的变色原理和变色范围，对减小终点误差、获得准确度较高的分析结果具有重要的意义。

一、酸碱指示剂

(一)酸碱指示剂的变色原理

酸碱指示剂一般是指有机弱酸或弱碱，它们在水溶液中发生酸碱电离平衡的同时，还发生结构互变异构平衡，生成具有不同颜色的共轭酸碱对。当溶液的 pH 发生变化时，共轭酸碱对的平衡浓度亦随之改变，从而使溶液的颜色改变，指示滴定终点。下面以酚酞、甲基橙为例，说明酸碱指示剂的变色原理。

酚酞为有机弱酸，其电离平衡常数(K_a)为 6.0×10^{-10}，其酸式结构常用 HIn 表示，呈现的颜色称为酸式色(无色)；电离产生的共轭碱结构用 In^- 表示，呈现的颜色称为碱式色(红色)，其在水溶液中的电离平衡式如下：

$$HIn \rightleftharpoons H^+ + In^-$$

酸式色(无色)　　碱式色(红色)

根据平衡移动原理，降低溶液的 pH，溶液中的$[H^+]$增大，平衡向左移动，酚酞的碱式结构向酸式结构转化，溶液颜色由红色转变为无色；反之，增大溶液的 pH，溶液中的

$[OH^-]$增大，$[H^+]$降低，平衡向右移动，酚酞的酸式结构向碱式结构转化，溶液颜色由无色转变为红色。又如甲基橙是有机弱碱，在溶液中共轭碱为黄色（碱式色），共轭酸为红色（酸式色）。

$$InOH \rightleftharpoons OH^- + In^+$$

碱式色（黄色）　　　酸式色（红色）

溶液 pH 改变可引起共轭酸碱对的浓度变化，从而使溶液的颜色也随之发生变化。

（二）酸碱指示剂的变色范围

在滴定过程中，随溶液 pH 变化，共轭酸碱对的浓度发生变化，溶液的颜色也随之变化。在实际滴定过程中，对于酚酞指示剂，当溶液的 pH<8 时，溶液呈无色，当溶液的 pH>10 时，溶液呈红色，pH 从 8 到 10 是酚酞逐渐由无色变为红色的过程，称为酚酞的变色范围。对于甲基橙指示剂，当溶液的 pH<3.1 时，溶液呈红色，当溶液的 pH>4.4 时，溶液呈黄色，pH 从 3.1 到 4.4 是甲基橙的变色范围。常见酸碱指示剂的变色的 pH 范围及颜色变化情况见表 4-1。

表 4-1　常见的酸碱指示剂（室温）

指示剂	变色的 pH 范围	酸式色	碱式色	pK_{HIn}	用量（滴/10 mL 试液）
百里酚蓝	1.2～2.8	红	黄	1.65	1～2
甲基黄	2.9～4.0	红	黄	3.25	1
甲基橙	3.1～4.4	红	黄	3.45	1
溴酚蓝	3.0～4.6	黄	紫	4.10	1
溴甲酚绿	3.8～5.4	黄	蓝	4.90	1～3
甲基红	4.4～6.2	红	黄	5.10	1
溴百里酚蓝	6.2～7.6	黄	蓝	7.30	1
中性红	6.8～8.0	红	黄橙	7.40	1
酚红	6.7～8.4	黄	红	8.00	1
酚酞	8.0～10.0	无	红	9.10	1～2
百里酚蓝	8.0～9.6	黄	蓝	8.90	1～4
百里酚酞	9.4～10.6	无	蓝	10.0	1～2

由上表可知，不同的酸碱指示剂具有不同的变色范围，在酸性溶液中变色的指示剂有甲基橙、甲基红等；在中性溶液附近变色的指示剂有中性红、酚红等；在碱性溶液中变色的指示剂有酚酞、百里酚蓝等。

指示剂的变色范围可由指示剂在溶液中的平衡移动原理来解释。现以酚酞为例：

$$HIn \rightleftharpoons H^+ + In^-$$

酸式色（无色）　碱式色（红色）

根据酚酞的电离平衡式得：

$$K_{HIn}=\frac{[H^+][In^-]}{[HIn]}$$

$$\frac{[In^-]}{[HIn]}=\frac{碱式色}{酸式色}=\frac{K_{HIn}}{[H^+]}$$

由此可见,酸碱指示剂的颜色取决于溶液中的 $\frac{[In^-]}{[HIn]}$,即取决于酸碱指示剂的 K_{HIn} 和$[H^+]$。其中,K_{HIn}是酸碱指示剂的电离平衡常数,是由指示剂的本质决定的,它在一定温度下是一个常数。因此,酸碱指示剂的颜色完全取决于溶液中的$[H^+]$。

$$[H^+]=K_{HIn}\cdot\frac{[HIn]}{[In^-]}$$

$$pH=pK_{HIn}-\lg\frac{[HIn]}{[In^-]} \tag{4-10}$$

当$[In^-]=[HIn]$时,即$[H^+]=K_{HIn}$,$pH=pK_{HIn}$,溶液呈现酸式色和碱式色的中间色,此时溶液的 pH 称为指示剂的**理论变色点**。由于各种酸碱指示剂的电离平衡常数K_{HIn}不同,因此,呈现中间色时的 pH 也不相同。当 pH=9.1 时,酚酞呈现红色和无色的中间色,即粉红色。

当溶液中$[H^+]$发生改变时,$[In^-]$和$[HIn]$的比值也发生变化,溶液的颜色也随之发生变化。一般来讲,只有当$[In^-]$和$[HIn]$的比值相差 10 倍时,人眼才能看出明显的颜色变化。例如,当 $\frac{[HIn]}{[In^-]}\geqslant 10$ 时,$pH_1\leqslant pK_{HIn}-1$,溶液呈现酸式色(如酚酞为无色);当 $\frac{[HIn]}{[In^-]}\leqslant 0.1$ 时,$pH_2\geqslant pK_{HIn}+1$,溶液呈现碱式色(如酚酞为红色)。

由上可知,酸碱指示剂并不是突然从一种颜色转变为另一种颜色,而是具有变色范围。即当溶液的 pH 由 pH_1逐渐上升到 pH_2时,溶液的颜色由酸式色逐渐变为碱式色。而 pH_1与 pH_2相差 2 个 pH 单位。

由此推算得出酸碱指示剂的变色范围为 2 个 pH 单位,即 $pK_{HIn}\pm 1$,称为**指示剂的理论变色范围**。但表 4-1 中列出的各种酸碱指示剂的实际变色的 pH 范围却并非如此。这是因为表 4-1 中列出的变色范围是依据人眼观察测定得到的,并不是根据 pK_{HIn}计算出来的。由于人眼对各种颜色的敏感程度不同,因此,实际测得的变色范围与理论变色范围有所不同。

综上所述,可以得出如下结论:①指示剂变色的 pH 范围不是恰好位于 7 左右,而是随各种指示剂的电离平衡常数 K_{HIn}的不同而不同。②各种指示剂在变色范围内显示逐渐变化的过渡颜色。③各种指示剂的变色范围不同,但一般来说,不大于两个 pH 单位,也不小于 1 个 pH 单位。

(三)影响酸碱指示剂变色范围的因素

(1)温度。酸碱指示剂的电离平衡常数 K_{HIn}受温度影响,故酸碱指示剂的变色范围与温度有关。例如，甲基橙在室温条件下变色的 pH 范围为 3.1～4.4，而在 100 ℃时变色的 pH 范围为 2.5～3.7。表 4-1 中列出的酸碱指示剂变色的 pH 范围都是在室温下测得的。因此，一般情况下，酸碱滴定时应将热溶液冷却至室温后再加指示剂。

(2)溶剂。酸碱指示剂在不同的溶剂中的电离平衡常数不同，因此，在不同的溶剂中的变色范围也不同。例如，甲基橙在水溶液中的 $pK_{HIn}=3.4$，而在甲醇中的 $pK_{HIn}=3.8$。

(3)指示剂的用量。酸碱指示剂的用量过多或过少会使溶液的颜色过深或过浅，导致指示剂的颜色变化不敏锐。另外，酸碱指示剂本身是有机弱酸或有机弱碱，会消耗酸碱滴定液，具有一定的误差。因此，酸碱指示剂的用量一定要适当，在能观察到指示剂变色范围的前提下，尽量少用指示剂。一般情况下，20～50 mL 溶液中滴加 1～2 滴指示剂。

(4)滴定程序。由于人眼对颜色的判断一般是由浅到深较为敏感，因此，应按指示剂的颜色由浅到深的变化过程设计滴定程序。例如，用 NaOH 溶液滴定 HCl 溶液时，理论上用酚酞和甲基橙都可以，但用甲基橙时终点颜色变化是红色到黄色(由深到浅)，而选用酚酞时终点颜色变化是无色到粉红色(由浅到深)。因此，用酚酞指示剂时颜色变化更清晰。反之，用 HCl 溶液滴定 NaOH 溶液时可选用甲基橙作指示剂，终点颜色是黄色转变为橙色。

酸碱指示剂具有一定的变色范围，在变色范围内颜色是渐变的。只有当 pH 的变化超过一定数值时，指示剂才从一种颜色突然转变为另一种颜色。有些酸碱指示剂在化学计量点前后的 pH 变化较小，若用上述变色范围较宽的单一指示剂指示终点，则会产生较大的滴定误差，因此，选用变色范围窄、变色敏锐的混合指示剂就显得尤为重要。

(四)混合指示剂

混合指示剂主要利用颜色之间的互补作用，使滴定终点变色敏锐、变色范围变窄。混合指示剂通常有两种配制方法：一种是在指示剂中加入一种惰性染料，通过混合配制而成。如甲基橙和靛蓝组成的混合指示剂，靛蓝在滴定过程中无颜色变化，只是作为甲基橙的蓝色背景色。当溶液的 pH≥4.4 时，指示剂的颜色为绿色(黄色＋蓝色)；当溶液的 pH≤3.1 时，指示剂的颜色为紫色(红色＋蓝色)；当溶液的 pH＝4.1 时(即理论变色点)，指示剂的颜色为浅灰色(橙色＋蓝色)。另一种是由两种或两种以上指示剂按一定的比例混合而成。如溴甲酚绿和甲基红，当溶液的 pH＜3.8 时，溴甲酚绿为黄色(酸式色)，当溶液的 pH＞5.4 时，溴甲酚绿为蓝色(碱式色)；当溶液的 pH＜4.4 时，甲基红为红色(酸式色)，当溶液的 pH＞6.2 时，甲基红为黄色(碱式色)。当两者按 3∶1 的比例混合时，两种颜色叠加在一起，例如，当溶液的 pH＜5.1 时，显酸式色酒红色(红稍带黄)；当溶液的 pH＞5.1 时，显碱式色绿色(黄＋蓝)；当溶液的 pH＝5.1(变色点)时，显浅灰色。综上所述，混合指示剂的颜色变化不仅明显，而且变色区间较窄。表 4-2 为几种常用的混合指示剂。

表 4-2 几种常用的混合指示剂

指示剂溶液的组成	理论变色点(pH)	颜色变化 酸式色	 碱式色	备注
1份0.1%甲基橙乙醇溶液	3.25	蓝紫色	绿色	pH=3.2,蓝紫色
1份0.1%次甲基蓝乙醇溶液				pH=3.4,绿色
1份0.1%甲基橙水溶液	4.1	紫色	黄绿色	pH=4.1,灰色
1份0.25%靛蓝二磺酸水溶液				
1份0.1%溴甲酚绿钠盐水溶液	4.3	橙色	蓝绿色	pH=3.5,黄色
1份0.2%甲基橙水溶液				pH=4.05,绿色
				pH=4.3,浅绿色
3份0.1%溴甲酚绿乙醇溶液	5.1	酒红色	绿色	pH=5.1,灰色
1份0.2%甲基红乙醇溶液				
1份0.1%溴甲酚绿钠盐水溶液	6.1	黄绿色	蓝紫色	pH=5.4,蓝绿色
1份0.1%氯酚红钠盐水溶液				pH=5.8,蓝色
				pH=6.0,蓝带紫色
				pH=6.2,蓝紫色
1份0.1%中性红乙醇溶液	7.0	蓝紫色	绿色	pH=7.0,紫蓝色
1份0.1%次甲基蓝乙醇溶液				
1份0.1%甲基红钠盐水溶液	8.3	黄色	紫色	pH=8.2,玫瑰红
3份0.1%百里酚蓝钠盐水溶液				pH=8.4,紫色
1份0.1%百里酚蓝50%乙醇溶液	9.0	黄色	紫色	pH=9.0,绿色
3份0.1%酚酞50%乙醇溶液				
1份0.1%酚酞乙醇溶液	9.9	无色	紫色	pH=9.6,玫瑰红色
1份0.1%百里酚酞乙醇溶液				pH=10,紫色
2份0.1%百里酚酞乙醇溶液	10.2	黄色	紫色	颜色由微黄色变至黄色,再到青色
1份0.1%茜素黄乙醇溶液				

知识链接

混合指示剂

把甲基红、溴百里酚蓝、百里酚蓝、酚酞按一定的比例混合后溶于乙醇,配成混合指示剂,这样的混合指示剂随pH的不同而逐渐变色。

pH	≤4	5	6	7	8	9	≥10
颜色	红	橙	黄	绿	青(蓝绿)	蓝	紫

二、酸碱滴定类型和指示剂的选择

酸碱滴定要求选择能使滴定终点和化学计量点尽可能吻合的指示剂，这样才能使滴定的终点误差最小，保证待测物质被准确滴定。由于酸碱滴定类型不同，化学计量点不同，因而可以根据化学计量点时溶液的 pH 选择对应的指示剂。下面以三种不同类型的典型的酸碱滴定为例，讨论如何根据酸碱滴定过程中溶液 pH 的变化规律，选择合适的指示剂。

(一)强碱与强酸的滴定及指示剂的选择

以 0.1000 mol/L NaOH 溶液滴定 20.00 mL 0.1000 mol/L HCl 溶液为例，分析滴定过程中溶液 pH 的变化规律及指示剂的选择原则。

1. 滴定原理及溶液的 pH 变化规律

NaOH 与 HCl 的基本反应如下：

$$H^+ + OH^- \rightleftharpoons H_2O$$

在滴定过程中，溶液的 pH 从 1.00 开始不断上升，到化学计量点时为 7.00，若 NaOH 滴加过量，则溶液的 pH 继续上升。表 4-3 分析了滴定过程中各阶段溶液的组成和酸度的变化。

表 4-3　0.1000 mol/L NaOH 溶液滴定 20.00 mL 0.1000 mol/L HCl 溶液的 pH 变化规律

滴定状态	溶液的组成	[H^+](mol/L)	[OH^-](mol/L)	溶液的 pH	溶液的酸碱性
滴定前	HCl 溶液	0.100	—	1.00	酸性
计量点前	HCl(未反应) NaCl(生成物)	剩余 HCl 物质的量/$V_{总}$	—	$-\lg[H^+]$	酸性
计量点时	NaCl 溶液	1.0×10^{-7}	1.0×10^{-7}	7	中性
计量点后	NaCl(生成生) NaOH(过量的)	—	过量的 NaOH 物质的量/$V_{总}$	14.00−pOH	碱性

思考题

1. 向溶液中滴加 NaOH 滴定液 19.98 mL 时，溶液的 pH 是多少？此时与计量点的误差有多大？

2. 向溶液中滴加 NaOH 滴定液 20.02 mL 时，溶液的 pH 是多少？此时与计量点的误差有多大？

根据表 4-3，可得出滴定过程中每一阶段的 pH，见表 4-4。

表 4-4　0.1000 mol/L NaOH 溶液滴定 20.00 mL 0.1000 mol/L HCl 溶液的 pH

NaOH 滴加量 (mL)	滴定分数 (%)	剩余HCl 体积 (mL)	过量NaOH 体积 (mL)	溶液的pH	
0.00	0.00	20.00	—	1.00	
18.00	90.00	2.00	—	2.28	ΔpH=3.30
19.80	99.00	0.20	—	3.30	
19.96	99.80	0.04	—	4.00	
19.98	99.90	0.02	—	4.30	
20.00	100.00	0.00	0.00	7.00	ΔpH=5.40 突跃范围
20.02	100.10	—	0.02	9.70	
20.04	100.20	—	0.04	10.00	
20.20	101.00	—	0.20	10.70	
22.00	110.00	—	2.00	11.70	ΔpH=3.52
40.00	200.00	—	20.00	12.52	

2. 滴定曲线和指示剂的选择

根据表 4-4，以加入 NaOH 溶液的体积为横坐标、溶液的 pH 为纵坐标绘图，可得到 0.1000 mol/L NaOH 溶液滴定 20.00 mL 0.1000 mol/L HCl 溶液的滴定曲线，见图 4-1。由表 4-4 和图 4-1 可以看出，在滴定开始时，溶液中存在较多的 HCl 溶液，pH 升高十分缓慢。随着滴定的不断进行，溶液中的 HCl 含量不断减少，pH 升高逐渐加快，尤其是当滴定接近化学计量点时。当 NaOH 溶液的加入量为 19.98 mL(99.9%)时，溶液的 pH 为 4.30；当 NaOH 溶液的加入量为 20.02 mL(100.1%)时，溶液的 pH 为 9.70；0.04 mL(约 1 滴)NaOH 会使溶液的 pH 从 4.30 上升到 9.70，改变了 5.4 个 pH 单位，在图像上表现为一段陡峭的曲线，溶液也由酸性变成了碱性，是量变引起质变的具体体现。因此，在化学计量点前后±0.1%的滴加量会使溶液的 pH 发生急剧变化，这种现象称为滴定突跃。滴定突跃所在的 pH 范围称为滴定突跃范围。滴定突跃现象说明：当滴定接近化学计量点时，微量的滴加量就会使溶液的 pH 发生急剧变化。因此，要减慢滴定速度，控制滴定量。

滴定突跃范围是指化学计量点的±0.1%，可以据此选择合适的指示剂，使其在滴定突跃范围内变色，这样滴定终点和化学计量点之差(终点误差)也就控制在±0.1%范围内。因此，酸碱滴定法中选择酸碱指示剂的原则是：**指示剂的变色范围应全部或部分落在滴定突跃范围内，即指示剂的理论变色点尽量接近化学计量点**。所以，在上述的酸碱滴定中，甲基橙、甲基红、酚酞都可以作为指示剂。

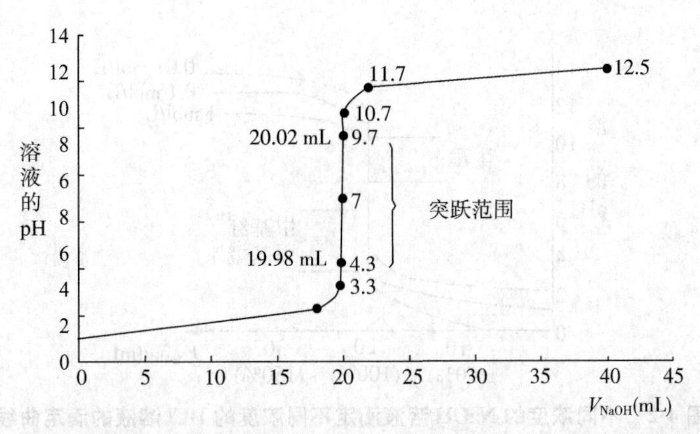

图 4-1　0.1000 mol/L NaOH 溶液滴定 20.00 mL 0.1000 mol/L HCl 溶液的滴定曲线

案例分析

某学生在用 NaOH 滴定液（0.1000 mol/L）标定盐酸溶液实验中，用甲基橙（pH 为 3.10～4.10）作指示剂，溶液从红色变橙色为滴定终点，结果导致滴定误差大于 0.2%。

分析：虽然按照指示剂的选择原则，强碱滴定强酸可以选择甲基橙作指示剂，但是该同学不能在此实验中以甲基橙的橙色（pH＝3.45）作为滴定终点。因为，若以此为终点，溶液的 pH 未落在滴定突跃范围内（pH 为 4.3～9.7），溶液中未反应完的盐酸体积大于 0.04 mL，导致滴定终点提前，滴定误差大于 0.2%。因此，用 NaOH 滴定液（0.1000 mol/L）滴定盐酸时，若选用甲基橙作指示剂，则应以甲基橙从红色变黄色（pH＝4.4）为滴定终点，此时 pH 大于 4.3，落在滴定突跃范围内（pH 为 4.3～9.7），溶液中未反应完的盐酸体积小于 0.02 mL，其滴定误差小于 0.1%，符合滴定分析的测量误差要求。由此得出，滴定终点并非一定是指示剂的变色点。

3. 影响滴定突跃范围的因素

滴定突跃范围宽表示指示剂的选择范围广；反之，表示指示剂的选择范围窄。强碱与强酸相互滴定时，其滴定突跃范围的宽窄与酸碱的浓度有关。图 4-2 是三种不同浓度的 NaOH 溶液滴定不同浓度的 HCl 溶液的滴定曲线。由图可知，酸碱的浓度越大，滴定突跃范围越宽，可选择的指示剂种类越多；反之，则越少。例如，用 0.1000 mol/L NaOH 溶液滴定 20.00 mL 0.1000 mol/L HCl 溶液，滴定突跃范围的 pH 为 4.30～9.70，为 5.4 个 pH 单位，可选用甲基橙、甲基红、酚酞；而用 0.01000 mol/L NaOH 溶液滴定 20.00 mL 0.01000 mol/L HCl 溶液，滴定突跃范围的 pH 为 5.30～8.70，为 3.4 个 pH 单位，只能选用甲基红和酚酞。因此，滴定液和被测溶液的浓度要适当，一般以0.01～0.2 mol/L 为宜。

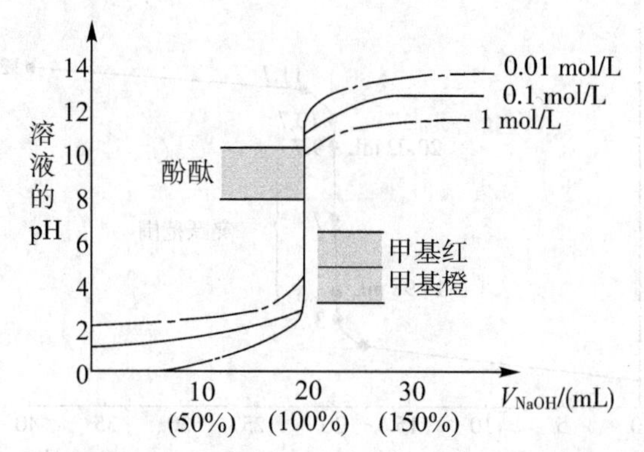

图 4-2 不同浓度的 NaOH 溶液滴定不同浓度的 HCl 溶液的滴定曲线

0.1000 mol/L HCl 溶液滴定 20.00 mL 0.1000 mol/L NaOH 溶液的滴定曲线与同浓度的强碱滴定同浓度的强酸的滴定曲线形状是对称的，滴定突跃范围的 pH 为 4.30～9.70，为 5.4 个 pH 单位，如图 4-3 所示。

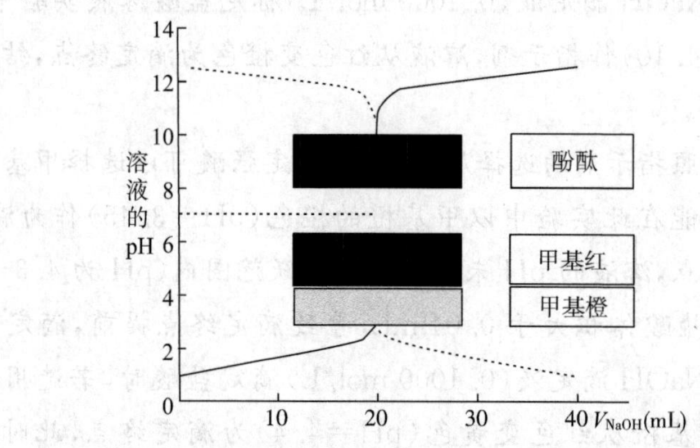

图 4-3 0.1000 mol/L NaOH 溶液与 0.1000 mol/L HCl 溶液相互滴定的滴定曲线

(二)强碱(酸)滴定弱酸(碱)及指示剂的选择

以 0.1000 mol/L NaOH 溶液滴定 20.00 mL 0.1000 mol/L HAc 为例，讨论强碱滴定弱酸的 pH 变化规律及指示剂的选择原则。

1. 滴定原理及溶液的 pH 变化规律

NaOH 与 HAc 的反应原理如下：

$$OH^- + HAc \rightleftharpoons Ac^- + H_2O$$

滴定前，溶液中只有弱酸 HAc，溶液显酸性；随着滴定的进行，HAc 溶液中的 H^+ 不断被中和，溶液的 pH 逐渐升高；到化学计量点前，滴定产生的 NaAc 与溶液中的 HAc 构成了缓冲溶液，溶液的 pH 升高缓慢，直到化学计量点前后才迅速升高；到化学计量点时，生成的 NaAc 水解，溶液显碱性。滴定过程中溶液的 pH 变化情况见表 4-5。

表 4-5　0.1000 mol/L NaOH 溶液滴定 20.00 mL 0.1000 mol/L HAc 溶液的 pH 变化规律

滴定状态	溶液的组成	$[H^+]$(mol/L)	$[OH^-]$(mol/L)	溶液的 pH	溶液的酸碱性
滴定前	HAC 溶液	$\sqrt{K_a \cdot c}$	—	2.87	弱酸性
计量点前	HAc(未反应) NaAc(过量的)	$K_a \cdot \frac{c_{HAc}}{c_{Ac^-}}$	—	$-\lg[H^+]$	弱酸～中性
计量点时	NaAc 溶液	—	$\sqrt{\frac{K_w}{K_a} \cdot c_{Ac^-}}$	8.73	弱碱性
计量点后	NaAc(生成物) NaOH(过量的)		过量的 NaOH 的物质的量/$V_{总}$	14.00－pH	强碱性

根据表 4-5，可计算出滴定过程中各阶段所对应的溶液的 pH，见表 4-6。

表 4-6　0.1000 mol/L NaOH 溶液滴定 20.00 mL 0.1000 mol/L HAc 溶液的 pH 变化

NaOH 滴加量(mL)	滴定分数(%)	剩余 HCl 体积(mL)	过量 NaOH 体积(mL)	溶液的 pH	
0.00	0.00	20.00	—	2.87	
19.98	99.90	0.02	—	7.70	ΔpH=2.00
20.00	100.00	0.00	0.00	8.70	突跃范围
20.02	100.10	—	0.02	9.70	

知识链接

1. 弱酸溶液的 pH 计算：当 $c \cdot K_a \geqslant 500$ 或 $c \cdot K_a > 20K_w$ 时，$pH = \sqrt{K_a \cdot c}$。

2. 缓冲溶液的 pH 计算：$pH = pK_a + \lg \frac{c_{Ac^-}}{c_{HAc}}$。

2. 滴定曲线和指示剂的选择

以表 4-6 中 NaOH 溶液的滴加量为横坐标，以溶液的 pH 为纵坐标，绘制 NaOH 溶液滴定 HAc 溶液的滴定曲线，见图 4-4。

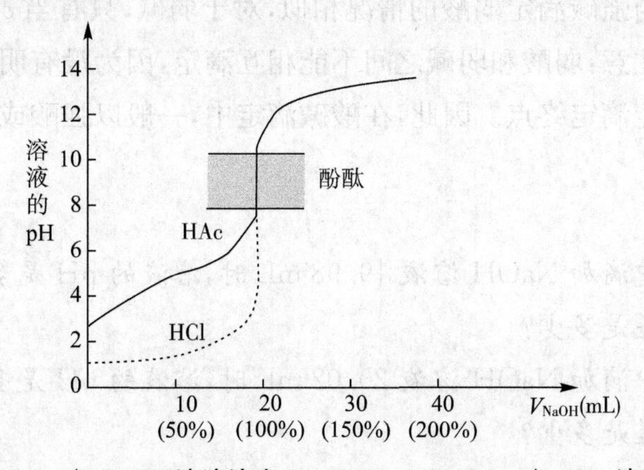

图 4-4　0.1000 mol/L NaOH 溶液滴定 20.00 mL 0.1000 mol/L HAc 溶液的滴定曲线

由 NaOH 溶液滴定 HAc 溶液的滴定曲线可知，滴定突跃范围为 7.74～9.70，根据指示剂的选择原则，只能选择在碱性区域内变色的指示剂，如酚酞，而不能选择在酸性区域内变色的指示剂，如甲基橙和甲基红。

3. 影响弱酸滴定突跃范围的因素

在弱酸的滴定过程中，滴定突跃范围的宽窄除与弱酸的浓度有关外，还与弱酸的强度(K_a)有关。图 4-5 是 0.1000 mol/L NaOH 溶液滴定不同强度弱酸的滴定曲线。由图可以看出，当弱酸浓度一定时，弱酸的强度(K_a)越大，滴定突跃范围越宽；当弱酸浓度为 0.1 mol/L 时，$K_a \leqslant 10^{-9}$ 表示无明显的滴定突跃，没有合适的指示剂可以准确判断滴定终点。因此，用强碱准确直接地滴定弱酸必须符合一定的要求，即弱酸溶液的 $c_a \cdot K_a \geqslant 10^{-8}$，否则必须更换其他的滴定方法。例如，硼酸($H_3BO_3$)的酸性很弱($K_a = 5.8 \times 10^{-10}$)，不能用强碱直接滴定；可通过间接法把硼酸与甘油络合成酸性较强的甘油硼酸($K_a = 3.0 \times 10^{-7}$)，再用强碱直接滴定。

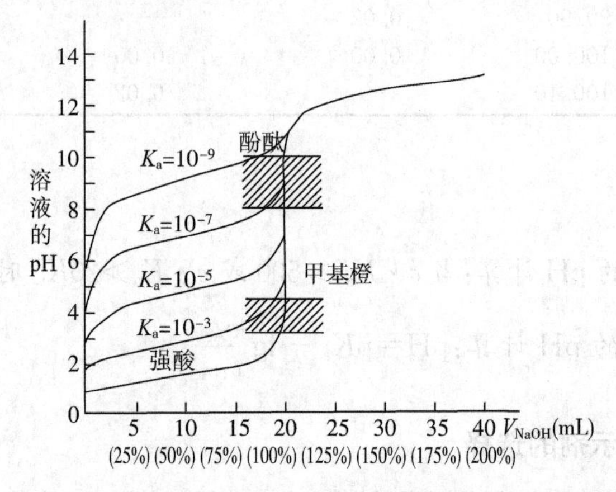

图 4-5 0.1000 mol/L NaOH 溶液滴定不同强度弱酸的滴定曲线

强酸滴定弱碱与强碱滴定弱酸的情况相似，对于弱碱，只有当 $c_b \cdot K_b \geqslant 10^{-8}$ 时才能被强酸滴定。必须注意：弱酸和弱碱之间不能相互滴定，因为没有明显的滴定突跃，无法用一般的指示剂确定滴定终点。因此，在酸碱滴定中，一般以强酸或强碱作为滴定液。

思考题

1. 向溶液中滴加 NaOH 溶液 19.98 mL 时，溶液的 pH 是多少？此时与化学计量点的误差是多少？

2. 向溶液中滴加 NaOH 溶液 20.02 mL 时，溶液的 pH 是多少？此时与化学计量点的误差是多少？

(三)强碱(酸)滴定多元弱酸(碱)及指示剂的选择

1. 强碱滴定多元弱酸及指示剂的选择

以 0.1000 mol/L NaOH 溶液滴定 20.00 mL 0.1000 mol/L H_3PO_4为例来分析强碱滴定多元弱酸的特点及指示剂的选择。

H_3PO_4是三元弱酸,在溶液中分三步电离:

$H_3PO_4 \rightleftharpoons H^+ + H_2PO_4^-$　　$K_{a_1} = 7.5\times10^{-3}$

$H_2PO_4^- \rightleftharpoons H^+ + HPO_4^{2-}$　　$K_{a_2} = 6.3\times10^{-8}$

$HPO_4^{2-} \rightleftharpoons H^+ + PO_4^{3-}$　　$K_{a_3} = 2.2\times10^{-13}$

用 NaOH 溶液滴定 H_3PO_4溶液的中和反应也是分步进行的:

$NaOH + H_3PO_4 = NaH_2PO_4 + H_2O$

$NaOH + NaH_2PO_4 = Na_2HPO_4 + H_2O$

$NaOH + Na_2HPO_4 = Na_3PO_4 + H_2O$

判断多元弱酸各级电离出的 H^+ 能否被准确滴定的依据与一元弱酸相同,即各级酸的浓度与各级酸的电离常数的乘积满足 $c \cdot K_a \geqslant 10^{-8}$。判断多元弱酸相邻两级电离出的 H^+ 能否被分步滴定的依据是:在满足准确滴定的条件下,相邻两级的电离常数比值满足:$K_{a_1}/K_{a_2} \geqslant 10^4$,即有两个滴定突跃。

对磷酸而言,$c \cdot K_{a_1} \geqslant 10^{-8}$,$c \cdot K_{a_2} \geqslant 10^{-8}$,$K_{a_1}/K_{a_2} \geqslant 10^4$,所以,第一级、第二级电离出的 H^+ 能被准确、分步滴定,即在第一化学计量点和第二化学计量点时分别出现两个滴定突跃。虽然 $K_{a_2}/K_{a_3} \geqslant 10^4$,但因 $c \cdot K_{a_3} < 10^{-8}$,故第三级电离出的 H^+ 不能被准确直接滴定。因此,在 NaOH 溶液滴定 H_3PO_4溶液的滴定曲线上只有两个滴定突跃,如图 4-6 所示。

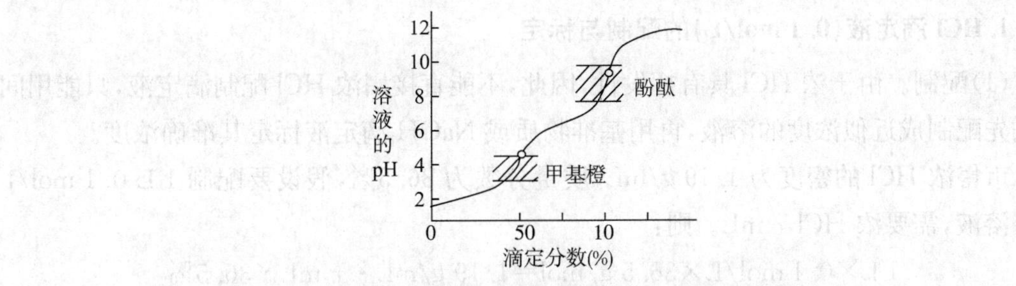

图 4-6　0.1000 mol/L NaOH 溶液滴定 H_3PO_4溶液的滴定曲线

多元酸(碱)溶液的 pH 计算复杂,这里不多介绍。但在滴定分析中,指示剂指示的滴定终点与化学计量点越接近,滴定误差越小。因此,我们只需计算化学计量点时溶液的 pH,以此作为选择指示剂的依据。

第一化学计量点时溶液的 pH=4.7,可选择甲基红指示剂。

第二化学计量点时溶液的 pH=9.8,可选择酚酞指示剂。

2. 强酸滴定多元碱及指示剂的选择

多元碱能不能被分步、准确滴定的条件与多元酸类似。下面以 HCl 溶液滴定 Na_2CO_3为例来介绍指示剂的选择。

Na_2CO_3是碳酸的钠盐，为二元弱碱，水溶液为碱性。其两级水解常数分别为：

$CO_3^{2-} + H_2O \rightleftharpoons HCO_3^- + OH^-$　　　$K_{b_1}=1.79\times10^{-4}$

$HCO_3^- + H_2O \rightleftharpoons H_2CO_3 + OH^-$　　　$K_{b_2}=2.33\times10^{-8}$

由于 $c \cdot K_{b_1}$ 和 $c \cdot K_{b_2}$ 都大于或近似等于 10^{-8}，且 $K_{b_1}/K_{b_2}\approx10^4$，因此，$Na_2CO_3$两级水解出的碱不仅能被 HCl 准确滴定，还能被分步滴定，有两个滴定突跃。

其滴定反应式为：

$$HCl + Na_2CO_3 = NaHCO_3 + NaCl$$

$$HCl + NaHCO_3 = NaCl + H_2O + CO_2$$

第一化学计量点时溶液的 pH＝8.31，可选用碱性区域变色的指示剂，如酚酞。

第二化学计量点时溶液的 pH＝3.89，可选用酸性区域变色的指示剂，如甲基橙。

注意：滴定接近第二化学计量点时溶液为 H_2CO_3 的饱和溶液，计量点附近的 pH 变化很小，导致指示剂的颜色变化不够敏感。因此，在反应接近终点时，应将溶液煮沸，摇动锥形瓶以释放部分 CO_2，冷却后再继续滴定至终点。

三、酸碱滴定液的配制与标定和酸碱滴定法的应用

(一)酸碱滴定液的配制与标定

酸碱滴定法中常用的酸碱滴定液为 HCl 滴定液和 NaOH 滴定液，其浓度一般为 0.01～1 mol/L，最常用的浓度为 0.1 mol/L。

1. HCl 滴定液(0.1 mol/L)的配制与标定

(1)配制。由于浓 HCl 具有挥发性，因此，不能直接用浓 HCl 配制滴定液，只能用间接法先配制成近似浓度的溶液，再用基准物质或 NaOH 滴定液标定其准确浓度。

市售浓 HCl 的密度为 1.19 g/mL，质量分数为 36.5%，假设要配制 1 L 0.1 mol/L HCl 溶液，需要浓 HCl x mL。则：

$$1\ L\times0.1\ mol/L\times36.5\ g/mol=1.19\ g/mL\cdot x\ mL\times36.5\%$$

$$x=8.4\ mL$$

考虑浓 HCl 的挥发性，应取 9 mL。用量筒量取 9 mL 浓 HCl 溶液，倒入预先盛有适量蒸馏水的试剂瓶中，加蒸馏水稀释至 1000 mL，摇匀，贴上标签备用。

(2)标定。标定盐酸常用的基准物质有基准无水碳酸钠或硼砂。

无水碳酸钠的优点是容易制得纯品，价格便宜；缺点是具有强烈的吸湿性，使用前必须在 270～300 ℃烘箱中灼热至恒重。称量动作应迅速，以免吸收空气中的水分而造

成称量误差。用 Na_2CO_3 标定 HCl 溶液的反应为：

$$2HCl + Na_2CO_3 \longrightarrow 2NaCl + H_2O + CO_2\uparrow$$

化学计量点时溶液的 pH 为 3.89，可用甲基橙作指示剂，滴定终点时溶液由黄色变为橙色。

硼砂（$Na_2B_4O_7 \cdot 10H_2O$）容易提纯且不易吸湿，其摩尔质量大，直接称量单份基准物进行标定时称量误差小。但硼砂在空气中的相对湿度小于 39%时易风化而失去部分结晶水，因此，应将其保存在相对湿度为 60%的恒湿器中。用硼砂标定 HCl 溶液的化学反应为：

$$Na_2B_4O_7 + 2HCl + 5H_2O \longrightarrow 2NaCl + 4H_3BO_3$$

滴定时选用甲基橙作指示剂，滴定终点时溶液由黄色变为橙色。

2. NaOH 滴定液（0.1 mol/L）的配制与标定

（1）配制。市售的 NaOH 纯度不高，因此，不能用直接法配制滴定液，只能先用间接法配制成近似浓度的溶液，再进行标定。市售 NaOH 常含有少量的 Na_2CO_3 和水分，而且易吸收空气中的水分和 CO_2，因此，在配制前应设法除去 Na_2CO_3。根据 Na_2CO_3 难溶于 NaOH 饱和溶液的特性，先将 NaOH 配制成饱和溶液，其中的 Na_2CO_3 会慢慢沉淀下来，再吸取一定量的上层清液，稀释至所需浓度即可。此外，用来配制 NaOH 溶液的蒸馏水也应加热煮沸，以除去其中的 CO_2。具体做法：用小烧杯在台秤上称取 120 g 固体 NaOH，加 100 mL 蒸馏水并搅拌，使之溶解成饱和溶液，冷却后贮入塑料瓶中，密闭放置数日，澄清后备用。NaOH 饱和溶液的密度为 1.56 g/mL，质量分数为 0.52。要配制 1 L 0.1 mol/L NaOH溶液，假设需要 NaOH 饱和溶液的体积为 x mL。则：

$$1\ \text{L} \times 0.1\ \text{mol/L} \times 40\ \text{g/mol} = 1.56\ \text{g/mL} \cdot x\ \text{mL} \times 0.52$$

$$x \approx 5\ \text{mL}$$

可略取多些，约 5.6 mL。取澄清的饱和 NaOH 溶液 5.6 mL，置于 1000 mL 试剂瓶中，加新煮沸的冷却蒸馏水 1000 mL，摇匀后密闭，贴上标签备用。

（2）标定。标定 NaOH 滴定液常用的基准物质有邻苯二甲酸氢钾（$KHC_8H_4O_4$）或草酸（$H_2C_2O_4 \cdot 2H_2O$）。邻苯二甲酸氢钾的优点是容易制得纯品，性质稳定，摩尔质量大（204.44 g/mol）。标定前，应将邻苯二甲酸氢钾置于 105～110 ℃烘箱中干燥至恒重备用。邻苯二甲酸氢钾标定 NaOH 溶液的反应为：

$$KHC_8H_4O_4 + NaOH \longrightarrow KNaC_8H_4O_4 + H_2O$$

化学计量点时溶液的 pH 为 9.70，滴定时可用酚酞作指示剂，滴定终点时溶液由无色变为粉红色，且 30 s 不褪色。

（二）酸碱滴定法的应用

酸碱滴定法的应用极其广泛，按其滴定方式可分为以下两种。

1. 直接滴定方式

一般来说，凡 $c_a \cdot K_a \geqslant 10^{-8}$ 的酸性物质和 $c_b \cdot K_b \geqslant 10^{-8}$ 的碱性物质，都可以用碱滴定液或酸滴定液直接滴定。如硼砂、苯甲酸含量的测定，见基础实训 7 和能力拓展 3。

混合碱含量的测定：NaOH 易吸收空气中的 CO_2，部分变成 Na_2CO_3，形成 NaOH 和 Na_2CO_3 的混合碱。测定混合碱中 NaOH 和 Na_2CO_3 的含量，有以下两种方法：

(1)双指示剂法。Na_2CO_3 是二元碱，用 HCl 滴定时出现两个化学计量点。称取一定量的试样，溶解后，按以下方法操作：先以酚酞为指示剂，用 HCl 滴定液滴定至红色刚好褪去，这时 NaOH 全部被中和，Na_2CO_3 只被中和为 $NaHCO_3$，设消耗的 HCl 体积为 V_1 mL；再以甲基橙为指示剂，用 HCl 滴定液滴定至溶液的颜色由黄色变为橙色，此时 $NaHCO_3$ 被中和成 CO_2，设消耗的 HCl 体积为 V_2 mL。由反应的化学方程式可见：

$$Na_2CO_3 + HCl \xlongequal{} NaHCO_3 + NaCl$$

$$V_1 \text{ mL}$$

$$NaOH + HCl \xlongequal{} NaCl + H_2O$$

$$(V_1 - V_2) \text{ mL}$$

$$NaHCO_3 + HCl \xlongequal{} NaCl + H_2O + CO_2\uparrow$$

$$V_2 \text{ mL}$$

则按下式计算各组分含量，m_s为样本质量：

$$NaOH\% = \frac{c_{HCl} \times (V_1 - V_2) \times M_{NaOH} \times 10^{-3}}{m_s} \times 100\%$$

$$Na_2CO_3\% = \frac{1}{2} \times \frac{c_{HCl} \times 2 \times V_2 \times M_{Na_2CO_3}}{m_s} \times 100\%$$

(2)氯化钡法。先取一份试样，以甲基橙为指示剂，用 HCl 滴定液滴定至溶液由黄色转变为橙色（NaOH 变成 NaCl，Na_2CO_3 变成 NaCl），消耗 HCl 滴定液的体积为 V_1 mL。另取一份同体积的试样，加入一定量的 $BaCl_2$溶液，使 Na_2CO_3变成 $BaCO_3$沉淀析出，然后以酚酞为指示剂，用 HCl 滴定液滴定至溶液的红色褪去（NaOH 变成 NaCl），消耗 HCl 滴定液体积为 V_2 mL。则：

$$NaOH\% = \frac{c_{HCl} \times V_2 \times M_{NaOH} \times 10^{-3}}{m_s} \times 100\%$$

$$Na_2CO_3\% = \frac{1}{2} \times \frac{c_{HCl} \times (V_1 - V_2) \times M_{Na_2CO_3}}{m_s} \times 100\%$$

2. 间接滴定方式

由于许多极弱的酸碱在 $c_a \cdot K_a < 10^{-8}$（$c_b \cdot K_b < 10^{-8}$）时不能被直接测定，可以通过与酸碱反应产生可以滴定的酸碱，或增强其酸碱性后测定。例如，硼酸的测定：硼酸的酸性很弱（$K_a = 5.8 \times 10^{-10}$），不能用强碱直接滴定，但硼酸能与甘油配位生成酸性较强的

甘油硼酸($K_a = 3.0\times10^{-7}$),因此,可以用 NaOH 滴定液直接滴定。操作步骤:精密称取一定量的甘油,甘油可将硼酸转化为甘油硼酸,反应完全后,以酚酞为指示剂,用 NaOH 滴定液滴定至溶液由无色转变为粉红色,且 30 s 不褪色。

四、非水溶液酸碱滴定法

水是最常见的溶剂,酸碱滴定一般在水溶液中进行。但是,以水为介质进行滴定分析时,也会遇到困难。例如,弱酸(或弱碱)溶液在 $c_a \cdot K_a < 10^{-8}$($c_b \cdot K_b < 10^{-8}$)时,在水中没有明显的滴定突跃,一般不能被准确滴定;许多有机酸在水中的溶解度很小,致使滴定无法进行等。如果采用各种非水溶剂作为滴定介质,就可以很好地解决上述问题,从而扩大酸碱滴定法的应用范围。在非水溶剂中进行滴定分析的方法称为**非水滴定法**。此法在有机分析中得到了广泛的应用,尤其是在药物分析中,常用非水溶液酸碱滴定法测定有机碱及其氢卤酸盐、硫酸盐、有机酸盐和有机酸碱金属盐类药物的含量,同时也用于测定某些有机弱酸药物的含量。

(一)基本原理

1. 溶剂的分类

在非水溶液酸碱滴定中,常用的溶剂有甲醇、乙醇、冰醋酸、二甲基甲酰胺、四氯化碳、丙酮和苯等。根据溶剂的酸碱性,可将其分为以下几类。

(1)酸性溶剂。甲酸、冰醋酸、硫酸等溶剂给出质子(H^+)的能力比水强,接受质子的能力比水弱,称为**酸性溶剂**。酸性溶剂主要适用于测定弱碱的含量。

(2)碱性溶剂。乙二胺、乙醇胺等溶剂接受质子(H^+)的能力比水强,给出质子的能力比水弱,称为**碱性溶剂**。碱性溶剂主要适用于测定弱酸的含量。

(3)两性溶剂。甲醇、乙醇、乙二醇等溶剂给出和接受质子的能力与水相当,它们既能给出质子,也能接受质子,称为**两性溶剂**。两性溶剂主要适用于测定酸碱性不太弱的有机酸或有机碱。

(4)惰性溶剂。苯、氯仿、四氯化碳等溶剂几乎没有接受质子的能力,溶剂中分子之间没有质子自递反应,称为**惰性溶剂**。在惰性溶剂中,质子转移反应直接发生在滴定液和试样之间。

以上溶剂的分类只是为了讨论方便,实际上各类溶剂之间没有严格的界限。在实际工作中,为了增大样品的溶解度和滴定突跃,使终点变色敏锐,常使用混合指示剂。例如,由二醇类与烃类或卤烃类组成的混合溶剂用来溶解有机酸盐、生物碱和高分子化合物;冰醋酸-酸酐、冰醋酸-苯混合溶剂适用于弱碱性物质的滴定;苯-甲醇混合溶剂适用于羧酸类的滴定。

2. 溶剂的性质

根据酸碱质子理论，一种酸(碱)在溶液中的酸(碱)性的强弱，不仅与酸(碱)的本性有关，还与溶剂的碱(酸)性有关。例如，硝酸在水溶液中给出质子的能力较强，表现出强酸性；醋酸在水溶液中给出质子的能力较弱，表现出弱酸性。若将硝酸溶于冰醋酸中，由于冰醋酸的酸性比水强，接受质子的能力比水弱，硝酸在冰醋酸中给出质子的能力相对减弱而表现出弱酸性。同理，醋酸溶于氨液中表现出的酸性比醋酸溶于水中表现出的酸性强。由此可见，酸和碱的酸碱性强弱具有相对性。**弱酸溶于碱性溶剂中可增强其酸性；弱碱溶于酸性溶剂中可增强其碱性**。非水溶液酸碱滴定法就是利用此原理，通过选择不同酸碱性的溶剂，增强待测物质的酸碱性。例如，碱性很弱的胺类难以在水中进行滴定，若将胺类溶于冰醋酸中，其碱性增强，则可用高氯酸的冰醋酸溶液进行滴定。反应式如下：

滴定液：$HClO_4 + HAc \rightleftharpoons H_2Ac^+ + ClO_4^-$

待测溶液：$RNH_2 + HAc \rightleftharpoons RNH_3^+ + Ac^-$

滴定反应：$H_2Ac^+ + Ac^- \rightleftharpoons 2HAc$

总反应式：$HClO_4 + RNH_2 \rightleftharpoons RNH_3^+ + ClO_4^-$

3. 均化效应和区分效应

试验证明，$HClO_4$、H_2SO_4、HCl、HNO_3的酸性强度是有所差别的，酸性强度顺序为：$HClO_4 > H_2SO_4 > HCl > HNO_3$。但这些酸溶于水后，几乎全部电离，强度几乎相等，均属于强酸。它们的电离反应如下：

$$HClO_4 + H_2O = H_3O^+ + ClO_4^-$$

$$H_2SO_4 + H_2O = H_3O^+ + HSO_4^-$$

$$HCl + H_2O = H_3O^+ + Cl^-$$

$$HNO_3 + H_2O = H_3O^+ + NO_3^-$$

由于溶剂中水的碱性，这几种强度不同的酸在水溶液中几乎全部电离，并生成水合质子 H_3O^+，这几种酸在水中全部被均化到 H_3O^+ 的强度水平，而 H_3O^+ 是水溶液中酸的最强形式，因此，这几种强度不同的酸在水溶液中的强度差异不大。这种把各种不同强度的酸均化到溶剂合质子水平，使其酸强度相等的效应称为均化效应。具有均化效应的溶剂称为均化性溶剂，水是这四种强酸的均化性溶剂。在水中能够存在的最强的酸形式是 H_3O^+，最强的碱形式是 OH^-。

如果将这四种酸溶解在冰醋酸溶剂中，由于冰醋酸的碱性比水弱，这四种酸将质子传递给醋酸，生成醋酸合质子(H_2Ac^+)的程度不同，可以由四种酸在冰醋酸中的解离常数说明其酸性强弱。

$HClO_4 + HAc \rightleftharpoons H_2Ac^+ + ClO_4^-$　　$K_a = 1.6 \times 10^{-5}$

$$H_2SO_4 + HAc \rightleftharpoons H_2Ac^+ + HSO_4^- \qquad K_a = 6.3 \times 10^{-9}$$
$$HCl + HAc \rightleftharpoons H_2Ac^+ + Cl^- \qquad K_a = 1.6 \times 10^{-9}$$
$$HNO_3 + HAc \rightleftharpoons H_2Ac^+ + NO_3^- \qquad K_a = 4.2 \times 10^{-10}$$

从平衡常数可以看出，这四种酸的酸性强度是由上到下不断减弱的。这种能区分酸(碱)强弱的效应称为**区分效应**。具有区分效应的溶剂称为**区分性溶剂**。冰醋酸就是这四种酸的区分性溶剂。

溶剂的均化效应和区分效应与溶质和溶剂的酸碱强度有关。一般来说，酸性溶剂是碱的均化性溶剂，是酸的区分性溶剂；碱性溶剂是酸的均化性溶剂，是碱的区分性溶剂。在非水溶液酸碱滴定中，常用均化效应测定混合酸(碱)的总量，常用区分效应测定混合酸(碱)中各组分的含量。

4. 溶剂的选择

在非水溶液酸碱滴定中，溶剂的选择至关重要。在选择溶剂时首先要考虑溶剂的酸碱性，因为它直接影响滴定反应的完成程度。例如，吡啶在水中是极弱的有机碱($K_b = 1.4 \times 10^{-9}$)，在水溶液中不能直接被滴定；如果改用冰醋酸作溶剂，由于冰醋酸的酸性比水强，增强了吡啶的碱性，吡啶就可以被高氯酸直接滴定。

在非水溶液酸碱滴定中，良好的溶剂应具备以下条件：①对试样的溶解度大，并能提高它的酸度或碱度。②能溶解滴定生成物和过量的滴定剂。③溶剂与样品及滴定剂不发生化学反应。④有合适的终点判断方法。⑤易提纯，黏度小，挥发性低，易于回收，价格便宜，使用安全。

(二)非水溶液酸碱滴定类型及应用

1. 弱酸的滴定

在水溶液中，$c_a \cdot K_a < 10^{-8}$ 的弱酸不能用碱滴定液直接滴定。但若改用碱性溶剂，则可以增大弱酸的酸性，增大滴定突跃范围。滴定酸性不太弱的羧酸类，常以醇类为溶剂，如甲醇、乙醇等；滴定弱酸或极弱酸，则以乙二胺、二甲基甲酰胺等碱性溶剂为宜；混合酸的区分滴定常以甲基异丁酮为区分性溶剂。有时也用甲醇-苯、甲醇-丙酮等混合溶剂。

常用的碱滴定液为甲醇钠溶液。甲醇钠由甲醇与金属钠反应制得，反应式如下：

$$2Na + 2CH_3OH = 2CH_3ONa + H_2\uparrow$$

标定碱滴定液常用的基准物质是苯甲酸。滴定酸时常用百里酚蓝、偶氮紫和溴酚蓝等作指示剂。

具有酸性基团的化合物，如羧酸类、酚类、磺酰胺类、巴比妥类和氨基酸类及某些铵盐类，可以在苯-甲醇溶剂中用甲醇钠滴定液进行滴定。

2. 弱碱的滴定

在水溶液中，$c_b \cdot K_b < 10^{-8}$ 的弱碱不能用酸滴定液直接滴定，但可用酸性溶剂来增

大弱碱的碱性。冰醋酸是滴定弱碱最常用的酸性溶剂。常用的冰醋酸都含有少量的水分，水分的存在会影响滴定突跃，使指示剂变色不敏锐。因此，使用冰醋酸前应加入醋酐以除去水分，反应如下：

$$(CH_3CO)_2O + H_2O \rightleftharpoons 2CH_3COOH$$

由于高氯酸在冰醋酸溶剂中的酸性最强，因此，常用高氯酸的冰醋酸溶液作为滴定弱碱的滴定液。常采用间接法配制，用邻苯二甲酸氢钾作为基准物质标定高氯酸滴定液。

在非水溶液酸碱滴定中，滴定弱碱性物质时，可用结晶紫作终点指示剂。结晶紫在不同的酸度下变色较为复杂，由碱区到酸区的颜色有紫色、蓝色、蓝绿色、黄色等。因而滴定不同强度的碱时终点颜色变化不同：滴定较强碱，应以蓝色或蓝绿色为终点；滴定较弱碱，应以蓝绿色或绿色为终点，并做空白试验以减小滴定误差。

在非水溶液酸碱滴定中，还常用电位滴定法确定终点。这是因为在非水溶液酸碱滴定中，对于许多物质的滴定，目前尚未找到合适的指示剂，故在确定终点颜色时，常用电位滴定法作对照。

具有碱性基团的化合物，如胺类、含氮杂环类、生物碱类、氨基酸类、有机酸的碱金属盐、有机碱的无机酸盐或弱的有机酸盐等，大多可在冰醋酸中用高氯酸滴定液滴定。

知识点

1. 酸碱指示剂的变色原理：溶液的酸度(pH)变化导致指示剂的结构改变，使指示剂颜色发生变化，从而指示酸碱滴定终点。

2. 滴定突跃是指在化学计量点前后±0.1%的误差范围内引起 pH 突变的现象。影响突跃范围的因素有酸碱浓度、酸碱强度，还与溶剂的离解性有关。滴定突跃范围是选择指示剂的依据。

3. 强碱滴定弱酸的滴定突跃范围在碱性区域，可以选择酚酞指示终点。强酸滴定弱碱的滴定突跃范围在酸性区域，可以选择甲基红、甲基橙指示终点。

4. 准确滴定一元弱酸和一元弱碱的依据是 $c \cdot K \geqslant 10^{-8}$，准确滴定多元酸或多元碱的依据是 $c \cdot K \geqslant 10^{-8}$，分步滴定的依据是 $K_1/K_2 \geqslant 10^4$，选择指示剂的原则是指示剂的变色点与化学计量点的 pH 接近。

5. 盐酸、氢氧化钠不符合基准物质条件，需采用间接法配制滴定液。

6. 溶剂的酸碱性和极性可以改变溶质的酸碱性。

7. 非水碱量法的溶剂是冰醋酸，除水剂是醋酐，滴定液是高氯酸，常用指示剂是结晶紫。

8. 非水碱量法测定氢卤酸生物碱药物时，需要加入醋酸汞，其目的是使反应进行完全。

第 3 节　沉淀滴定法

一、沉淀滴定法概述

沉淀滴定法是一种以沉淀反应为基础的滴定分析方法。虽然能形成沉淀的反应很多，但并不是所有的沉淀反应都能用于滴定分析。用于沉淀滴定分析的沉淀反应必须具备以下几个条件：

(1)生成的沉淀的溶解度必须很小(一般小于 10^{-6} g/mL)。

(2)沉淀反应必须迅速，反应物之间有明确的计量关系。

(3)沉淀的吸附现象不能影响滴定终点的确定。

(4)有适当的方法指示滴定终点。

受上述条件限制，能用于沉淀滴定分析的沉淀反应并不是很多。目前，应用较广的是一类生成难溶性银盐的反应。

$$Ag^+ + X^- \rightleftharpoons AgX\downarrow$$

此处的 X^- 可以是 Cl^-、Br^-、I^-、CN^-、SCN^- 等阴离子。这种利用生成难溶性银盐反应作为基础的滴定分析法称为银量法。银量法除了可以测定含有 Cl^-、Br^-、I^-、CN^-、SCN^- 等离子的无机化合物的含量，还可以测定经过处理后能定量产生上述离子的有机化合物的含量。在药物分析中，也可以用此法测定能够生成难溶性银盐的有机化合物的含量。除了银量法外，其他生成沉淀的反应也可以用于滴定分析，如 Zn^{2+} 与 $K_4[Fe(CN)_6]$、Ba^{2+} 与 SO_4^{2-} 的反应等。但这些反应的应用不及银量法广泛，因此，本节只介绍银量法。

按照指示终点的方法不同(所选用的指示剂不同)，银量法可以分为铬酸钾指示剂法(莫尔法)、吸附指示剂法(法扬司法)和铁铵矾指示剂法(佛尔哈德法)。

二、银量法

(一)铬酸钾指示剂法

1. 测定原理

铬酸钾指示剂法是以 K_2CrO_4 为指示剂，以 $AgNO_3$ 为滴定液，在中性或弱碱性溶液中，直接测定可溶性氯化物、溴化物含量的方法，又称**莫尔法**。

下面以 NaCl 含量测定为例讨论其测定原理。在滴定过程中，由于 AgCl 的溶解度(1.25×10^{-5} mol/L)小于 Ag_2CrO_4 的溶解度(6.5×10^{-5} mol/L)。根据分步沉淀的原理，滴加的 Ag^+ 首先与溶液中的 Cl^- 反应，生成 AgCl 白色沉淀。

知识链接

分步沉淀

当溶液中存在多种离子(如 Cl^-、Br^-、I^- 等)时，它们都能和同一种沉淀剂(如 $AgNO_3$)反应，生成沉淀。若它们的起始浓度接近，则生成的沉淀的溶解度小的离子先沉淀下来(如 I^-，AgI 的溶解度为 9.2×10^{-9})，生成的沉淀的溶解度大的离子后沉淀下来(如 Cl^-)。这种先后沉淀的现象称为分步沉淀。

随着滴定的进行，$[Cl^-]$不断降低，当 Cl^- 沉淀完全时，稍微过量的 Ag^+ 使溶液中的 $[Ag^+]^2[CrO_4^{2-}]\geqslant K_{sp(Ag_2CrO_4)}$，从而立即生成砖红色的 Ag_2CrO_4 沉淀，指示滴定终点。

终点前：$Ag^+ + Cl^- \rightleftharpoons AgCl\downarrow$（白色）

终点时：$2Ag^+ + CrO_4^{2-} \rightleftharpoons Ag_2CrO_4\downarrow$（砖红色）

思考题

使用铬酸钾指示剂法测定 Br^- 或 Cl^- 时，在滴定终点前，为什么滴定液中的 Ag^+ 不与 CrO_4^{2-} 生成 Ag_2CrO_4 沉淀？

2. 滴定条件

(1)指示剂的用量。K_2CrO_4 指示剂的用量应合适，若指示剂的浓度过高，则卤素离子尚未完全沉淀，就会生成砖红色的 Ag_2CrO_4 沉淀，使滴定终点提前，产生负误差；若指示剂的浓度过低，则到达化学计量点时稍过量的 Ag^+ 不足以产生 Ag_2CrO_4 沉淀，使滴定终点滞后，产生正误差。指示剂的用量应控制在化学计量点附近，以恰好生成 Ag_2CrO_4 沉淀为宜。可根据 Ag_2CrO_4 的溶度积计算指示剂的用量。

化学计量点时：

$$[Ag^+]=[Cl^-]=\sqrt{K_{sp(Ag_2CrO_4)}}=\sqrt{1.56\times10^{-10}}=1.25\times10^{-5}\,(mol/L)$$

此时要生成 Ag_2CrO_4 沉淀，需满足：

$$[CrO_4^{2-}]=\frac{K_{sp(Ag_2CrO_4)}}{[Ag^+]^2}=\frac{1.1\times10^{-12}}{(1.25\times10^{-5})^2}=7.1\times10^{-3}\,(mol/L)$$

在实际测定中，由于 CrO_4^{2-} 的颜色(黄色)较深，其浓度大时会掩盖 Ag_2CrO_4 的砖红色沉淀，影响终点的判断，因此，指示剂的实际用量比理论计算值略低一些。实践证明，在一般的滴定中，$[CrO_4^{2-}]$以约 5×10^{-3} mol/L 为宜。若反应液的体积为 50～100 mL，则只需加入 5%铬酸钾指示剂 1～2 mL。

(2)溶液的酸度。滴定时，应控制溶液的酸度为中性至弱碱性(pH 为 6.5～10.5)。

若溶液的 pH $\leqslant$ 6.5，则 CrO_4^{2-} 与 H^+ 结合生成 $HCrO_4^-$，使其浓度降低，到化学计量

点时不出现 Ag_2CrO_4 沉淀，使终点滞后。

$$2CrO_4^{2-} + 2H^+ \rightleftharpoons 2HCrO_4^- \rightleftharpoons Cr_2O_7^{2-} + H_2O$$

若溶液的 pH $\geqslant$ 10.5，则会发生副反应，生成 Ag_2O 深褐色沉淀。

$$2Ag^+ + 2OH^- \rightleftharpoons 2AgOH\downarrow$$

$$2AgOH \rightleftharpoons Ag_2O\downarrow + H_2O$$

若溶液的碱性太强，则用稀 HNO_3 调整；若溶液的酸性太强，则用 $NaHCO_3$、$CaCO_3$ 或 $Na_2B_4O_7 \cdot 10H_2O$ 等调整，否则应改用其他指示剂滴定。

(3)排除干扰离子。试验前应排除能与 Ag^+、CrO_4^{2-} 反应生成沉淀的离子，如 PO_4^{3-}、S^{2-}、CO_3^{2-}、Ba^{2+}、Pb^{2+} 等；有色离子，如 Cu^{2+}、Ni^{2+}、Co^{2+} 等；在中性或弱碱性溶液中易水解的金属离子，如 Fe^{3+}、Al^{3+} 等。

(4)滴定不能在氨碱溶液中进行。因为 AgCl 和 Ag_2CrO_4 都能与氨碱溶液反应，生成可溶性的 $[Ag(NH_3)_2]^+$ 而使沉淀溶解。

(5)滴定过程中应剧烈振荡锥形瓶。避免生成的 AgCl 和 AgBr 沉淀吸附 Cl^-、Br^-，使终点提前，产生误差。

3. 应用范围

铬酸钾指示剂可用于直接测定 Cl^-、Br^-、CN^-，不宜用于直接测定 I^-、SCN^-。因为 AgI、AgSCN 沉淀对其离子具有较强的吸附能力，即使剧烈震荡，也无法释放，所以，产生很大的测定误差。铬酸钾指示剂法也不适用于 NaCl 滴定液直接测定 Ag^+ 的含量。因为加入 K_2CrO_4 指示剂后形成的砖红色 Ag_2CrO_4 沉淀不易转化为白色的 AgCl 沉淀，使终点滞后，产生正误差。因此，用铬酸钾指示剂法测定 Ag^+ 的含量时，可采用返滴定法，即先加入定量且过量的 NaCl 滴定液，把 Ag^+ 转化为 AgCl 沉淀后，再加入 K_2CrO_4 指示剂，用 $AgNO_3$ 滴定液滴定剩余的 Cl^-。

思考题

能否用铬酸钾指示剂法测定 NH_4Cl 的含量？若能，该如何控制酸度条件？

(二)吸附指示剂法

吸附指示剂法是用吸附指示剂指示终点，以 $AgNO_3$ 溶液为滴定液，直接测定卤化物的方法，又称**法扬司法**。

1. 测定原理

吸附指示剂是一种有机染料，在溶液中电离出的离子呈现某种颜色，当这种离子被带电荷的沉淀胶粒吸附时，结构发生变化，颜色随之发生改变，从而指示滴定终点。以荧光黄为指示剂，用 $AgNO_3$ 滴定液测定 Cl^- 含量的原理如下：

荧光黄(HFIn)是有机弱酸,在溶液中电离出 H^+ 和黄绿色的 FIn^-。

$$HFIn \rightleftharpoons H^+ + FIn^-(黄绿色)$$

在化学计量点前,滴定产生的 AgCl 沉淀优先吸附溶液中与其组成有关的 Cl^- 而带负电荷,由于同性电荷相互排斥,游离的 FIn^- 呈现黄绿色。到达化学计量点时,Cl^- 被完全滴定,AgCl 沉淀优先吸附滴加的稍过量的 Ag^+ 而带正电荷,由于异性电荷相互吸引,游离的 FIn^- 被吸附而变成粉红色,指示滴定终点。

终点前:$(AgCl)\cdot Cl^- + FIn^-$(黄绿色)

终点时:$(AgCl)\cdot Ag^+ + FIn^- \rightleftharpoons (AgCl)\cdot Ag^+ \cdot FIn^-$

(黄绿色)　　(粉红色)

知识链接

表面吸附

表面吸附是由于沉淀表面的离子电荷未达到平衡,它们的残余电荷吸引了溶液中带相反电荷的离子。这种吸附是有选择性的:沉淀物首先吸附与自身性质相同或相近、电荷相等的离子;其次,吸附生成溶解度较小的物质的离子,离子的价数越高、浓度越大,越容易被吸附。

2. 滴定条件

(1)保持沉淀呈胶体状态。由于吸附指示剂的颜色变化发生在沉淀微粒表面,因此,应尽量使卤化银沉淀呈胶体状态,具有较大的表面积,产生较强的吸附能力。为此,在滴定前应将溶液稀释,并加入糊精、淀粉等高分子化合物以使卤化银呈胶体状态,防止卤化银沉淀凝聚。

(2)溶液酸度要适宜。大多数吸附指示剂是有机弱酸,起指示作用的是溶液中电离出的指示剂阴离子。为了保证指示剂以其阴离子的形式存在,在滴定过程中要控制溶液的酸度。一般根据指示剂的 K_a 值来控制溶液的酸度。K_a 值大的吸附指示剂(酸性强),滴定时要求溶液的酸度稍大些;K_a 值小的吸附指示剂(酸性弱),滴定时要求溶液的酸度稍小些。

思考题

为什么对于 K_a 值较小的吸附指示剂(酸性较弱),滴定时要求溶液的酸度要稍小些;对于 K_a 值较大的吸附指示剂(酸性较强),滴定时要求溶液的酸度要稍大些?

(3)避免强光照射。卤化银沉淀对光敏感,遇光易分解而析出金属银,使沉淀很快变成灰黑色,影响滴定终点的观察,因此,在滴定过程中应避免强光照射。

(4)指示剂的选择要恰当。胶体微粒对指示剂离子的吸附能力应略小于对待测离子的吸附能力，以免指示剂在化学计量点前变色。但沉淀胶体对指示剂的吸附能力也不能太小，否则使滴定终点滞后。

卤化银对卤化物和几种常见的指示剂的吸附能力大小为：I^- > 二甲基二碘荧光黄 > Br^- > 曙红 > Cl^- >荧光黄。

思考题

用吸附指示剂法测定 Cl^- 时，应选用哪种指示剂？若用曙红作指示剂，对测定结果有什么影响？

由上可知，滴定不同卤素离子时，选用的指示剂不同。例如，测定 Cl^- 时只能用荧光黄作指示剂，而滴定 Br^- 时用曙红较为适宜。吸附指示剂的种类较多，常见的几种吸附指示剂见表 4-7。

表 4-7　常用的吸附指示剂

指示剂	待测离子	滴定液	适宜 pH 值	颜色变化
荧光黄	Cl^-	Ag^+	7～10	黄绿色→微红色
二氯荧光黄	Cl^-	Ag^+	4～10	黄绿色→红色
曙红	Br^-、I^-、SCN^-	Ag^+	2～10	橙色→紫红色
二甲基二碘荧光黄	I^-	Ag^+	中性	橙红色→蓝红色
酚藏红	Cl^-、Br^-	Ag^+	酸性	红色→蓝色

3. 应用范围

吸附指示剂法可直接测定 Cl^-、Br^-、I^- 或 SCN^-，返滴定测定 Ag^+。

(三)铁铵矾指示剂法

铁铵矾指示剂法是指在酸性溶液中，以铁铵矾[$NH_4Fe(SO_4)_2 \cdot 12H_2O$]为指示剂，以 KSCN 或 NH_4SCN 溶液为滴定液测定 Ag^+ 的方法，又称为**佛尔哈德法**。

1. 测定原理

滴定开始时，滴加的 SCN^- 与溶液中的 Ag^+ 作用生成白色的 AgSCN 沉淀，随滴定的进行，[Ag^+]不断下降；到化学计量点时，[Ag^+]急剧下降，导致 $Q_i < K_{sp}$，不能生成 AgSCN 沉淀。此时稍过量的 SCN^- 可与铁铵矾中的 Fe^{3+} 作用，生成红色的$[FeSCN]^{2+}$来指示滴定终点。

终点前：$Ag^+ + SCN^- \rightleftharpoons AgSCN\downarrow$（白色）

终点时：$Fe^{3+} + SCN^- \rightleftharpoons [FeSCN]^{2+}$（红色）

2. 滴定条件

(1)控制溶液的酸度。采用铁铵矾指示剂法，应在 0.1～1 mol/L HNO_3 介质中进行。适宜的酸度既可以防止 Fe^{3+} 发生水解反应，及时指示终点，又可以排除在中性或碱性溶液中易与 Ag^+ 形成沉淀的阴离子的干扰，如 CO_3^{2-}、PO_4^{3-}、CrO_4^{2-} 等。

(2)指示剂的用量。以出现红色的 $[FeSCN]^{2+}$ 来指示滴定终点。若 Fe^{3+} 浓度过低，则不易观察 $[FeSCN]^{2+}$ 的颜色；若 Fe^{3+} 浓度过高，则其本身的黄色会影响对终点的观察。故滴定时，通常保持溶液中 $[Fe^{3+}]=0.015$ mol/L。

(3)充分振荡。在直接滴定 Ag^+ 时，在滴定过程中要剧烈摇晃，防止生成的 AgSCN 吸附 Ag^+，导致溶液中 $[Ag^+]$ 降低而使终点提前。

3. 应用范围

(1)直接滴定方式即直接测定溶液中的 Ag^+。

(2)返滴定方式可测定 Cl^-、Br^-、I^-、SCN^- 的含量。

先加入过量的、准确浓度的 $AgNO_3$ 溶液，待 X^- 或 SCN^- 沉淀完全，再以铁铵矾为指示剂，酸性条件下用 NH_4SCN 或 KSCN 作滴定液，回滴过量的 $AgNO_3$，从而测定 X^- 或 SCN^- 的含量。

注意：滴定 I^- 时，应先加入过量的 $AgNO_3$ 滴定液，待 I^- 全部被沉淀后再加入指示剂，避免 I^- 被 Fe^{3+} 氧化成 I_2，而使测定结果偏低。测定 Cl^- 时，加入过量的、定量的 $AgNO_3$ 滴定液，加热煮沸使 AgCl 沉淀凝聚，过滤后用 KSCN 或 NH_4SCN 滴定液返滴定剩余的 Ag^+；或向待测溶液中加入硝基苯、四氯化碳等有机溶剂，剧烈振荡，使其包覆于 AgCl 沉淀表面，防止溶解度较大的 AgCl 沉淀(溶解度为 1.25×10^{-5} mol/L)转化成溶解度较小的 AgSCN 沉淀(溶解度为 1.05×10^{-6} mol/L)，使终点滞后。该方法简单，但要注意硝基苯有毒。

三、沉淀滴定法的应用

(一)滴定液的配制与标定

银量法所用的滴定液有 $AgNO_3$ 溶液和 NH_4SCN(或 KSCN)溶液。

(1) $AgNO_3$ 滴定液的配制和标定。$AgNO_3$ 滴定液的配制既可采用直接配制法，也可采用间接配制法。

直接配制法：用分析天平准确称取一定质量的基准 $AgNO_3$(经过 110 ℃干燥至恒重)，加蒸馏水配制成一定体积(容量瓶定容)的溶液，再计算其准确浓度。

间接配制法：非基准 $AgNO_3$ 中往往含有氧化银、金属银、游离硝酸、亚硝酸盐等杂质，因此，只能采用间接配制法。称取一定质量的分析纯 $AgNO_3$，先配制成近似浓度的溶液，再用基准 NaCl 进行标定，最后计算其准确浓度。$AgNO_3$ 溶液应该用棕色瓶保存，因其见光易分解。溶液存放一段时间后，应重新标定后再使用，最好现配现用(见基础实训 8)。

(2)NH_4SCN(或KSCN)滴定液的配制和标定。由于NH_4SCN和KSCN固体均易吸湿,并常含有杂质,很难达到基准试剂所要求的纯度,因此,只能采用间接配制法。先配制成近似浓度的溶液,再以铁铵矾为指示剂,用基准$AgNO_3$(经过110℃干燥至恒重)标定,或者用$AgNO_3$滴定液比较标定。

(二)应用示例

(1)食盐中NaCl含量的测定。多采用铬酸钾指示剂法测定食盐中的NaCl含量,一般先将样品溶液调至中性,以K_2CrO_4为指示剂,用$AgNO_3$滴定液测定氯离子,计算NaCl含量(见基础实训9)。

(2)巴比妥类药物含量的测定。在巴比妥类药物的结构中,亚氨基上面的H受到羰基的影响,性质很活泼,能被Ag^+置换生成可溶性的银盐,当Ag^+过量时,生成难溶性的二银盐,溶液变浑浊,以此指示滴定终点。利用这一性质可进行巴比妥类药物含量的测定。

(3)度米芬原料药含量的测定。根据度米芬中的Br^-能与$AgNO_3$生成AgBr沉淀的原理,利用铬酸钾指示剂法,可以准确测定度米芬原料药的含量。

(4)泰妥拉唑含量的测定。泰妥拉唑是一种抑制胃酸分泌的药物,可治疗胃溃疡、十二指肠溃疡等由胃酸分泌失调引起的疾病。泰妥拉唑含量的测定可采用银量法中的铁铵矾指示剂法。在碱性条件下,向待测物中加入定量且过量的$AgNO_3$滴定液,泰妥拉唑化合物结构的咪唑环氮上的H^+可被Ag^+定量置换,从而使泰妥拉唑生成稳定的难溶性银盐;再在酸性条件下,以铁铵矾为指示剂,用NH_4SCN作滴定液,回滴剩余的Ag^+。铁铵矾指示剂法测泰妥拉唑的含量准确度高,精密度好。

知识点

1. 银量法常用于测定含Cl^-、Br^-、I^-、CN^-、SCN^-和Ag^+等离子的无机化合物的含量,也可以测定经处理后能定量产生这些离子的有机化合物的含量,在药物分析中也常用来测定能产生难溶性银盐的有机化合物的含量。

2. 按照指示终点的方法不同,银量法可分为铬酸钾指示剂法、吸附指示剂法和铁铵矾指示剂法。

3. 用铬酸钾指示剂法滴定含Cl^-、Br^-的化合物含量时,溶液的pH为6.5~10.5,终点时生成砖红色的Ag_2CrO_4沉淀。

4. 吸附指示剂是一种有机染料,在溶液中电离出的离子呈现某种颜色,当其被带电的沉淀吸附时,结构发生改变而导致其颜色发生变化。

5. 对于吸附指示剂法,溶液的酸度应由指示剂确定,应选择比被测离子吸附力小的指示剂。该法可以直接测定卤素离子,应注意避光测定。

6. 铁铵矾指示剂法是在稀硝酸条件下，用 NH_4SCN 滴定液直接测定银盐，以 $AgNO_3$ 和 NH_4SCN 为滴定液，返滴定测定卤素离子。

第4节　配位滴定法

一、配位滴定法概述

配位滴定法是以配位反应为基础的滴定分析方法，即利用金属离子与配位剂作用形成配合物进行滴定分析，它在分析化学中的应用非常广泛。配位反应的类型很多，但用于配位滴定分析的配位反应必须满足以下条件：

(1)生成的配合物必须稳定且可溶于水。

(2)配位反应要按一定的计量关系进行，这样才能进行定量计算。

(3)反应必须快速、瞬间完成。

(4)有适当的方法指示滴定终点。

大多数有机配位剂与金属离子发生的配位反应均能够满足以上条件。有机配位剂分子中常含有两个或两个以上配位原子，称为**多齿(基)配位体**。它们与金属离子配位时可以形成具有环状结构的螯合物，该化合物在一定条件下的配位比是固定的，同时生成的螯合物稳定，配位反应的完成程度高，故能得到明显的滴定终点，从而满足滴定分析对化学反应的要求。目前，广泛应用的有机配位剂是以氨基二乙酸[$-N(CH_2COOH)_2$]为基体的氨羧配位剂，它能与绝大多数金属离子形成稳定的可溶性的螯合物，其中应用最普遍的是乙二胺四乙酸(EDTA)。本节主要介绍以 EDTA 为配位剂的配位滴定法。

(一)EDTA 的结构与性质

乙二胺四乙酸(简称 EDTA)的结构式为：

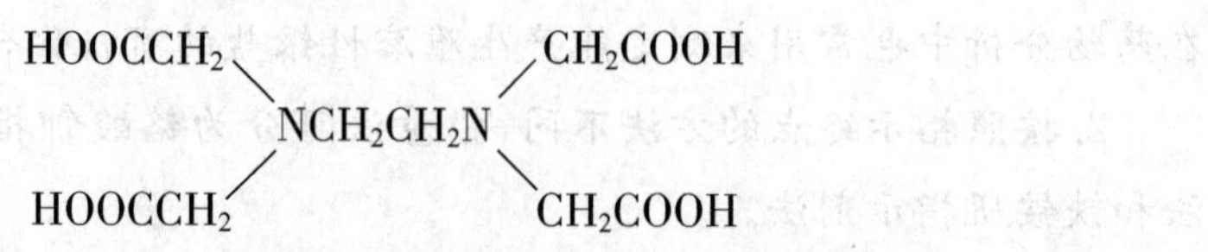

从结构上看，EDTA 是四元酸，为简便，常用 H_4Y 表示。在较低的 pH 条件下，它还可以与溶液中的两个 H^+ 结合成 H_6Y^{2+}，故可以把它看成一个六元酸，并有六级解离平衡。EDTA 有六个配位原子(两个氨基氮和四个羧基氧)，能与金属离子形成稳定的配合物。

EDTA 的水溶性较小，22 ℃时每 100 mL 水中仅能溶解 0.02 g，EDTA 难溶于酸和有机溶剂，易溶于氨水和 NaOH 溶液并生成相应的盐。为了增大 EDTA 在水中的溶解度，通常将其制成二钠盐（用 $Na_2H_2Y \cdot 2H_2O$ 表示），一般也称其为 EDTA 或 EDTA 二钠盐。在 22 ℃时，每 100 mL 水中溶解 11.1 g EDTA，其浓度约为 0.3 mol/L。由于其主要形体是 H_2Y^{2-}，因此，溶液的 pH 约为 4.4，且易于精制。所以，在配位滴定中，往往用 $Na_2H_2Y \cdot 2H_2O$ 配制 EDTA 标准溶液。

(二)EDTA 在水溶液中的电离

在水溶液中，EDTA 分子中两个羧基上的氢转移到氮原子上，形成双偶极离子。

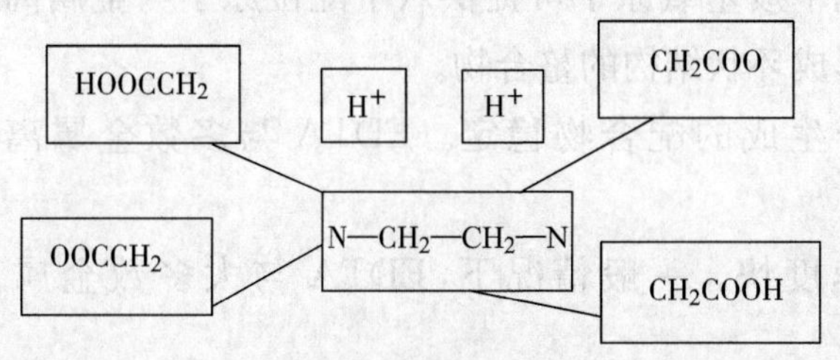

由于在强酸性溶液中，H_4Y 的两个羧酸根可以再接受质子形成 H_6Y^{2+}，因此，EDTA 相当于六元酸，在溶液中有六级离解平衡。

$H_6Y^{2+} \rightleftharpoons H^+ + H_5Y^+$　　$K_{a_1} = 10^{-0.90}$

$H_5Y^+ \rightleftharpoons H^+ + H_4Y$　　$K_{a_2} = 10^{-1.60}$

$H_4Y \rightleftharpoons H^+ + H_3Y^-$　　$K_{a_3} = 10^{-2.00}$

$H_3Y^- \rightleftharpoons H^+ + H_2Y^{2-}$　　$K_{a_4} = 10^{-2.67}$

$H_2Y^{2-} \rightleftharpoons H^+ + HY^{3-}$　　$K_{a_5} = 10^{-6.16}$

$HY^{3-} \rightleftharpoons H^+ + Y^{4-}$　　K_{a_6} 在 $10^{-10.26}$

EDTA 在水溶液中总是以 H_6Y^{2+}、H_5Y^+、H_4Y、H_3Y^-、H_2Y^{2-}、HY^{3-} 和 Y^{4-} 七种形体存在。各种形体的浓度取决于溶液的 pH，各形体的分布见图 4-7。从图 4-7 可看出，当溶液的 pH<1 时，EDTA 主要以 H_6Y^{2+} 的形式存在；当 pH 为 2.7～6.2 时，EDTA 主要以 H_2Y^{2-} 的形式存在；当 pH>10.2 时，EDTA 主要以 Y^{4-} 的形式存在。

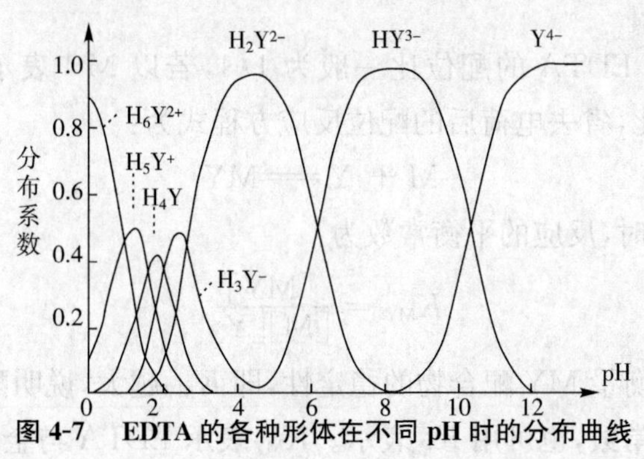

图 4-7　EDTA 的各种形体在不同 pH 时的分布曲线

在 EDTA 的七种形体中，只有 Y^{4-} 能与金属离子直接配位生成稳定的配合物，Y^{4-} 称为 EDTA 的有效离子。

思考题

EDTA在溶液中的电离情况是如何受溶液的酸度影响的?

(三)EDTA与金属离子配位反应的特点

(1)配位能力很强。EDTA几乎能与所有的金属离子配位,是因为EDTA分子中的两个氨基氮原子和四个羧基氧原子可提供六个配位原子与金属离子以配位键结合,从而与许多金属离子形成环状结构的螯合物。

(2)与金属离子生成的配合物稳定。EDTA与多数金属离子形成的配合物相当稳定。

(3)配位反应速度快。一般情况下,EDTA与大多数金属离子的配位反应完成迅速。

(4)配位比简单。绝大多数配位比为1∶1,没有逐级配位现象。

(5)配合物的颜色。EDTA与无色的金属离子配位时形成无色的配合物,如ZnY^{2-}、CaY^{2-}等,因而便于使用指示剂确定终点;而与有色的金属离子反应时,如FeY^{-}(黄色)、NiY^{2-}(蓝绿色)、CuY^{2-}(深蓝色),一般形成颜色更深的配合物。

思考题

根据EDTA与金属离子形成配合物的特点,说明配位滴定中用EDTA作为滴定液的优点。

二、配位滴定法的基本原理

(一)配位平衡

由于金属离子与EDTA的配位比一般为1∶1,若以M^{n+}表示金属离子,Y^{4-}表示EDTA阴离子,为简化,省去电荷后的配位反应方程式为:

$$M + Y \rightleftharpoons MY$$

当反应达到平衡时,反应的平衡常数为:

$$K_{MY} = \frac{[MY]}{[M][Y]} \tag{4-11}$$

K_{MY}的大小可以衡量MY配合物的稳定性,即K_{MY}越大,说明配合物越稳定。因此,K_{MY}又称为**绝对稳定常数**,也可用$K_{稳}$表示。K_{MY}表示EDTA与金属离子生成的配合物的稳定常数,各种金属离子与EDTA形成的配合物MY都有一定的稳定常数。常见的配合物MY的稳定常数见表4-8。由表可看出,配合物MY的稳定性与金属离子的种类有关。碱金属离子的配合物最不稳定，配合物的 $\lg K_{MY}$ 为 8～11；过渡元素、稀土元素、Al^{3+} 的配合物的 $\lg K_{MY}$ 为 15～19；其他三价、四价金属离子和 Hg^{2+} 的配合物的 $\lg K_{MY} > 20$。配合物的稳定性主要取决于金属离子本身的离子电荷、离子半径和电子层结构等本质因素。

表 4-8　常见的配合物 MY 的稳定常数 $\lg K_{MY}$

金属离子	$\lg K_{MY}$	金属离子	$\lg K_{MY}$	金属离子	$\lg K_{MY}$
Na^{+}	1.66	Fe^{2+}	14.32	Ni^{2+}	18.56
Ag^{+}	7.32	Al^{3+}	16.30	Cu^{2+}	18.80
Ba^{2+}	7.78	Co^{2+}	16.31	Hg^{2+}	21.70
Mg^{2+}	8.64	Cd^{2+}	16.46	Cr^{3+}	23.40
Ca^{2+}	10.69	Zn^{2+}	16.50	Fe^{3+}	25.10
Mn^{2+}	13.87	Pb^{2+}	18.30	Bi^{2+}	27.94

EDTA 与金属离子形成的配合物 MY 的稳定性对配位滴定反应的完全程度有重要的影响，因此，可以用 $\lg K_{MY}$ 衡量在不发生副反应情况下配合物的稳定程度。但外界条件如溶液的酸度、其他配位剂的存在、干扰离子等，对配位滴定反应的完全程度也都有较大的影响，尤其是溶液的酸度对 EDTA 和金属离子在溶液中的存在形式，以及 EDTA 与金属离子形成的配合物的稳定性均产生显著的影响。而在外界条件中，酸度对金属离子与 EDTA 形成的配合物的稳定性的影响常常是配位滴定中首先要考虑的问题。

(二)副反应与副反应系数

配位滴定中被测金属离子 M 与滴定液 Y 之间的反应称为主反应；除主反应外，可能还存在着其他反应，如溶液中的 H^{+}、OH^{-}、待测溶液中的共存离子 N 等与 M、Y 或 MY 发生的反应，它们统称为副反应。

配位滴定中所涉及的主反应和各种副反应可用如下通式表示：

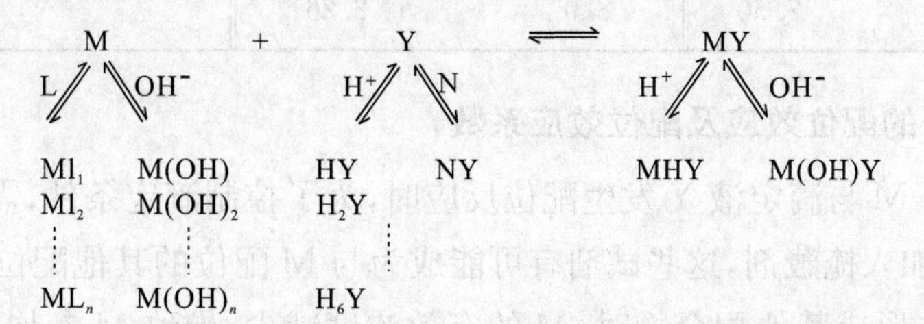

很明显，这些副反应的发生将对主反应产生影响。若反应物 M、Y 发生副反应，则不利于主反应的进行；而反应产物 MY 发生副反应，则有利于主反应的进行。为了定量表示各种副反应对主反应的影响程度，引入副反应系数 α。下面主要讨论溶液的酸度和其他配位剂对主反应的影响，即酸效应和配位效应。

1. 酸效应与酸效应系数

EDTA 与金属离子的反应本质是 Y^{4-} 与金属离子的反应。由 EDTA 的解离平衡可知，Y^{4-} 只是 EDTA 各种存在形式中的一种，只有当 pH≥12 时，EDTA 才全部以 Y^{4-} 形式存在。溶液的 pH 减小，将使 EDTA 的解离平衡向左移动，产生 HY^{3-}、H_2Y^{2-}……使 Y^{4-} 减少，导致 EDTA 与金属离子的配位能力降低。这种由于 H^+ 与 Y^{4-} 作用而使 Y^{4-} 参与主反应能力下降的现象称为 EDTA 的酸效应。酸效应的大小用酸效应系数 $\alpha_{Y(H)}$ 来衡量。酸效应系数表示在一定的 pH 条件下，EDTA 的各种存在形式的总浓度[Y′]与能参加配位反应的 EDTA 的有效离子浓度[Y]之比。即：

$$\alpha_{Y(H)} = \frac{[Y']}{[Y]} \qquad (4-12)$$

其中，$[Y] = [Y^{4-}] + [HY^{3-}] + [H_2Y^{2-}] + [H_3Y^{-}] + [H_4Y] + [H_5Y^{+}] + [H_6Y^{2+}]$

因此，$\alpha_{Y(H)}$ 越大，说明参加配位反应的有效离子 [Y] 的浓度越小，即酸效应引起的副反应越严重。$\alpha_{Y(H)}=1$，说明 H^+ 与 Y 之间没有发生副反应，Y 的配位能力最强。$\alpha_{Y(H)}$ 随体系的 pH 不同而发生变化。由于 $\alpha_{Y(H)}$ 一般较大，因此，在应用时常取其对数值。表 4-9 列出了 EDTA 在不同 pH 下的 $\lg\alpha_{Y(H)}$ 值。

表 4-9 EDTA 在各种 pH 条件下的酸效应系数对数值

pH	$\lg\alpha_{Y(H)}$	pH	$\lg\alpha_{Y(H)}$	pH	$\lg\alpha_{Y(H)}$
1.0	17.13	5.0	6.45	8.5	1.77
1.5	15.55	5.4	5.69	9.0	1.29
2.0	13.79	5.5	5.51	9.5	0.83
2.5	11.11	6.0	4.65	10.0	0.45
3.0	10.63	6.4	4.06	10.5	0.20
3.4	9.71	6.5	3.92	11.0	0.07
3.5	9.48	7.0	3.32	11.5	0.02
4.0	8.44	7.5	2.78	12.0	0.01
4.5	7.50	8.0	2.26		

2. 金属离子的配位效应及配位效应系数

当金属离子 M 与滴定液 Y 发生配位反应时，为了控制滴定条件，需加入缓冲溶液，为排除干扰，需加入掩蔽剂，这些试剂有可能成为与 M 配位的其他配位剂 L；当 L 与 M 发生配位反应并形成其他配合物时，M 的有效浓度减少，导致 M 参加主反应的能力降低，从而使 MY 的稳定性下降，这种因其他配位剂的存在而使金属离子参加主反应的能力下降的现象，称为**配位效应**。配位效应对主反应的影响程度大小用**配位效应系数** $\alpha_{M(L)}$ 来表示。

配位效应系数表示在一定条件下，配位反应达到平衡时，各种金属离子总浓度[M′]与游离金属离子的平衡浓度[M]之比，即：

$$\alpha_{M(L)}=\frac{[M']}{[M]} \tag{4-13}$$

式中,$[M']$为金属离子的总浓度,$[M']=[M]+[ML]+[ML_2]+\cdots\cdots+[ML_n]$,因此,$\alpha_{M(L)}=\frac{[M']}{[M]}=\frac{[M]+[ML]+[ML_2]+\cdots\cdots+[ML_n]}{[M]}$。可以看出,$\alpha_{M(L)}$越大,说明其他配位剂 L 与 M 的副反应越严重,对主反应的影响也越大,即配位效应引起的副反应越严重。

(三)配合物的条件稳定常数

在不考虑副反应的情况下,金属离子 M 与配位剂 Y 进行反应的程度可用 K_{MY} 表示。K_{MY} 值越大,表示生成的配合物越稳定,配位反应越完全。在实际滴定中,考虑副反应所带来的影响,K_{MY} 已不能完全反映主反应完成的程度,因此,引入条件稳定常数 K'_{MY} 来描述配位反应实际完成的真实程度。即:

$$K'_{MY}=\frac{[MY']}{[M'][Y']} \tag{4-14}$$

由副反应系数定义式可知:$[M']=\alpha_{M(L)}\times[M]$,$[Y']=\alpha_{Y(H)}\times[Y]$,则:

$$K'_{MY}=\frac{[MY]}{\alpha_{M(L)}\times[M]\times\alpha_{Y(H)}\times[Y]}=\frac{K_{MY}}{\alpha_{M(L)}\times\alpha_{Y(H)}}$$

将上式两边取对数,得到:

$$\lg K'_{MY}=\lg K_{MY}-\lg\alpha_{M(L)}-\lg\alpha_{Y(H)} \tag{4-15}$$

这是计算配合物条件稳定常数的重要公式。当溶液中无其他配位剂存在,或配位效应很小可以忽略不计时,$\alpha_{M(L)}=1$。此时,只考虑 EDTA 的酸效应影响,则上式可简化为:

$$\lg K'_{MY}=\lg K_{MY}-\lg\alpha_{Y(H)} \tag{4-16}$$

【例 4-12】 计算 pH=2.00 和 pH=5.00 时的 $\lg K'_{ZnY}$。

解:(1)查表 4-9 可得 pH=2.00 时,$\lg\alpha_{Y(H)}=13.79$

查表 4-8 可得 $\lg K_{ZnY}=16.50$

则 $\lg K'_{ZnY}=\lg K_{ZnY}-\lg\alpha_{Y(H)}=16.50-13.79=2.71$

(2)查表 4-9 可得 pH=5.00 时,$\lg\alpha_{Y(H)}=6.45$

查表 4-8 得 $\lg K_{ZnY}=16.50$

则 $\lg K'_{ZnY}=\lg K_{ZnY}-\lg\alpha_{Y(H)}=16.50-6.45=10.05$

从上例可以看出,同一配合物的稳定性随溶液酸度的增大而减小,ZnY 在 pH=5.00的溶液中比在 pH=2.00 的溶液中要稳定得多。可见,配位滴定中控制溶液酸度是十分重要的。

三、配位滴定条件的选择

在 EDTA 配位滴定中，若要求滴定分析误差 $\leqslant 0.1\%$，则需满足 $\lg c_M K'_{MY} \geqslant 6$ 。在实际的配位滴定中，金属离子或 EDTA 的浓度一般为 10^{-2} 数量级，所以，需满足 $\lg K'_{MY} \geqslant 8$。在实际的滴定分析中，通常将 $\lg c_M K'_{MY} \geqslant 6$ 或 $\lg K'_{MY} \geqslant 8$ 作为判断能否进行准确滴定的条件。

EDTA 配位剂具有很强的配位能力，能与很多金属离子形成稳定的配合物，能够直接或间接测定几乎所有的金属离子，应用范围广泛。但在实际分析中，由于分析试样的成分复杂，被测溶液中可能存在多种离子，在滴定时产生干扰，为使 EDTA 能够被准确滴定，必须控制一定条件以减小各类副反应的影响，同时提高方法的选择性。下面将从两个方面探讨如何控制选择适当的条件，以便提高测定的准确性。

思考题

如果在被测的溶液中，除了待测的金属离子 M 外，还存在金属离子 N，请问对金属离子 M 的配合物的稳定常数有什么影响？

(一)配位滴定酸度条件的选择

根据 $\lg K'_{MY} = \lg K_{MY} - \lg \alpha_{Y(H)} \geqslant 8$ 可知，配位滴定时控制体系的酸度对于实现准确滴定非常重要。根据前面的分析可知，酸度越高，酸效应影响越大，要得到一个准确的分析结果，必须保证体系的酸度小于某一酸度；但是，过低的酸度又会使金属离子水解，降低金属离子的配位能力，因此，必须控制滴定体系的酸度大于某一酸度值。酸度是配位滴定的重要条件。

1. 最高酸度(最低 pH 值)

在配位反应中，当只有 EDTA 的酸效应，没有其他的副反应时，被测金属离子的条件稳定常数 $\lg K'_{MY} = \lg K_{MY} - \lg \alpha_{Y(H)}$。由表 4-9 可知，酸度越大(即 pH 越小)，$\lg \alpha_{Y(H)}$ 越大，则 $\lg K'_{MY}$ 越小。因此，溶液的酸度有一个限度，超过这一限度就会使 $\lg K'_{MY} < 8$，金属离子就不能被准确滴定。这一最高允许的酸度称为最高酸度或最低 pH。

由 $\lg K'_{MY} = \lg K_{MY} - \lg \alpha_{Y(H)} \geqslant 8$，可得 $\lg \alpha_{Y(H)} \leqslant \lg K_{MY} - 8$。滴定某种金属离子时，从表 4-8 查得 $\lg K_{MY}$，代入上式即可求得 $\lg \alpha_{Y(H)}$，再从表 4-9 查得所对应的 pH，即为准确滴定该离子的最低 pH(最高酸度)。

【例 4-13】 试计算 EDTA(0.01 mol/L)滴定 0.01 mol/L Mg^{2+} 溶液所允许的最低 pH。($\lg K_{MgY} = 8.64$)

解: 已知 $c = 0.01$ mol/L，$\lg K_{MgY} = 8.64$

由 $\lg\alpha_{Y(H)} \leqslant \lg K_{MgY} - 8$ 可得：$\lg\alpha_{Y(H)} = 8.64 - 8 = 0.64$

查表 4-9，用内插法求得 pH≥9.8

所以，用 EDTA 滴定 0.01 mol/L Mg^{2+} 溶液所允许的最低 pH 为 9.8。

不同金属离子的 $\lg K_{MY}$ 不同，因此，准确滴定不同金属离子所要求的最高酸度也不同。用不同金属离子的 $\lg K_{MY}$ 与相应的最高酸度作图，得到的关系曲线称为酸效应曲线，也称林邦曲线，见图 4-8。从图中可以直接查出配位滴定时滴定单一的某种金属离子时的最高酸度。如 Bi^{+}、Fe^{3+} 等可在强酸性溶液中进行滴定，Pb^{2+}、Al^{3+}、Fe^{2+} 等离子可在弱酸性溶液中进行滴定，而 Ca^{2+}、Mg^{2+} 等离子必须在弱碱性溶液中进行滴定。

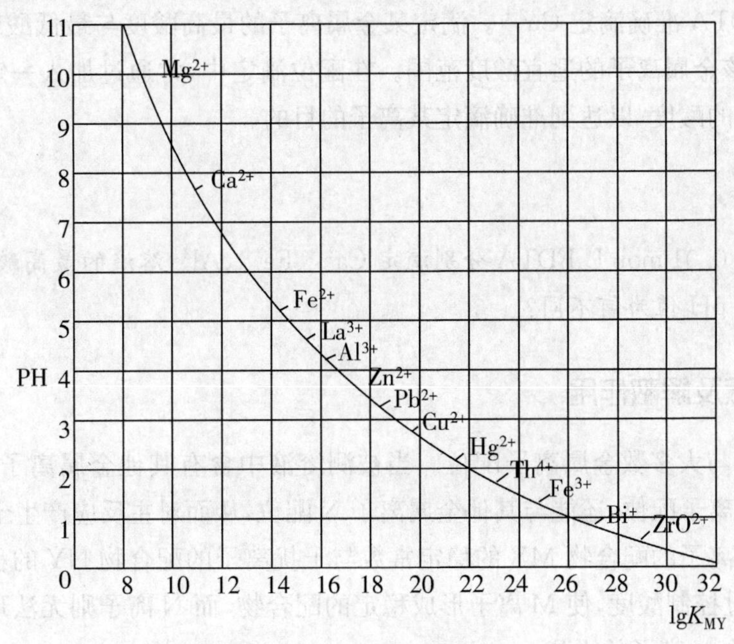

图 4-8　EDTA 的酸效应曲线

2. 最低酸度(最高 pH 值)

当溶液酸度控制在最高酸度以下时，随着酸度降低，酸效应逐渐减小，这对滴定有利。如果酸度过低，金属离子会产生水解效应，导致析出氢氧化物沉淀而影响滴定，因此，将金属离子的水解酸度称为配位滴定的**最低酸度**。水解酸度可用氢氧化物溶度积常数计算。

【例 4-14】 用 EDTA(0.01 mol/L)滴定液滴定同浓度的 Cu^{2+}，试计算其最低酸度与最高酸度。(已知 $Cu(OH)_2$ 的 $K_{sp} = 2.2\times10^{-20}$)

解：查表 4-8 可得，$\lg K_{CuY} = 18.70$

(1)根据 $\lg\alpha_{Y(H)} \leqslant \lg K_{MY} - 8$ 可得：$\lg\alpha_{Y(H)} \leqslant 18.7 - 8 = 10.7$

查表 4-9 可得最高酸度(最低 pH)为 2.9

(2)已知 $Cu(OH)_2$ 的 $K_{sp} = 2.2\times10^{-20}$

可得$[OH^-]=\sqrt{\frac{2.2\times10^{-20}}{0.01}}=1.5\times10^{-11}(mol/L)$

$pOH=-\lg[OH^-]=10.8$

$pH=14.00-pOH=14.00-10.8=3.2$

即滴定Cu^{2+}的最高酸度(最低pH)为2.9,最低酸度(最高pH)为3.2。

上例的计算结果说明,用EDTA滴定Cu^{2+},当溶液的PH<2.9时,因酸效应明显,配位反应不完全,在此条件下不能进行准确滴定;当溶液的PH>3.2时,因Cu^{2+}能水解生成$Cu(OH)_2$沉淀,同样也不能被准确滴定。只有当溶液的pH值在2.9~3.2的范围内,才能用EDTA准确滴定Cu^{2+}。滴定某金属离子的最高酸度与最低酸度的pH值范围,就是滴定该金属离子的适宜酸度范围。在配位滴定中,常通过加入一定量的缓冲溶液来控制溶液的酸度,以达到准确滴定某离子的目的。

思考题

比较0.01 mol/L EDTA分别滴定Ca^{2+}、Fe^{3+}、Al^{3+}溶液的最高酸度,并说明其最低pH值为何不同?

(二)掩蔽及解蔽作用

EDTA能与大多数金属离子配位。当被测溶液中含有其他金属离子N时,EDTA不仅能与被测离子配位,还能与其他金属离子N配位,从而对主反应产生干扰。

如果被测离子的配合物MY的稳定常数与干扰离子的配合物NY的稳定常数的差别较大,则通过控制酸度,使M离子形成稳定的配合物,而N离子则无法形成稳定的配合物,从而消除N离子的干扰。

当被测的金属离子与EDTA生成的配合物MY的稳定常数与干扰离子N的配合物NY的稳定常数差别不大时,不能使用控制酸度的方法来消除干扰。这时,可借助一种试剂与共存离子的反应使其平衡浓度大大降低,由此减小以至消除它们与Y的副反应,从而达到选择滴定的目的,这种方法称为**掩蔽法**,所用试剂称为**掩蔽剂**。

根据反应的类型不同,掩蔽法分为配位掩蔽法、沉淀掩蔽法和氧化还原掩蔽法等。

1. 配位掩蔽法

配位掩蔽法就是通过加入可与干扰离子N形成稳定配合物的掩蔽剂,降低溶液中游离N的浓度,增大K'_{MY},从而使M可以单独滴定。常用的掩蔽剂见表4-10。

表 4-10　常用的配位掩蔽剂及使用范围

配位掩蔽剂	使用的 pH 范围	被掩蔽的金属离子
酒石酸	2	Mn^{2+}、Fe^{3+}、Sn^{4+}
	5.5	Fe^{3+}、Al^{3+}、Sn^{4+}、Ca^{2+}
	6～7.5	Cu^{2+}、Mg^{2+}、Fe^{3+}、Al^{3+}、Sb^{3+}、Mo^{4+}
	10	Al^{3+}、Sn^{4+}
KCN	>8	Cu^{2+}、Co^{2+}、Ni^{2+}、Zn^{2+}、Hg^{2+}、Ag^{+}
NH_4F	4～6	Al^{3+}、Sn^{4+}、Ti^{4+}、Zr^{4+}、W^{6+}
	10	Mg^{2+}、Ca^{2+}、Sr^{3+}、Ba^{2+}、Al^{3+}
三乙醇胺(TEA)	10	Fe^{3+}、Al^{3+}、Sn^{4+}、TiO^{2+}
	11～12	Fe^{3+}、Al^{3+}
磺基水杨酸	4～6	Al^{3+}

2. 沉淀掩蔽法

利用沉淀反应降低干扰离子 N 的浓度，可以不经分离沉淀而直接进行滴定，这种消除干扰的方法称为**沉淀掩蔽法**，掩蔽剂为沉淀剂。如欲选择滴定 Ca^{2+}、Mg^{2+} 混合溶液中的 Ca^{2+}，由于 K_{CaY} 与 K_{MgY} 相差不大，又找不到合适的配位剂来掩蔽 Mg^{2+}。但钙、镁氢氧化物的溶解度有很大差别，加入 NaOH 调节溶液的 pH >12，此时 Mg^{2+} 因形成 $Mg(OH)_2$ 沉淀而不干扰 Ca^{2+} 的测定。但沉淀掩蔽法在实际应用中并不广泛，主要有下述缺点：

(1)由于一些沉淀反应进行得不完全，特别是过饱和现象使掩蔽效率不高。

(2)沉淀过程中的“共沉淀现象”会影响滴定的准确度。

(3)某些沉淀有色或体积很大或因沉淀对指示剂的吸附，都会影响对终点的观察。

3. 氧化还原掩蔽法

利用氧化还原反应来改变干扰离子的价态，从而消除干扰的方法，称为**氧化还原掩蔽法**，所加入的掩蔽剂为氧化剂或还原剂。

采用掩蔽法对某一离子进行滴定后，再加入一种试剂，使被掩蔽的金属离子从相应的配合物中释放出来的方法，称为**解蔽**，具有解蔽作用的试剂称为**解蔽剂**。将掩蔽和解蔽方法联合使用，混合物不需分离即可连续进行分别滴定。如测定铜合金中的 Pb^{2+}、Zn^{2+} 时，首先在氨性溶液中加入 KCN 以掩蔽 Cu^{2+} 和 Zn^{2+}，在 pH＝10 时以铬黑 T 为指示剂，用 EDTA 标准溶液滴定 Pb^{2+}。待滴定 Pb^{2+} 结束后，再加入甲醛或三氯乙醛，破坏 $Zn(CN)_4^{2-}$ 配离子，释放出来的 Zn^{2+} 可用 EDTA 继续滴定。能被甲醛解蔽的离子还有 $Cd(CN)_4^{2-}$。Cu^{2+}、Co^{2+}、Ni^{2+}、Hg^{2+} 与 CN^- 能生成更稳定的络合物，一般不易解蔽，但甲醛浓度较大时会发生部分解蔽。因此，使用解蔽剂时还要注意相应的条件。

四、金属指示剂

配位滴定和其他滴定一样,要有适当的方法确定滴定终点。配位滴定中常用的指示剂是一种能与金属离子生成有色配合物的显色剂,其本身也是一种配位剂,它能与金属离子形成有色配合物,配合物的颜色与指示剂本身的颜色不同,因此,可用来指示溶液中金属离子浓度的变化,这种指示剂称为金属指示剂。配位滴定中常用金属指示剂来确定终点。

(一)金属指示剂及其变色原理

1. 金属指示剂的作用原理

金属指示剂是一种有机染料 In(甲色),本身是一种配位剂,在一定条件下能与被滴定的金属离子 M 反应,生成具有一定稳定性的、与其本身颜色显著不同的配合物 MIn(乙色)。

现以金属指示剂铬黑 T(EBT)为例,在 pH=10 时,用 EDTA 标准溶液滴定 Mg^{2+},说明金属指示剂的作用原理。

滴定前,滴少许铬黑 T 指示剂于被测溶液中,铬黑 T 与部分 Mg^{2+} 发生配位反应,生成酒红色的配合物 EBT-Mg,使溶液显红色。

滴定前:$Mg^{2+} + EBT \rightleftharpoons EBT\text{-}Mg$

溶液颜色:　　　(蓝色)　(酒红色)

滴定时,随着 EDTA 的滴入,游离的 Mg^{2+} 逐步被配位而形成配合物 EDTA-Mg。待游离的 Mg^{2+} 几乎完全被配位后,继续滴加 EDTA 时,由于 EDTA-Mg 的条件稳定常数大于 EBT-Mg 的条件稳定常数,因此,EDTA 夺取 EBT-Mg 中的 Mg^{2+},使指示剂游离出来,溶液显示游离铬黑 T 的蓝色,指示滴定终点。化学反应式可表示为:

终点前:$EDTA + Mg^{2+} \rightleftharpoons EDTA\text{-}Mg$(无色)

终点时:$EBT\text{-}Mg + EDTA \rightleftharpoons EDTA\text{-}Mg + EBT$

溶液颜色:(酒红色)　　　　　　　　　(蓝色)

2. 金属指示剂应具备的条件

(1)在滴定的 pH 范围内,游离指示剂 In 和指示剂金属离子配合物 MIn 两者的颜色应有显著的差别,这样才能使终点的颜色变化明显。

(2)指示剂与金属离子形成的配合物(MIn)应足够稳定。如果稳定性过低,则未到达化学计量点时 MIn 就会分解,导致变色不敏锐,影响滴定的准确度,一般要求 $K_{MIn} \geqslant 10^4$。同时,指示剂与金属离子形成的配合物(MIn)的稳定性应小于 EDTA 与金属离子形成的配合物 MY 的稳定性。这样,到滴定终点时,EDTA 才能夺取指示剂配合物 MIn 中的金属离子 M,使指示剂游离出来而变色。一般要求 $K_{MY} \geqslant 100\ K_{MIn}$。

(3)指示剂与金属离子的反应必须灵敏、迅速，且具有良好的可逆性和较高的选择性。

(4)指示剂应易溶于水，不易变质或被氧化，便于使用和保存。

3. 指示剂的封闭现象和僵化现象

(1)指示剂的封闭现象。若指示剂与金属离子生成的配合物很稳定，则在化学计量点时，即使过量的 EDTA 也不能把 In 从 MIn 中置换出来，使指示剂在化学计量点附近不发生颜色变化，这种现象称为**指示剂的封闭现象**。

导致指示剂的封闭现象的原因很多，可能是溶液中某些离子与指示剂形成十分稳定的显色配合物，而不能被 EDTA 破坏。指示剂的封闭现象可以通过返滴定或加入掩蔽剂予以消除。

(2)指示剂的僵化现象。有时金属离子与指示剂生成难溶性显色配合物，在终点时与滴定剂置换缓慢，使终点颜色变化向后推迟，这种现象称为**指示剂的僵化现象**。这时可通过加入适当的有机溶剂，增大其溶解度，使颜色变化敏锐；也可将溶液加热，加快置换速度，使指示剂变色明显。

思考题

配位滴定中，如果出现指示剂的封闭现象或僵化现象，请问对滴定分析的结果有什么影响？

(二)常用的金属指示剂

配位滴定中常用的金属指示剂有铬黑 T (EBT)、二甲酚橙(XO)、吡啶偶氮萘酚(PAN)、钙指示剂(NN)等，它们的有关情况见表 4-11。

(1)铬黑 T(EBT)。铬黑 T 固体相当稳定，但水溶液只能保存几天。因为铬黑 T 分子在水溶液中产生聚合反应，聚合后不能再与金属离子发生显色反应。在 pH ＜ 6.5 的溶液中聚合更严重，加入三乙醇胺可以防止聚合。铬黑 T 指示剂的配制方法如下：

固态铬黑 T 指示剂的配制：取铬黑 T 0.1 g，与研细的 10 g 干燥 NaCl 研匀配成固体合剂，存放于干燥器中，用时取少许即可。

液态铬黑 T 指示剂的配制：取铬黑 T 0.2 g，溶于 15 mL 三乙醇胺，待完全溶解后，加入 5 mL 无水乙醇即可。

(2)二甲酚橙(XO)。二甲酚橙简称 XO，紫红色粉末，易溶于水，配成 0.2%～0.5% 水溶液即可，可稳定保存几个月。

(3)吡啶偶氮萘酚(PAN)。吡啶偶氮萘酚简称 PAN，为橙红色的针状结晶，难溶于水，可溶于碱、液氨及甲醇、乙醇等溶剂，一般配成 0.1%乙醇溶液。

(4)钙指示剂(NN)。钙指示剂简称 NN，紫黑色固体粉末，水溶液或乙醇溶液均不稳定，同铬黑 T 一样，与 NaCl 固体研匀配成固体混合物使用，作为滴定 Ca^{2+} 的指示剂。

表 4-11 常用的金属指示剂

金属指示剂	pH 范围	颜色变化 In	颜色变化 MIn	直接滴定离子	掩蔽剂
铬黑 T(EBT)	7～10	蓝色	红色	Mg^{2+}、Pb^{2+}、Zn^{2+}、Mn^{2+}、Cd^{2+}	三乙醇胺 NH_4F
二甲酚橙(XO)	2～12	黄色	红色	pH＝2～3 Bi^{3+}、Th^{4+} pH＝4～5 Cu^{2+}、Ni^{2+}	
吡啶偶氮萘酚(PAN)	＜6	亮黄色	红紫色	pH＜1 ZrO^{2+} pH＝1～3 Bi^{3+}、Th^{4+} pH＝5～6 Zn^{2+}、Pb^{2+}、Hg^{2+}	NH_4F 返滴定法 邻二氮菲
钙指示剂(NN)	10～13	纯蓝色	酒红色	Ca^{2+}	

五、应用与示例

(一)EDTA 标准溶液的配制与标定

在配制 EDTA 标准溶液时，使用的蒸馏水和器皿会带来杂质，改变标准溶液的浓度。因此，实验室中使用的 EDTA 标准溶液一般采用间接法配制。《中国药典》(2010 年版)规定，EDTA 滴定液采用间接法配制，然后用基准物质标定。由于 EDTA 在水中的溶解度比较小，因此，常用 EDTA 二钠盐配制滴定液。常用的 EDTA 标准溶液的浓度为 0.001～0.05 mol/L。具体方法见基础实训 10。

(二)配位滴定方式的选择

配位滴定法应用比较广泛，主要用于测定金属离子的含量。例如，在水质分析中可以测定某些金属离子的含量；在食品分析中可以测定钙的含量；在药品分析中可以测定含金属离子的各类药物，如葡萄糖酸钙、葡萄糖酸锌、枸橼酸钙、枸橼酸锌、硫酸镁、氢氧化铝凝胶等的含量。在配位滴定中，采用不同的滴定方式不仅可以扩大滴定范围，而且可以提高配位滴定的选择性，常用的配位滴定方式有以下几种。

1. 直接滴定方式

直接滴定就是用 EDTA 标准溶液直接滴定被测离子，也是配位滴定中常用的滴定方式。直接滴定方便、快速、引入的误差较小。只要配位反应符合滴定分析的要求，并有合适的指示剂，就应当尽量采用直接滴定方式。

(1)水的硬度的测定。水的硬度是指水中溶解钙盐和镁盐的含量高低。测定水的硬度就是测定水中钙、镁离子的含量，然后把测得的钙、镁离子折算成 $CaCO_3$ 或 CaO 的毫克数来计算硬度(以 $CaCO_3$ 的质量浓度来表示水的硬度，单位为 mg/L；或以 CaO 的质量浓度来表示水的硬度，单位为度，1° =10 mg CaO/L)。

【例 4-15】 精密量取水样 100.00 mL，加 $NH_3 \cdot H_2O\text{-}NH_4Cl$ 缓冲溶液 10 mL 和铬黑 T 指示剂 3 滴，用 EDTA 标准溶液(0.008826 mol/L)滴定至溶液由酒红色变为纯蓝色即为终点，消耗 12.58 mL，计算水的总硬度(以 $CaCO_3$ 表示，单位为 mg/L)。

解：$CaCO_3$ 的摩尔质量为 100.09 g/mol。水的总硬度为：

$$\rho_{CaCO_3} = \frac{c_{EDTA} \times V_{EDTA} \times M_{CaCO_3}}{V_{水}} \times 1000$$

$$= \frac{0.008826\ \text{mol/L} \times (12.58 \times 10^{-3})\ \text{L} \times 100.09\ \text{g/mol}}{100.00 \times 10^{-3}\ \text{L}} \times 1000$$

$$= 111.13\ \text{mg/L}$$

如果要分别测定水中钙、镁的硬度，可先测得 Ca^{2+} 和 Mg^{2+} 的总硬度，再另取等体积的水样，加入 NaOH 调节溶液酸度至 pH 为 12～13，将 Mg^{2+} 以 $Mg(OH)_2$ 沉淀形式被掩蔽，选用钙指示剂，用 EDTA 滴定 Ca^{2+}，得到钙的硬度。将测得的总硬度减去钙的硬度即得到镁的硬度。

(2) 葡萄糖酸钙的测定。葡萄糖酸钙($C_{12}H_{22}O_{14}Ca \cdot H_2O$)是常见的钙盐药物。配位滴定法可以通过测定钙离子的含量来测定药物中葡萄糖酸钙的含量。

【例 4-16】 称取试样 0.5017 g，溶解后，在 pH 为 10 的 $NH_3\text{-}NH_4Cl$ 缓冲溶液中，以铬黑 T 为指示剂，用 EDTA 标准溶液滴定至蓝色出现，消耗 0.04905 mol/L EDTA 标准溶液 22.62 mL，计算葡萄糖酸钙的含量。

解：葡萄糖酸钙的摩尔质量为 448.39 g/mol，则葡萄糖酸钙的含量为：

$$\omega_{C_{12}H_{22}O_{14}Ca \cdot H_2O} = \frac{c_{EDTA} \times V_{EDTA} \times M_{C_{12}H_{22}O_{14}Ca \cdot H_2O}}{m_s} \times 100\%$$

$$= \frac{0.04905\ \text{mol/L} \times (22.62 \times 10^{-3})\ \text{L} \times 448.39\ \text{g/mol}}{0.5017\ \text{g}} \times 100\%$$

$$= 99.16\%$$

2. 返滴定方式(剩余滴定方式)

返滴定方式(剩余滴定方式)是在待测溶液中先加入过量的 EDTA，使待测离子完全配位，然后用其他金属离子标准溶液回滴过量的 EDTA。根据两种标准溶液的浓度和用量，即可求得被测物质的含量。通常在滴定时缺少变色敏锐的指示剂或指示剂发生封闭的情况下，采用返滴定方式。

例如，测定 Al^{3+} 时，Al^{3+} 与 EDTA 配位速率较慢，不能用 EDTA 直接滴定。返滴定时，加入过量且定量的 EDTA 标准溶液，煮沸后，用 Cu^{2+} 或 Zn^{2+} 标准溶液返滴定过量的 EDTA。氢氧化铝凝胶是一种治疗胃病的药物，其测定方式就是返滴定。

【例 4-17】 称取干燥 $Al(OH)_3$ 凝胶 0.3896 g，溶解后定容于 250 mL 容量瓶中，准确吸取溶液 25.00 mL，精密加入 0.05000 mol/L EDTA 液 25.00 mL，过量的 EDTA 液

用0.05000 mol/L $Zn(NO_3)_2$的标准溶液返滴定，消耗 15.02 mL，求样品中 Al_2O_3的含量。

解：已知 $M_{Al_2O_3} = 101.96$ g/mol

$$Al_2O_3\% = \frac{\frac{1}{2} \times (c_{EDTA} \times V_{EDTA} - c_{Zn(NO_3)_2} \times V_{Zn(NO_3)_2}) \times \frac{101.96}{1000}}{m_s \times \frac{25.00}{250.00}} \times 100\%$$

$$= \frac{\frac{1}{2} \times (0.05000 \times 25.00 - 0.05000 \times 15.02) \times \frac{101.96}{1000}}{0.3896 \times \frac{25.00}{250.00}} \times 100\%$$

$= 26.12\%$

3. 置换滴定方式

置换滴定方式是利用置换反应从配合物中置换出等物质的量的另一种金属离子或置换出 EDTA，然后用标准溶液进行配位滴定的分析方式。

(1)置换出金属离子。若被测离子 M 与 EDTA 反应不完全或所形成的配合物不稳定，使 M 置换出另一配合物(NL)中等物质的量的 N，再用 EDTA 滴定 N，即可求得 M 的含量。

$$M + NL \rightleftharpoons ML + N$$

例如，Ag^+与 EDTA 的配合物不够稳定($\lg K_{AgY} = 7.8$)，不能用 EDTA 直接滴定。若将含 Ag^+的试液加到过量的$[Ni(CN)_4]^{2-}$溶液中，则发生如下反应：

$$2Ag^+ + [Ni(CN)_4]^{2-} \rightleftharpoons [2Ag(CN)_2]^- + Ni^{2+}$$

在 pH=10 的缓冲溶液中，以紫尿酸胺作指示剂，用 EDTA 标准溶液滴定置换出来的 Ni^{2+}，可求得 Ag^+的含量。

(2)置换出 EDTA。将被测离子 M 与干扰离子全部用 EDTA 配位，然后加入选择性高的配位剂 L 夺取 M 并释放出等量的 EDTA，再用金属离子标准溶液滴定释放出的 EDTA，即可求得 M 的含量。

$$MY + L \rightleftharpoons ML + Y$$

例如，在测定合金中的 Sn 含量时，先在试液中加入过量的 EDTA，将可能存在的 Pb^{2+}、Zn^{2+}、Cd^{2+}、Bi^{3+}及 Sn^{4+}等全部配位，然后用 Zn^{2+}标准溶液滴定，除去过量的 EDTA。再加入 NH_4F，选择性地将 SnY 中的 EDTA 释放出来，用 Zn^{2+}标准溶液滴定释放出的 EDTA，即可求得 Sn 的含量。

4. 间接滴定方式

有些离子不与 EDTA 发生配位反应或生成的配合物不稳定，这时可采用间接滴定方式。通常用加入过量的能与 EDTA 形成稳定配合物的金属离子作沉淀剂，以沉淀待测离子，过量沉淀剂用 EDTA 滴定；或将沉淀分离、溶解后，再用 EDTA 滴定其中的金属离子。例如，K^+ 可被沉淀为 $K_2NaCo(NO_2)_6 \cdot 6H_2O$，当其过滤溶解后，用 EDTA 滴定其中的 Co^{2+} 以间接测定 K^+ 的含量。由于间接滴定过程手续繁杂，引入误差的机会也较多，因此，它不是一种理想的方法。

知识点

1. 配位滴定法最常用的滴定液是 EDTA，EDTA 在溶液中的各种存在形式中只有 Y^{4-}（有效配位离子）才能与 M 直接配位。

2. 配位滴定法准确滴定的条件是：$\lg c_M K'_{MY} \geqslant 6$ 或 $\lg K'_{MY} \geqslant 8$。

3. 由 H^+ 所引起的酸效应程度用酸效应系数 $\alpha_{Y(H)}$ 表示，酸效应系数越大，酸效应引起的副反应越严重。其他配位剂引起的配位效应程度用配位效应系数 $\alpha_{M(L)}$ 表示，$\alpha_{M(L)}$ 越大，配位效应引起的副反应越严重。

4. 配位滴定法需维持适宜的酸度，酸度过高会导致 EDTA 配位能力下降，酸度过低会导致被测金属离子与 OH^- 生成沉淀；另外，需掩蔽或分离干扰离子。

5. 金属指示剂的作用原理为：

滴定前：$M + In(甲色) \rightleftharpoons MIn(乙色)$

滴定时：$M + Y \rightleftharpoons MY$

终点：$MIn(乙色) + Y \rightleftharpoons MY + In(甲色)$

第 5 节　氧化还原滴定法

氧化还原滴定法是以氧化还原反应为基础的滴定分析法。它不仅能直接测定具有氧化性或还原性的物质，也能间接测定一些本身无氧化性或还原性但能与氧化剂或还原剂发生定量反应的物质。

一、氧化还原滴定法概述

(一)氧化还原滴定法的分类

能用于滴定分析的氧化还原反应很多，通常根据滴定液的不同，将氧化还原滴定法分为高锰酸钾法、碘量法、亚硝酸钠法、重铬酸钾法等，本节主要介绍前两类。

(二)加快氧化还原反应速率的方法

氧化还原反应是基于电子转移的化学反应，反应机制及过程比较复杂，通常反应速率较慢。为了使氧化还原反应满足滴定分析的要求，通常可以采用下列方法来加快化学反应速率。

1. 增大反应物浓度

根据质量作用定律，增大反应物的浓度，可以加快反应速率。但在具体的滴定分析过程中，滴定液浓度及待测溶液浓度的增大往往是有限的，最常用的是对于有 H^+ 参加的氧化还原反应，通过提高溶液的酸度(增大 H^+ 浓度)加快反应速率。如：

$$Cr_2O_7^{2-}+6I^-+14H^+ \rightleftharpoons 2Cr^{3+}+3I_2+7H_2O$$

2. 升高温度

升高温度能加快反应速率。一般地，温度每升高 10 ℃，反应速率加快 2～4 倍。例如，酸性条件下 $Na_2C_2O_4$ 与 $KMnO_4$ 的反应：

$$2MnO_4^-+5C_2O_4^{2-}+16H^+ \rightleftharpoons 2Mn^{2+}+10CO_2\uparrow+8H_2O$$

此反应在室温下进行得很慢，若将溶液加热并控制温度在 70 ℃左右，则反应速率会显著加快。必须注意的是，对于某些性质不稳定、受热易分解或挥发的物质，不宜通过加热来加快反应速率，而且加热温度过高也不便于滴定操作。

思考题

请问用 $KMnO_4$ 滴定过氧化氢时能否采用加热的方法加快反应速率，为什么？

3. 使用催化剂

催化剂对反应速率的影响很大，使用催化剂能有效地改变反应速率。例如，在酸性条件下 $Na_2C_2O_4$ 与 $KMnO_4$ 的反应，即使将溶液的温度升高，在滴定初期，$KMnO_4$ 褪色仍然缓慢，但随着反应的进行，当溶液中产生少量 Mn^{2+} 时，$KMnO_4$ 褪色现象明显加快，原因是反应中生成的 Mn^{2+} 对此反应起了催化作用。在实际操作中，也可以在滴定前向被滴定的溶液中滴加少量的 $MnSO_4$，以加快反应速率。

知识点

自动催化反应的特点

自动催化反应有一个特点，即开始时反应速率较慢，随着反应的进行，反应生成物(催化剂)的浓度逐渐增大，反应速率也越来越快，随后，由于反应物浓度越来越低，反应速率逐渐降低。

二、氧化还原滴定法的基本原理

(一)滴定曲线

在氧化还原滴定过程中,随着滴定液的加入,溶液中氧化剂或还原剂的浓度也随之发生改变,从而引起溶液电位发生改变。随滴定液加入的变化情况,电位值也可以用相应的滴定曲线来表示。氧化还原滴定曲线的形状与酸碱滴定曲线类似,只是纵坐标由 pH 值变成了电位值,其电位值可以根据实验测得,也可以用能斯特方程计算出相应的数值。

同理,在化学计量点附近,溶液的电位值出现突跃性改变,称为电位突跃,即在某一氧化还原反应中,滴定液加入量相当于理论值的 99.9%～100.1%所对应的电位值的变化范围。突跃范围的大小与氧化剂、还原剂两电对的电位值大小有关,两电对的电位值之差越大,突跃范围越大,选择指示剂的余地越大,滴定结果就越准确。

(二)指示剂

氧化还原滴定中常用的指示剂有下列几种类型:

1. 自身指示剂

在氧化还原滴定中,有些滴定液或待测组分本身的氧化态或还原态颜色明显不同,可以利用其在终点前后自身颜色的变化来确定终点,无需另加指示剂,这类物质称为自身指示剂。例如,在酸性条件下,用 $KMnO_4$ 滴定液(紫红色)滴定无色或浅色的还原剂(如 $H_2C_2O_4$、H_2O_2等),$KMnO_4$ 在反应中被还原为近于无色的 Mn^{2+},化学计量点后,稍过量的 $KMnO_4$ 便会使溶液显浅红色,从而指示滴定终点。

碘液也可作自身指示剂,当溶液中碘液的浓度达到 10^{-5} mol/L 时,即能明显呈现浅黄色。不过,为了使滴定终点前后颜色变化更明显,可加入淀粉等物质。

2. 特殊指示剂

这类物质本身不具有氧化性或还原性,也不参与氧化还原反应,但可与滴定液或被测定物质的氧化态或还原态作用而产生特殊的颜色,从而指示滴定终点,这类指示剂称为特殊指示剂。例如,淀粉与碘作用显现特殊的蓝色、SCN^- 与 Fe^{3+} 作用显现特殊的红色等。

3. 外指示剂

这类指示剂不直接加入被滴定的溶液中,而是在化学计量点附近用玻璃棒蘸取少许溶液与指示剂接触来判断终点,称为外指示剂。由于使用这类指示剂时需要蘸取溶液与外指示剂接触来判断终点,因此,会产生一定的测量误差,而且蘸取溶液的次数越多,误差越大。

4. 氧化还原指示剂

氧化还原指示剂本身是弱氧化剂或弱还原剂，其氧化态与还原态具有明显不同的颜色。在化学计量点附近，通过指示剂被滴定液氧化或还原，指示剂的氧化态与还原态发生转化，使溶液的颜色发生改变，从而指示滴定终点。常用的氧化还原指示剂如表4-12 所示。

表 4-12　常用的氧化还原指示剂

氧化还原指示剂	φ^θ(V)	颜色变化	
		还原态色	氧化态色
靛蓝-磺酸盐	0.25	无色	蓝色
亚甲蓝	0.36	无色	蓝色
二苯胺	0.76	无色	紫色
二苯胺磺酸钠	0.84	无色	紫红色
邻苯氨基苯甲酸	0.89	无色	紫红色
羊毛罂红	1.00	绿色	红色
邻二氮菲亚铁	1.06	红色	浅蓝色
硝基邻二氮菲亚铁	1.25	紫红色	浅蓝色

氧化还原指示剂是氧化还原滴定法的通用指示剂，**选择指示剂的原则是：指示剂的变色范围应在滴定的电位突跃范围之内**。由于氧化还原指示剂本身具有氧化还原作用，也要消耗一定量的滴定液，因此，在精确测定时，需要做空白试验以校正指示剂误差。

三、常用的氧化还原滴定法

(一)高锰酸钾法

1. 基本原理

高锰酸钾法是以 $KMnO_4$ 为滴定液的氧化还原滴定法。$KMnO_4$ 是强氧化剂，其氧化能力及还原产物都与溶液的酸度有关。

在强酸性溶液中，MnO_4^- 的还原产物为 Mn^{2+}。

$$MnO_4^- + 8H^+ + 5e^- \rightleftharpoons Mn^{2+} + 4H_2O \qquad \varphi^\theta = 1.51\ V$$

在弱酸性、中性、弱碱性溶液中，MnO_4^- 的还原产物为 MnO_2。

$$MnO_4^- + 4H^+ + 3e^- \rightleftharpoons MnO_2 \downarrow + 2H_2O \qquad \varphi^\theta = 0.59\ V$$

在强碱性溶液中，MnO_4^- 的还原产物为 MnO_4^{2-}。

$$MnO_4^- + e^- \rightleftharpoons MnO_4^{2-} \qquad \varphi^\theta = 0.56\ V$$

高锰酸钾在强酸性溶液中的氧化能力很强，可以氧化很多还原性物质。但酸度过高会导致高锰酸钾分解，酸度过低时高锰酸钾氧化能力较弱，且容易产生 MnO_2 沉淀而影响终点的判断，所以，溶液的酸度应控制在 0.5～1 mol/L。加入酸以硫酸为宜，不可使用盐酸和硝酸。

思考题

请分析高锰酸钾法中调节溶液酸度常常选用硫酸而不选用盐酸或硝酸的原因。

$KMnO_4$ 本身为紫红色，产物 Mn^{2+} 近无色，变色非常明显，所以，$KMnO_4$ 可以作自身指示剂指示滴定终点。

常温下，$KMnO_4$ 与还原性物质反应缓慢，为加快反应速率可适当加热或加入少量 Mn^{2+} 作催化剂。但对于一些受热易分解的物质，如过氧化氢、亚硝酸盐等，则不能加热。

根据被测物质的性质选择高锰酸钾法时，可采用不同的滴定方式：

(1)直接滴定方式。许多还原性物质可用 $KMnO_4$ 滴定液直接滴定，如过氧化氢、亚硝酸盐、草酸盐、亚铁盐等。

(2)返滴定方式。某些氧化性物质可在 H_2SO_4 溶液存在条件下，加入定量的 $Na_2C_2O_4$ 基准物质或滴定液，加热使之完全反应后，再用 $KMnO_4$ 滴定液滴定剩余的 $Na_2C_2O_4$ 基准物质，从而求出被测物质的含量。

(3)间接滴定方式。某些不具有氧化性或还原性的物质，可采用此方式进行测定。如测定 Ca^{2+} 含量时，首先将 Ca^{2+} 沉淀为 CaC_2O_4，过滤后，再用稀 H_2SO_4 将 CaC_2O_4 沉淀溶解，然后用 $KMnO_4$ 滴定液滴定溶液中的 $H_2C_2O_4$，从而间接求出 Ca^{2+} 含量。

高锰酸钾法的优点是 $KMnO_4$ 氧化能力强，可直接或间接地测定许多无机物和有机物，滴定时自身可作指示剂。但是也存在 $KMnO_4$ 滴定液不够稳定、滴定选择性差等缺点。

2. 滴定液(0.02 mol/L)

(1)配制。市售 $KMnO_4$ 试剂中常含有少量的 MnO_2 和其他杂质，且 $KMnO_4$ 容易和水中的一些还原性物质发生反应，所以，一般不用 $KMnO_4$ 试剂直接配制滴定液，而是先配成近似浓度的溶液，配好后加热至沸，保持微沸约 1 h，然后放置 2～3 天，待稳定后，用垂熔玻璃漏斗或砂芯漏斗过滤，除去 MnO_2 沉淀，并保存在带玻璃塞的棕色瓶中，放于暗处保存，待准确标定。

(2)标定。标定 $KMnO_4$ 溶液的物质很多，常用 $Na_2C_2O_4$，因其热稳定性好、不含结晶水、吸湿性小且易于提纯。标定反应如下：

$$2MnO_4^- + 5C_2O_4^{2-} + 16H^+ \rightleftharpoons 2Mn^{2+} + 10CO_2\uparrow + 8H_2O$$

标定时需要注意以下几点：

①选择硫酸并控制合适的酸度，开始滴定时酸度为 0.5～1 mol/L。酸度过高时，$H_2C_2O_4$

易分解；酸度过低时，$KMnO_4$ 被还原为 MnO_2。滴定终点时溶液的酸度控制在0.2～0.5 mol/L。

②将溶液加热到 65～75 ℃进行滴定。温度过高时 $H_2C_2O_4$ 分解，温度过低时反应速率太慢。

③开始滴定时反应速率比较慢，但反应产物 Mn^{2+} 对反应有催化作用。滴入第一滴 $KMnO_4$ 溶液后，红色很难褪去，这时需要等红色褪去后再滴加第二滴。等滴入几滴 $KMnO_4$ 溶液后，反应中生成的 Mn^{2+} 对反应有催化作用，反应会明显加快。若在滴定开始前加入几滴 $MnSO_4$ 溶液，则滴定开始的反应速率就会较快。

④滴定至化学计量点时，稍过量的 $KMnO_4$ 就可使溶液呈粉红色，若 30 s 不褪色，则可认为已到滴定终点。时间过长，$KMnO_4$ 和空气中还原性物质反应而使粉红色褪去。标定过的 $KMnO_4$ 溶液应避光避热且不宜长期存放，使用久置的 $KMnO_4$ 溶液时，应将其过滤并重新标定。详细内容见基础实训 12。

(二)碘量法

1. 基本原理

以 I_2 为氧化剂或以 KI 为还原剂进行滴定的分析方法称为碘量法。其电对反应为：

$$I_2 + 2e^- \rightleftharpoons 2I^- \qquad \varphi^{\theta}_{I_2/2I^-} = 0.5345\ V$$

从 φ^{θ} 的数值可以看出，I_2 是较弱的氧化剂，可与较强的还原剂作用；而 I^- 是较强的还原剂，可与很多氧化剂作用。因此，碘量法可用直接或间接两种滴定方式，既可测定还原剂，也可测定氧化剂。

(1)直接碘量法。凡能被 I_2 直接快速氧化的强还原性物质，可以采用直接碘量法进行测定，如硫化物、亚硫酸盐、硫代硫酸盐、维生素 C 等。

直接碘量法只能在酸性、中性或弱碱性溶液中进行。如果溶液的 pH 大于 9，则容易发生下列副反应(歧化反应)：

$$3I_2 + 6OH^- \rightleftharpoons IO_3^- + 5I^- + 3H_2O$$

(2)间接碘量法。某些高电位的氧化性物质可将 I^- 氧化成 I_2，定量析出的 I_2 可用 $Na_2S_2O_3$ 滴定液滴定，这种滴定方式称为置换滴定法。用这种方法可以测定很多种氧化性物质，如高锰酸钾、重铬酸钾、过氧化氢、二氧化锰、漂白粉等。某些低电位的还原性物质可与定量且过量的 I_2 滴定液作用，待反应完全后，再用 $Na_2S_2O_3$ 滴定液滴定剩余的 I_2，这种方式称为返滴定法或剩余滴定法。该方法可以测定一些还原性物质的含量，如亚硫酸钠、亚硫酸氢钠、葡萄糖等。

置换滴定法和返滴定法习惯上统称为间接碘量法。滴定反应为：

$$2S_2O_3^{2-} + I_2 \rightleftharpoons S_4O_6^{2-} + 2I^-$$

滴定的酸碱性条件同上。

2. 指示剂

碘液可作为自身指示剂，用于指示直接碘量法的滴定终点。为了使终点颜色变化更敏感，常用淀粉作为指示剂，I^- 存在时淀粉遇碘显深蓝色，反应可逆且灵敏。

使用淀粉指示剂时应注意：①淀粉指示剂久置易腐败、失效，应取可溶性直链淀粉临用新制，需现配现用。②淀粉指示剂的加入时机：在酸度不高的情况下，直接碘量法可于滴定前加入，滴定至蓝色出现为终点；间接碘量法需在临近终点时加入，滴定至蓝色消失为终点。否则，溶液中存在大量 I_2，I_2 被淀粉表面牢牢吸附，不易与 $Na_2S_2O_3$ 立即作用，使滴定终点延迟。③高温会使其灵敏度下降，应在常温下使用。④应在弱酸性溶液中使用，在此条件下碘与淀粉的反应最灵敏。若 $pH<2$，则淀粉易水解为糊精，遇 I_2 显红色；若 $pH>9$，则生成 IO_3^-，淀粉不显蓝色。

3. 滴定液

(1)0.05 mol/L I_2 滴定液的配制与标定。

① 配制。因为单质 I_2 在空气中易挥发并且具有腐蚀性，所以，不宜通过分析天平精确称量，而宜采用间接法配制。碘在水中的溶解度很小，可将其溶解于 KI 溶液中生成 I_3^-，这样既减少了 I_2 的挥发，又增大了 I_2 的溶解度。另外需要在配制的溶液中加入少量盐酸，以去除碘酸盐杂质和作为 $Na_2S_2O_3$ 稳定剂的 Na_2CO_3。配好的溶液需要用垂熔玻璃过滤器将少量未溶解的 I_2 过滤掉，以免影响其标定。

② 标定。《中国药典》中选用的方法是用基准物质 As_2O_3 标定 I_2 溶液。由于 As_2O_3 难溶于水，易溶于碱而生成亚砷酸盐，通常需要加入 $NaHCO_3$ 使溶液显弱碱性(pH 约为 8)，反应式为：

$$As_2O_3 + 6NaOH \rightleftharpoons 2Na_3AsO_3 + 3H_2O$$

$$Na_3AsO_3 + I_2 + 2NaHCO_3 \rightleftharpoons Na_3AsO_4 + 2NaI + 2CO_2\uparrow + H_2O$$

由于 As_2O_3 有剧毒，实际工作中常采用比较法，用 $Na_2S_2O_3$ 滴定液标定 I_2 溶液的浓度，详细内容见能力拓展 5。

配制好的碘标准溶液应用棕色瓶贮存，并放置在阴凉处，同时由于碘有腐蚀性，避免用橡皮塞、软木塞作盖子。

(2)0.1 mol/L $Na_2S_2O_3$ 滴定液的配制与标定。

① 配制。$Na_2S_2O_3$ 常含有少量杂质，且本身易潮解或风化，因此，只能用间接法配制。新配制的溶液不稳定，受日光照射容易分解，并且能与空气中的 O_2、CO_2 以及嗜硫细菌发生作用，导致 $Na_2S_2O_3$ 被氧化或分解。所以，配制溶液时要使用新煮沸过的冷纯化水溶解和稀释，并加入少量 Na_2CO_3 使溶液呈弱碱性，以除去溶解在水中的 O_2 和 CO_2，并杀死嗜硫细菌。配制好的溶液放在棕色瓶中并置于暗处，7～10 天后才可以标定。

② 标定。$Na_2S_2O_3$ 溶液可用廉价、稳定且易提纯的 $K_2Cr_2O_7$ 作基准物质来标定。反应式为：

$$Cr_2O_7^{2-}+6I^-+14H^+ \rightleftharpoons 2Cr^{3+}+3I_2+7H_2O$$

$$2S_2O_3^{2-}+I_2 \rightleftharpoons S_4O_6^{2-}+2I^-$$

滴定前要将溶液稀释，这样既降低溶液酸度，减慢 I^- 被空气氧化的速率，又可以使 $Na_2S_2O_3$ 分解减弱，降低 Cr^{3+} 浓度，使其颜色变浅而易于观察滴定终点。滴定时要将过量的 KI 与 $K_2Cr_2O_7$ 置于碘量瓶中，水封，置于暗处 10 min，待反应完全后再进行滴定。为避免淀粉的过度吸附导致显色推迟，应在临近滴定终点时加入淀粉指示剂。溶液由红棕色（I_2 的颜色）至黄绿色（I_2 与 Cr^{3+} 混合色）时即已接近终点。此时加入淀粉，再继续滴定至溶液由蓝色变为亮绿色（Cr^{3+} 颜色），30 s 不变为蓝色即为终点。详细内容见能力拓展4。

知识点

氧化还原滴定法包括高锰酸钾法、碘量法等，每种方法都有其特点和应用范围，应根据具体情况选用适宜的方法。现将高锰酸钾法与碘量法作如下比较。

方法名称	直接碘量法	间接碘量法	高锰酸钾法
滴定液	I_2	$Na_2S_2O_3$	$KMnO_4$
反应介质	酸性、中性、弱碱性	中性或弱酸性	酸性（H_2SO_4）
指示剂	淀粉	淀粉	$KMnO_4$
加入时机	滴定前加入	近终点时加入	自身指示剂
终点判断	蓝色出现	蓝色消失	粉红色出现
基准物质	As_2O_3	$K_2Cr_2O_7$	$Na_2C_2O_4$

基础实训 4　滴定分析仪器的基本操作练习

【目的】

1. 认识常用的滴定分析仪器。
2. 熟练掌握滴定管、容量瓶、移液管的洗涤和使用方法。
3. 学会控制滴定分析中的滴定速度。

【仪器与试剂】

1. 仪器

酸式滴定管(50 mL)、碱式滴定管(50 mL)、腹式吸管(25 mL)、刻度吸管(10 mL)、容量瓶(250 mL)、锥形瓶(250 mL)、洗耳球、烧杯、洗瓶、滴管、玻璃棒。

2. 试剂

洗液、自来水、纯化水。

【内容与步骤】

1. 滴定分析仪器及使用方法

滴定分析法中常用的仪器有很多,其中定量玻璃仪器主要有滴定管、容量瓶和移液管,非定量玻璃仪器有称量瓶、碘量瓶和干燥器等。

(1)滴定管。

①滴定管的形状。滴定管的形状一般有两种:一种是下端带有玻璃活塞的酸式滴定管,用于盛放酸性溶液或氧化性溶液;另一种是碱式滴定管,用于盛放碱性溶液,其下端连接一段医用橡皮管,内含一玻璃珠,以控制溶液的流速,橡皮管下端连接一个尖嘴玻璃管。碱式滴定管的准确度不如酸式滴定管,因为橡皮管的弹性会造成液面波动,如图 4-9 所示。目前,两用滴定管的使用比较普遍,两用滴定管的形状与酸式滴定管相同,只是下端的活塞采用聚四氟乙烯材料制成,可耐酸、碱、氧化剂、还原剂等试剂的腐蚀,使用方法也与酸式滴定管完全相同。

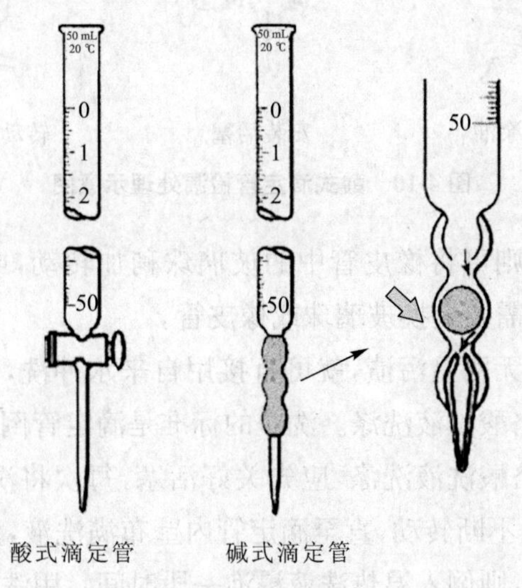

图 4-9　滴定管

②滴定管的规格。用于常量分析的滴定管规格一般为 10 mL、15 mL、25 mL 和

50 mL，它们的最小刻度为0.1 mL，读数可估计到0.01 mL。一般有±0.01 mL的读数误差，所以，若滴定管消耗的体积过小，则滴定管读数误差增大。

用于半微量分析的滴定管刻度区分小至0.02 mL，可以估读到0.005 mL。用于微量分析的微量滴定管，其容量一般为1～5 mL，刻度区分小至0.01 mL，可估读到0.002 mL。

滴定分析时，若消耗滴定液多于25 mL，则选用50 mL滴定管；若消耗滴定液15～25 mL，则用25 mL滴定管；若消耗滴定液10～15 mL，则用15 mL滴定管；若消耗滴定液少于10 mL，则宜用10 mL或10 mL以下滴定管，以减小滴定时体积测量的误差。

③滴定管的颜色。滴定管有无色和棕色两种，一般需避光的滴定液（如硝酸银滴定液、碘滴定液、高锰酸钾滴定液、亚硝酸钠滴定液、溴滴定液等）用棕色滴定管。

④滴定管的使用方法。

a. 检漏：滴定管在洗涤或使用前应先检漏，将滴定管装入适量水（若是酸式滴定管，则先关闭活塞），置于滴定管架上直立2 min，观察有无渗水或漏水；然后将酸式滴定管活塞旋转180°，再静置2 min，观察有无渗水或漏水，如均不漏水，滴定管即可使用。

若酸式滴定管漏水或活塞不润滑、活塞转动不灵活，则在使用之前，应在活塞上涂凡士林。操作方法是将酸式滴定管活塞拔出，用滤纸将活塞及活塞套擦干，用手指在活塞两头沿圈周各涂一薄层凡士林（切勿将活塞小孔堵住）；然后将活塞插入活塞套内，沿同一方向转动活塞，直到活塞全部透明为止；最后用橡皮筋套住活塞尾部，以防脱落打碎活塞。如图4-10所示。

图4-10 酸式滴定管检漏处理示意图

若碱式滴定管漏水，则可将橡皮管中的玻璃珠稍加转动，或稍微向上推，或向下移动。若处理后仍漏水，则需要更换玻璃珠或橡皮管。

b. 洗涤：如果滴定管无明显污渍，就可直接用自来水冲洗，然后用纯化水润洗2～3次；如不能洗净，则需用铬酸洗液洗涤。洗净的标准是滴定管倒置时内壁不挂水珠。

酸式滴定管如需用铬酸洗液洗涤，应先关好活塞，每次将洗液倒入滴定管的1/3～1/2处，两手平端滴定管，不断转动，直至滴定管内壁布满洗液，然后打开活塞，将洗液放回洗液瓶中；若污渍严重，则倒入温热洗液浸泡一段时间。用洗液洗过的滴定管，则先用自来水冲洗多次，再用少量纯化水润洗2～3次。

碱式滴定管如需用洗液洗涤，应注意铬酸洗液不能接触橡皮管。可将碱式滴定管倒立于装有铬酸洗液的玻璃槽内，浸泡一段时间后，再用自来水冲洗，最后用纯化水润洗 2～3 次。

c. 装液：为了使装入滴定管的溶液不被滴定管内壁的水稀释，必须先用待装溶液润洗滴定管，然后加入待装溶液至滴定管的 1/3～1/2 处，两手平端滴定管，慢慢转动，使溶液遍及全管内壁，打开滴定管的活塞，使溶液从管口下端流出。如此润洗 2～3 次后，再装入溶液，装液时直接从试剂瓶注入滴定管，不能用小烧杯或漏斗等其他容器。

d. 排气泡：当溶液装入滴定管时，出口管还没有充满溶液，应排气。若是酸式滴定管，则将滴定管倾斜约 30°，迅速打开活塞使溶液流出并充满全部出口管；若是碱式滴定管，则将橡皮管向上弯曲，玻璃尖嘴斜向上方，用两指挤压玻璃珠，使溶液从出口管喷出，气泡随之逸出。气泡排出后，加入溶液至刻度以上，再转动活塞或挤捏玻璃珠，把液面调节在0. 00 mL刻度处，或在“0”刻度以下但接近“0”刻度处，如图 4-11 所示。

e. 读数：读数时，把滴定管从架上取下，右手大拇指和食指夹持在滴定管液面上方，使滴定管与地面呈垂直状态。读数时视线必须与液面保持在同一水平面上。对于无色或浅色溶液，读取溶液的弯月面最低处与刻度相切点；对于深色溶液如高锰酸钾溶液、碘溶液等，可读两侧最高点的刻度。若滴定管的背后有一条蓝带，则无色溶液在这时形成两个弯月面，并且相交于蓝线的中线上，读数时即读此交点的刻度；若是深色溶液，则仍读液面两侧最高点的刻度。每次测定时最好将溶液装至滴定管的“0”刻度，平行测定时每次必须在同一位置，这样可消除因上下刻度不均匀所引起的误差。读数时应读到 0. 01 mL。如图 4-12 所示。

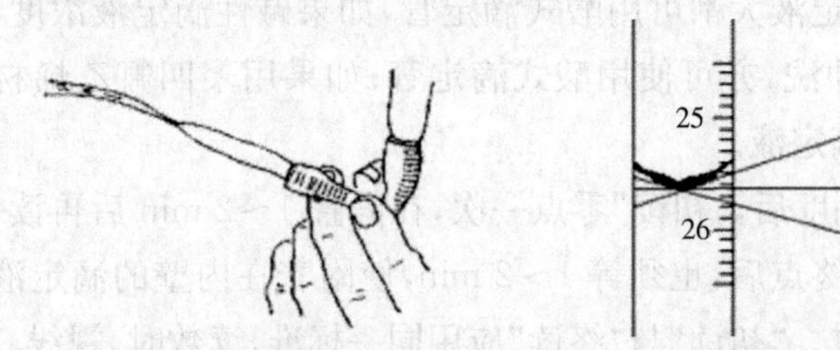

图 4-11　碱式滴定管排气泡　　**图 4-12　目光在不同位置得到的滴定管读数**

⑤滴定操作。使用酸式滴定管时，左手捏滴定管，无名指和小指向手心弯曲，轻轻地贴着出口管部分，其余三指控制活塞的转动。注意不要向外用力，以免推出活塞而造成漏水，应使活塞稍有一点向手心的回力。使用碱式滴定管时，仍用左手握滴定管，拇指在前，食指在后，其他三指辅助夹住出口管；用拇指和食指捏住玻璃珠所在部位，向右边挤压橡皮管，使玻璃珠移至手心一侧，这样溶液可以从玻璃珠旁边的空隙流出。注意不要用力捏玻璃珠，也不要使玻璃珠上下移动，更不要捏玻璃珠下部橡皮管，以免空气进入而形成气泡，影响滴定的准确性。如图 4-13 所示。

被测物质溶液一般装在锥形瓶中(必要时也可装在烧杯中)，滴定管下端伸入锥形瓶中 1～2 cm，左手按上述方法操作滴定管，右手拇指、食指和中指拿住锥形瓶颈，沿同一方向按圆周摇动锥形瓶，不要前后或上下振动。边滴边摇，两手协同配合。在开始滴定时，被测溶液无明显变化，液滴的流出速度可以快一些，但必须成滴而不能成线状流出，滴定速度一般控制在3～4滴/秒。当接近终点时，颜色变化较慢，这时应逐滴加入，加一滴即将溶液摇匀，并观察溶液颜色变化情况，再决定是否还要滴加溶液。最后应控制液滴悬而不落(这时加入半滴溶液)，用锥形瓶内壁把液滴靠下来，再用洗瓶中的纯化水吹洗锥形瓶内壁(应控制用水量不能太多)，摇匀。如此重复操作直至颜色变化至指定颜色且30 s内不褪色(或不变色)，即为滴定终点。到达滴定终点并读数后，滴定管内剩余的溶液应弃去，不可倒回原瓶中(若继续使用同种滴定液，则续加即可)。然后用自来水冲洗数次，倒立夹在滴定管架上。如图4-14所示。

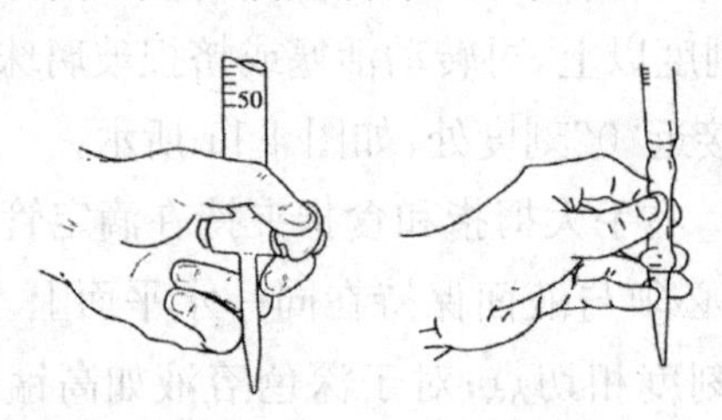

图4-13 滴定管操作示意图

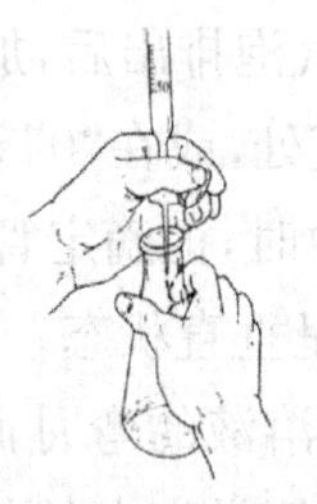

图4-14 滴定操作示意图

⑥使用滴定管的注意事项。

a. 酸式滴定管的玻璃活塞与滴定管是配套的，不能任意更换。

b. 碱性滴定液不宜使用酸式滴定管，因碱性滴定液常腐蚀玻璃，使玻璃塞与玻璃孔黏合，以至难以转动；其他的滴定液大都可用酸式滴定管，如果碱性滴定液浓度不大，使用时间不长，用毕后立即用水冲洗，亦可使用酸式滴定管；如果用聚四氟乙烯材质做活塞的酸式滴定管，则可装碱性滴定液。

c. 在装满滴定液放至“0”刻度后，“初读”零点一次，在静置1～2 min后再读一次，记录读数，然后开始滴定；滴定至终点后，也须等1～2 min，使附着在内壁的滴定液流下来以后再读数，“终读”也应读两次。“初读”与“终读”应用同一标准，读数时，视线、刻度、液面的弯月面应在同一水平线上。

d. 当酸式滴定管长期不用时，活塞部分应垫上纸，否则时间久，塞子不易打开；当碱式滴定管长期不用时，应拔下胶管，蘸些滑石粉保存。

(2)容量瓶。容量瓶是主要用于准确地配制一定浓度的溶液的测量容器。

①容量瓶的形状与规格。它是一种细长颈、梨形的平底玻璃瓶，配有磨口塞(或者塑料塞)，塞与瓶应编号配套或用绳子连接，以免出错；细长的瓶颈上刻有环状标线，当瓶内液体在指定温度下达到标线处时，其体积即为瓶上所注明的容积数。常用的容量瓶有5 mL、10 mL、25 mL、50 mL、100 mL、250 mL、500 mL和1000 mL等多种规格。容量瓶有无色和棕色两种，配制见光易氧化变质的物质应选用棕色瓶。

②容量瓶的使用方法。

a. 检漏:洗涤容量瓶之前先检漏,检查瓶塞处是否漏水。在容量瓶内装入约半瓶水,塞紧瓶塞,右手食指顶住瓶塞,左手五指托住容量瓶瓶底,将其倒立(瓶口朝下)2 min,观察容量瓶是否漏水。若瓶塞周围无水漏出,则将瓶立正,并将瓶塞旋转 180°后再倒立观察。经检查不漏水的容量瓶才能使用。

b. 洗涤:检漏之后将容量瓶洗涤干净,容量瓶洗涤程序与滴定管相同,如需用洗液洗涤,则小容量瓶可装满洗液并浸泡一定时间,大容量瓶不必装满。

c. 配制溶液:先将准确称量好的固体溶质放在烧杯中,用少量溶剂溶解,然后把溶液转移到容量瓶中。为保证溶质全部转移到容量瓶中,要用溶剂多次洗涤烧杯,并把洗涤溶液全部转移到容量瓶中。转移时要用玻璃棒引流,方法是将玻璃棒一端靠在容量瓶颈内壁上,注意不要让玻璃棒其他部位触及容量瓶口,防止液体流到容量瓶外壁上。当容量瓶内加入的溶液或溶剂至液面离标线 1 cm 左右时,应改用干净滴管小心滴加溶剂,必须注意液体弯月面最低处要恰好与瓶颈上的刻度相切,观察时眼睛位置也应与液面和刻度在同一水平面上,否则会导致测量体积不准确。若所加溶剂超过刻度线,则须重新配制。

d. 摇匀:定容之后必须将容量瓶内的溶液混合均匀,先盖紧瓶塞,然后将容量瓶倒转、振荡,立正后再次倒转、振荡,如此重复 15～20 次。摇匀、静置后,如果液面低于刻度线,则是因为容量瓶内少量溶液在瓶颈处润湿而损耗,并不影响所配制溶液的浓度,故不应向瓶内添加溶剂至标线,否则,将使所配制的溶液浓度降低。如图 4-15 所示。

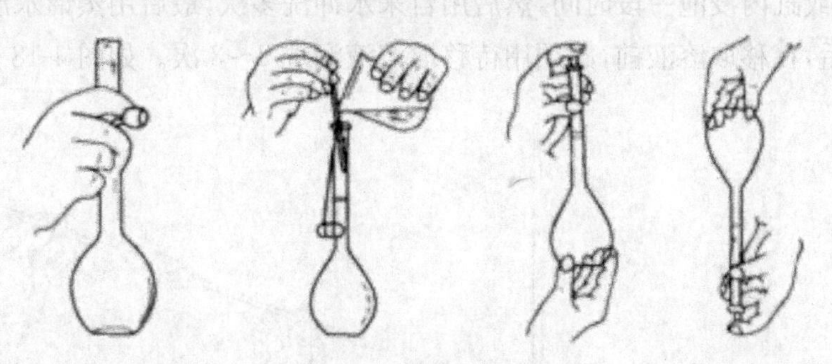

图 4-15　容量瓶的使用

③使用容量瓶的注意事项。

a. 容量瓶的容积是一定的,刻度不连续,所以,一种型号的容量瓶只能配制一定体积的溶液。在配制溶液前,先弄清楚需要配制的溶液的体积,然后选用合适的容量瓶。

b. 易溶解且不发热的物质可直接用漏斗将其倒入容量瓶中溶解,但大多数物质不能直接在容量瓶中溶解,需将溶质在烧杯中溶解后再定量转移到容量瓶中。

c. 用于洗涤烧杯的溶剂总量与第一次溶解溶质的溶剂量之和不能超过容量瓶的标线。

d. 容量瓶不能进行加热,如果溶质在溶解过程中放热,也要待溶液冷却后再进行转移,因为一般的容量瓶的体积是在 20 ℃时校定的,若将温度较高或较低的溶液注入容量瓶,容量瓶热胀冷缩,就会导致所配制的溶液体积不准确,其浓度也不准确。

e. 容量瓶只能用于配制溶液，不能储存溶液，因为溶液可能会对瓶体进行腐蚀，使容量瓶的精度受到影响。配制好的溶液应及时倒入试剂瓶中保存，试剂瓶应用待装的溶液润洗 2～3 次或烘干后使用。

f. 用完容量瓶后应及时将其洗涤干净，塞上瓶塞，并在塞子与瓶口之间夹一纸条，防止久置后瓶塞与瓶口粘连。

(3)移液管。移液管又称吸量管，是精密转移一定体积溶液的量器。

①移液管的形状与规格。移液管通常有两种形状。一种是中部呈圆柱形，圆柱形以上及以下为较细的管颈，下部的管颈拉尖，上部的管颈刻有一环状刻度，一般称为腹式吸管。腹式吸管常用的规格有 1 mL、2 mL、5 mL、10 mL、20 mL、25 mL 和 50 mL 等，这种移液管只能量取规定的某一体积溶液。如图 4-16 所示。

还有一种移液管是直形的，一端拉尖，管上标有很多刻度，又称为刻度吸管，常用的规格有1 mL、2 mL、5 mL、10 mL 和 20 mL 等，这种移液管可以量取刻度范围内的任意体积溶液。如图 4-17 所示。

②移液管的使用方法。

a. 洗涤：移液管的洗涤程序与滴定管相同，如果移液管不洁净，可用铬酸洗液润洗，先用洗耳球将洗液吸入移液管 1/3～1/2 处，然后平握移液管，不断转动，直到洗液浸润全部内壁，然后将洗液放回原洗液瓶；如不能洗净，则把移液管放入装有洗液(或温热洗液)的玻璃槽或缸内浸泡一段时间，然后用自来水冲洗多次，最后用蒸馏水润洗 2～3 次。移液管洗净后，在移取溶液前，必须用待移取溶液润洗 2～3 次。如图 4-18 所示。

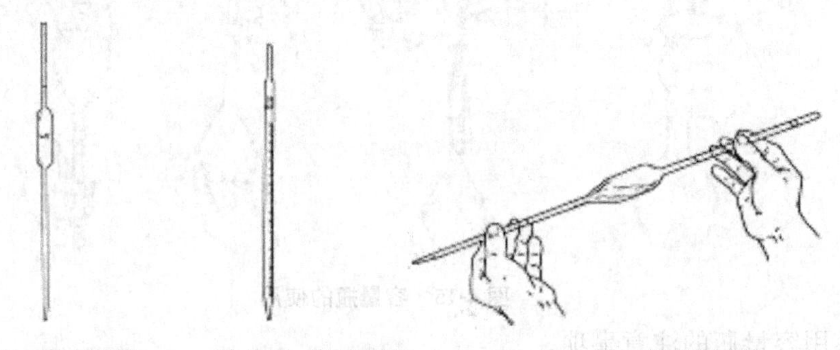

图 4-16　腹式吸管　　图 4-17　刻度吸管　　图 4-18　润洗移液管

b. 移液：先用滤纸条擦拭移液管外壁，右手拇指及中指捏住管颈标线以上的地方，将移液管插入待移溶液液面下 1～2 cm(视待移溶液的体积而定)，然后左手拿橡皮吸球(一般用 60 mL 洗耳球)将球内气体挤出，再轻轻将溶液吸出，眼睛注视正在上升的液面位置，移液管应随容器内液面下降而下降。当液面上升到刻度标线以上 1～2 cm 时，迅速用右手食指堵住管口，取出移液管，用滤纸条将移液管下端外壁擦干，将移液管移至洁净小烧杯上方，并与地面垂直，稍微松开右手食指，使液面缓缓下降，此时视线应平视标线，直到液体弯月面与标线相切，然后立即按紧食指，使液体不再流出，并将移液管出口尖端接触洁净小烧杯内壁，以碰去尖端外残留溶液。

c. 放液：将移液管迅速移入待接受溶液的容器中，移液管直立，使其出口尖端接触器壁，将接受溶液的容器微倾斜，然后放松右手食指，使溶液顺壁流下。待溶液流出后，一般仍将移液管尖紧靠容器内壁 15 s，此时移液管尖端仍残留一滴溶液，不可吹出；如果移液管上标有“吹”字，则应将管内剩余的一滴溶液吹出。如图 4-19 所示。

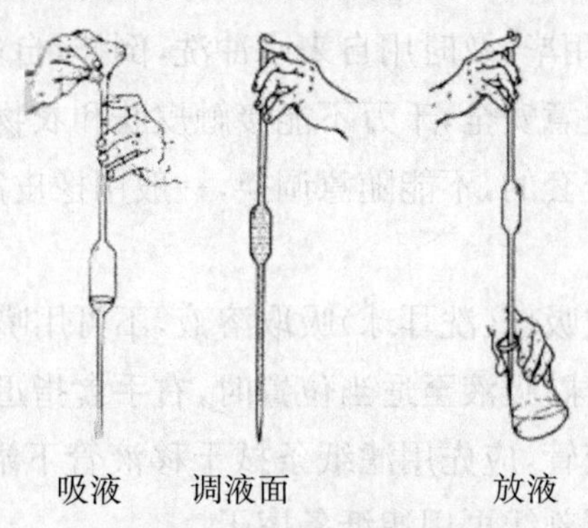

图 4-19　移液管转移溶液

③使用移液管的注意事项。

a. 移液管必须用洗耳球吸取溶液，不可用嘴吸取。

b. 需精密量取 5 mL、10 mL、20 mL、25 mL 和 50 mL 等整数体积的溶液，应选用相应大小的移液管，不能用两个或多个移液管分取相加的方法来量取整数体积的溶液。

c. 将移液管插入待移溶液中，不能太深，也不能太浅，太深会使管外黏附过多溶液，太浅往往会产生空吸。

2. 滴定管的基本操作练习(用自来水代替试剂)

(1)酸式滴定管使用操作练习。

①滴定管使用练习。分别进行酸式滴定管的检漏、洗涤、装液、排气泡、读数练习。

②滴定速度练习。调整“0”刻度后，将溶液放入锥形瓶中，练习三种放液速度：连续成滴、只放一滴、只放半滴。

(2)碱式滴定管使用操作练习。

①滴定管使用练习。分别进行碱式滴定管的检漏、洗涤、装液、排气泡、读数练习。

②滴定速度练习。调整“0”刻度后，将溶液放入锥形瓶中，练习三种放液速度：连续成滴、只放一滴、只放半滴。

3. 容量瓶的基本操作练习

检漏→转移溶液(以水代替)→润洗烧杯→再次转移溶液→调液面(定容)→摇匀。

4. 移液管的基本操作练习

20 mL 移液管：待装溶液润洗(以容量瓶中的水代替)→吸液→调液面→放液至锥形瓶。

10 mL 刻度吸管：待装溶液润洗（以容量瓶中的水代替）→吸液→调液面→放液至锥形瓶（可以每次均取 1 mL 溶液至锥形瓶，练习控制放液量）。

【注意事项】

1. 滴定管、容量瓶、移液管均不能用非专用毛刷或其他粗糙物品擦洗内壁，以免造成内壁划痕、容量不准。每次用毕，及时用自来水冲洗，倒挂，自然沥干。

2. 使用铬酸洗液时应注意安全，千万不能接触皮肤和衣物。

3. 容量瓶的磨口塞是配套的，不能随意调换，一般用橡皮筋或细绳把它系在瓶颈上，以防拿错或摔破。

4. 移液管一定要用橡皮吸球（洗耳球）吸取溶液，不可用嘴吸取；使用移液管时，一般右手拿移液管，左手拿洗耳球；吸液至适当位置时，右手食指迅速堵住管口，而不是拇指。

5. 吸取溶液后取出移液管，应先用滤纸条拭干移液管下端外壁，再将移液管内溶液放至“0”刻线，而不是先放至刻线再用滤纸条擦干。

6. 为得到准确的体积，使用移液管时要注意液面的调节，可微松食指使液面缓缓下降，这样能更好地控制液面；眼睛视线与液面在一水平线上，液面最低点与刻度线相切；溶液自然流出后，移液管尖应接触待装容器内壁 15 s。

【思考】

1. 如果酸式滴定管出现凡士林堵塞管口现象，应如何处理？

2. 碱式滴定管漏液应如何处理？

基础实训 5 滴定终点练习

【目的】

1. 学会滴定分析的基本操作。

2. 学会使用甲基橙和酚酞指示剂判断滴定终点。

【原理】

滴定分析是将一种已知准确浓度的标准溶液，滴加到被测物质的溶液中，直到定量反应完全为止，再根据滴加的标准溶液的浓度和体积，计算出被测物质含量的方法。滴定分析的化学反应式为：

$$NaOH + HCl = NaCl + H_2O$$

【仪器与试剂】

1. 仪器

酸式滴定管(50 mL)、碱式滴定管(50 mL)、腹式吸管(25 mL)、刻度吸管(10 mL)、容量瓶(250 mL)、锥形瓶(250 mL)、洗耳球、烧杯、洗瓶、滴管、玻璃棒。

2. 试剂

0.1 mol/L 氢氧化钠滴定液、0.1 mol/L 盐酸滴定液、甲基橙指示剂、酚酞指示剂。

【内容与步骤】

1. 以酚酞为指示剂,用 0.1 mol/L 氢氧化钠滴定液滴定盐酸溶液

用 0.1 mol/L 氢氧化钠滴定液润洗碱式滴定管,再装液至超过"0"标线,赶去气泡,调好零点。用移液管移取 20.00 mL 待测盐酸溶液于洗净的 250 mL 锥形瓶中,加入 2 滴酚酞指示剂[变色区域 pH 为 8.0(无色)~10.0(红色)],用 0.1 mol/L 氢氧化钠滴定液滴定至被测溶液由无色变为浅粉红色,且 30 s 内不褪色,即为终点。记录消耗的氢氧化钠滴定液体积,读数至 0.01 mL。注意接近终点时,氢氧化钠滴定液应逐滴或半滴加入,锥形瓶内壁上的氢氧化钠滴定液可用洗瓶中的纯化水冲洗下去。平行测定 3 次,计算盐酸溶液的浓度。

2. 以甲基橙为指示剂,用 0.1 mol/L 盐酸滴定液滴定氢氧化钠溶液

用 0.1 mol/L 盐酸滴定液润洗酸式滴定管,再装液至超过"0"标线,赶去气泡,调好零点。用移液管移取 20.00 mL 待测氢氧化钠溶液于洗净的 250 mL 锥形瓶中,加入 1 滴甲基橙指示剂[变色区域 pH 为 3.1(红色)~4.4(黄色)],用 0.1 mol/L 盐酸滴定液滴定至橙色,记录消耗的盐酸滴定液的体积。平行测定 3 次,计算氢氧化钠溶液的浓度。

【注意事项】

1. 用滴定管装滴定液时,直接将滴定液从试剂瓶倒入滴定管内,不能经过其他容器转入,以免污染滴定液或影响滴定液的浓度。

2. 每次滴定完毕,必须等 1~2 min,待内壁上的溶液完全流下时再读数,每次滴定的初读数和末读数必须由同一人读取,以减少误差。

3. 平行样测定应使用滴定管的同一段,以减小仪器误差。

【数据记录与处理】

1. 用 0.1 mol/L 氢氧化钠滴定液滴定盐酸溶液,计算盐酸浓度。

(1)数据记录如下:

年 月 日

项目	1	2	3
被测溶液 HCl 体积(mL)	20.00	20.00	20.00
NaOH 滴定液用量(mL)	$V_{终}$	$V_{终}$	$V_{终}$
	$V_{初}$	$V_{初}$	$V_{初}$
	$V_{消}$	$V_{消}$	$V_{消}$
HCl 溶液浓度 c(mol/L)			
HCl 溶液浓度的平均值 $\bar{c}$ (mol/L)			
相对平均偏差 $R\bar{d}$			

(2)数据处理：已知 c_{NaOH}，根据 $c_{HCl}=\frac{c_{NaOH}\cdot V_{NaOH}}{V_{HCl}}$，求 $R\bar{d}$。

2. 用 0.1 mol/L 盐酸滴定液滴定氢氧化钠溶液，计算氢氧化钠浓度。

(1)数据记录如下：

年 月 日

项目	1	2	3
被测 NaOH 溶液体积(mL)	20.00	20.00	20.00
HCl 滴定液用量 V(mL)	$V_{终}$	$V_{终}$	$V_{终}$
	$V_{初}$	$V_{初}$	$V_{初}$
	$V_{消}$	$V_{消}$	$V_{消}$
NaOH 溶液浓度 c(mol/L)			
NaOH 溶液浓度的平均值 $\bar{c}$ (mol/L)			
相对平均偏差 $R\bar{d}$			

(2)数据处理：已知 c_{HCl}，根据 $c_{NaOH}=\frac{c_{HCl}\cdot V_{HCl}}{V_{NaOH}}$，求 $R\bar{d}$。

【思考】

1. 在滴定开始前和停止后，滴定管尖端外留有的液体应如何处理？

2. 若用碱液滴定酸液，以甲基橙为指示剂，则滴定终点应如何确定？

3. 若不采用滴定管的同一段进行平行样测定，则对准确度与精密度是否有影响？为什么？

基础实训 6　盐酸滴定液的配制与标定

【目的】

1. 熟练掌握盐酸滴定液的配制和标定方法。
2. 进一步熟悉滴定管、移液管、容量瓶等滴定仪器的使用。
3. 学会用甲基橙指示剂确定滴定终点，并对实训结果进行评价。

【原理】

盐酸溶液是酸碱滴定法中常用的滴定液。由于市售浓盐酸具有挥发性，不符合基准物质的要求，因此，常采用间接法配制。标定盐酸溶液常用的基准物质是无水 Na_2CO_3。由于 Na_2CO_3 易吸收空气中的 CO_2 并生成 $NaHCO_3$，对测定产生影响，因此，在标定之前必须将 Na_2CO_3 置于 270～300 ℃的烘箱中加热，使 $NaHCO_3$ 分解释放出 CO_2，再冷却称量。Na_2CO_3 可以看作二元弱碱，其两级解离平衡常数均大于或近似等于 10^{-8}，因此，可用盐酸滴定液直接滴定，反应的化学反应方程式为：

$$Na_2CO_3 + 2HCl = 2NaCl + CO_2\uparrow + H_2O$$

当达到第二个化学计量点时，溶液为 H_2CO_3 饱和溶液，呈弱酸性，pH 等于 3.89，可选择酸性区域内变色的甲基橙作指示剂。

【仪器与试剂】

1. 仪器

电子天平、烧杯（500 mL）、量筒（10 mL、50 mL）、玻璃棒、称量瓶、酸式滴定管（50 mL）、锥形瓶（250 mL）、试剂瓶（500 mL）等。

2. 试剂

市售浓盐酸、基准无水 Na_2CO_3、甲基橙指示剂。

【步骤与内容】

1. 0.1 mol/L HCl 滴定液的配制

（1）计算。计算配制 500 mL 0.1 mol/L HCl 溶液需要的市售浓盐酸的体积。

（2）配制。用小量筒量取所需体积的浓盐酸至 500 mL 烧杯中，加蒸馏水稀释至 500 mL，搅拌均匀后倒入 500 mL 试剂瓶中，贴上标签，备用。

2. 0. 1 mol/L HCl 滴定液的标定

在电子天平上，用减量法精密称取在 270～300 ℃烘箱中干燥至恒重的基准无水 Na_2CO_3，每份称取 0. 11～0. 14 g，共 3 份，分别置于 3 个已编号的锥形瓶中，加 30 mL 蒸馏水溶解，加甲基橙 2 滴，用待标定的 HCl 溶液滴定至溶液由黄色变为橙色，即为滴定终点。记录所需的 HCl 滴定液的体积。平行测定 3 次，并做空白试验。

【注意事项】

1. 使用无水 Na_2CO_3 作为基准物质标定盐酸滴定液前，必须置于 270～300 ℃烘箱中干燥至恒重，再放置在干燥器中保存。

2. 由于 Na_2CO_3 经高温烘烤后，易吸收空气中的水分，因此，称量时动作要快，称量后要盖紧瓶盖，以防吸潮。

3. 滴定过程中要用力摇晃锥形瓶，以释放产生的 CO_2。

【数据记录与处理】

1. 数据记录

年　　月　　日

项目	1	2	3
基准 Na_2CO_3 的质量 m(g)			
HCl 滴定液的体积 V(mL)	$V_{初}$	$V_{初}$	$V_{初}$
	$V_{终}$	$V_{终}$	$V_{终}$
	$V_{消}$	$V_{消}$	$V_{消}$
蒸馏水体积 V(mL)	30.00	30.00	30.00
HCl 滴定液的体积 $V_{空白}$(mL)	$V_{初}$	$V_{初}$	$V_{初}$
	$V_{终}$	$V_{终}$	$V_{终}$
	$V_{消}$	$V_{消}$	$V_{消}$
$\bar{V}_{空白}$ (mL)			
HCl 滴定液的浓度 c(mol/L)			
HCl 滴定液的平均浓度 $\bar{c}$(mol/L)			
相对平均偏差 $R\bar{d}$			

2. 数据处理

根据 $c_{HCl}=\frac{2\times m_{Na_2CO_3}}{M_{Na_2CO_3}\times(V_{HCl}-V_{空白})}$ ($M_{Na_2CO_3}=105.99$ g/mol)，求 $R\bar{d}$。

【思考】

1. 应选用什么量器量取浓盐酸和水的体积？为什么？

2. 如何计算称取基准物质无水 Na_2CO_3 的质量？

基础实训 7　食醋总酸量的测定

【目的】

1. 熟悉强碱滴定弱酸在分析工作中的应用。

2. 熟练掌握用酸碱滴定法测定食醋中酸含量的方法及操作技术。

3. 熟练掌握刻度吸管的使用方法和酚酞指示剂的应用。

【原理】

由于 HAc 溶液的 $c_a \cdot Ka > 10^{-8}$，可以用 NaOH 滴定液直接测定食醋中 HAc 的含量。食醋中含有 0.03～0.05 g/mL 醋酸，还有少量的乳酸等有机酸。这些酸的 $c_a \cdot Ka > 10^{-8}$，可利用酸碱滴定法直接测定食醋中酸的总含量(以含量较多的 HAc 表示)。

【仪器与试剂】

1. 仪器

滴定管(50 mL)、烧杯、量筒、锥形瓶(250 mL)、刻度吸管(2 mL)、洗耳球、洗瓶。

2. 试剂

NaOH 滴定液、食醋(白醋)、酚酞指示剂。

【内容与步骤】

1. 用量筒量取 30 mL 纯化水，倒入 250 mL 锥形瓶中，用刻度吸管吸取食醋 1.00 mL，另加入酚酞指示剂 2 滴。

2. 将 NaOH 滴定液装入滴定管中(事先用碱滴定液润洗 2～3 次)，调节最初液面在 0.00 mL 处。

3. 往锥形瓶内滴加 NaOH 滴定液，边加边摇动锥形瓶，直至溶液从无色变到浅红色，且 30 s 内不褪色，即为终点。停止滴定，记录滴定液体积。

4. 平行测定 3 次，所消耗的 NaOH 滴定液体积相差不能超过 0.04 mL。

【注意事项】

1. 为了减小仪器误差，最好使用同一刻度吸管移取3份食醋溶液。

2. 因醋酸具有挥发性，应取一份测定一份。

3. 为了减小醋酸挥发，取样品前应在锥形瓶中加入大量的水稀释醋酸，同时也稀释食醋的颜色，便于观察终点。

【数据记录与处理】

1. 数据记录

年 月 日

项目	1	2	3
食醋的体积 V(mL)	1.00	1.00	1.00
NaOH滴定液的体积 V(mL)	$V_{终}$	$V_{终}$	$V_{终}$
	$V_{初}$	$V_{初}$	$V_{初}$
	$V_{消}$	$V_{消}$	$V_{消}$
食醋中醋酸的质量浓度 ρ(g/L)			
平均质量浓度 $\bar{\rho}$(g/L)			
相对平均偏差 $R\bar{d}$			

2. 数据处理

根据 $\rho_{HAc}=\dfrac{(c_{NaOH}\times V_{NaOH})\times M_{HAc}\times 10^{-3}}{1.00\times 10^{-3}}$，求 $R\bar{d}$。

【思考】

1. 用2 mL刻度吸管移取1 mL样品溶液时，为减小平行测定中的测量误差，应如何操作？

2. 在取食醋之前是否需要用所取食醋润洗刻度吸管？锥形瓶是否也需要用食醋润洗？为什么？

3. 在实训中为什么选用白醋？若用陈醋，则滴定前应做何处理？

4. 在滴定中，滴定管产生的气泡是否需要排除，如果需要，应如何排除？

基础实训 8　$AgNO_3$滴定液的制备

【目的】

1. 熟练掌握硝酸银滴定液的配制与标定方法。
2. 掌握铬酸钾指示剂的使用方法。
3. 熟悉铬酸钾指示剂法的测定条件。

【原理】

称取一定质量的分析纯 $AgNO_3$ 晶体，先配制成近似浓度的溶液，再用基准 NaCl（经 110 ℃干燥至恒重）标定，使用铬酸钾指示剂指示终点。化学反应式为：

终点前：$Ag^+ + Cl^- \rightleftharpoons AgCl \downarrow$（白色）

终点时：$2Ag^+ + CrO_4^{2-} \rightleftharpoons Ag_2CrO_4 \downarrow$（砖红色）

【仪器与试剂】

1. 仪器

托盘天平、电子天平、称量瓶、棕色试剂瓶（500 mL）、烧杯（250 mL）、量筒（500 mL）、锥形瓶（250 mL）、酸式滴定管（50 mL、棕色）。

2. 试剂

$AgNO_3$（AR）、基准物质 NaCl、5％铬酸钾指示剂。

【内容与步骤】

（1）$AgNO_3$滴定液的配制。在托盘天平上称取分析纯 $AgNO_3$ 晶体 9 g，置于 250 mL 烧杯中，加纯化水 100 mL，搅拌溶解后定量转移到 500 mL 量筒中，加纯化水稀释至 500 mL，搅拌均匀后转入棕色试剂瓶中，密封保存。

（2）$AgNO_3$滴定液的标定。精密称取基准 NaCl（经 110 ℃干燥至恒重）3 份，每份 0.11～0.14 g，分别置于 3 个已编号的 250 mL 锥形瓶中，再分别加入纯化水 50 mL 使其溶解，然后加入 1～2 mL 铬酸钾指示剂，用待标定的 $AgNO_3$溶液滴定至溶液中出现红色沉淀时停止滴定，记录所消耗的 $AgNO_3$溶液体积。平行测定 3 次，并进行空白试验。

【注意事项】

1. 滴定前认真检查酸式滴定管是否漏水，以免滴定时渗漏而污染实验台面。

2. 凡是实验中盛装 $AgNO_3$ 溶液的仪器均应先用纯化水淋洗，再用自来水洗涤，以免形成 AgCl 沉淀。

3. $AgNO_3$ 遇光照射能分解析出金属银而使沉淀颜色变成灰黑色，影响滴定终点的判断，因此，滴定时应避免强光直射。$AgNO_3$ 滴定液应置于棕色瓶中保存。

4. 实验完毕，将滴定管中未用完的 $AgNO_3$ 及锥形瓶中 AgCl 沉淀倒入回收瓶中贮存，不能倒入水槽中。

【数据记录与处理】

1. 数据记录

年　月　日

项目	1	2	3
(NaCl＋称量瓶)倾倒前的质量 m_1(g)			
(NaCl＋称量瓶)倾倒后的质量 m_2(g)			
称取基准 NaCl 的质量 m(g)			
$AgNO_3$ 滴定液的体积 V_{AgNO_3}(mL)	$V_{终}$	$V_{终}$	$V_{终}$
	$V_{初}$	$V_{初}$	$V_{初}$
	$V_{消}$	$V_{消}$	$V_{消}$
蒸馏水体积 V(mL)	50.00	50.00	50.00
$AgNO_3$ 滴定液的体积 $V_{空白}$(mL)	$V_{终}$	$V_{终}$	$V_{终}$
	$V_{初}$	$V_{初}$	$V_{初}$
	$V_{消}$	$V_{消}$	$V_{消}$
$\bar{V}_{空白}$ (mL)			
$AgNO_3$ 溶液浓度 c_{AgNO_3}(mol/L)			
$AgNO_3$ 溶液浓度的平均值 $\bar{c}$(mol/L)			
相对平均偏差 Rd			

2. 数据处理

已知 $M_{NaCl}=58.44$ g/mol，根据 $c_{AgNO_3}=\dfrac{m_{NaCl}}{(V_{AgNO_3}-\bar{V}_{空白})\times M_{NaCl}}\times 10^3$，求 $\overline{Rd}$。

【思考】

1. 滴定时为什么要避光？

2. 实验完毕后为什么不能直接用自来水洗涤盛装溶液的仪器？

基础实训 9　食盐中氯化钠含量的测定

【目的】

1. 掌握铬酸钾指示剂法测定食盐中氯化钠含量的原理及方法。
2. 掌握用铬酸钾指示剂法进行沉淀滴定的条件。
3. 进一步熟悉沉淀滴定分析操作。

【原理】

在中性或弱碱性(pH 为 6.5～10.5)溶液中以 K_2CrO_4 为指示剂，以 $AgNO_3$ 为滴定液，可以直接测定溶液中的 Cl^-、Br^- 的含量。在滴定过程中，随着 $AgNO_3$ 滴定液的不断加入，首先析出 AgCl 白色沉淀，到化学计量点附近时，溶液中的 Cl^- 浓度急剧下降，Ag^+ 浓度快速增加，直至 $[Ag^+]^2[CrO_4^{2-}]>K_{sp(Ag_2CrO_4)}$，生成砖红色的 Ag_2CrO_4 沉淀，指示滴定终点。化学反应式如下：

终点前：$Ag^+ + Cl^- \rightleftharpoons AgCl\downarrow$(白色)

终点时：$2Ag^+ + CrO_4^{2-} \rightleftharpoons Ag_2CrO_4\downarrow$(砖红色)

【仪器与试剂】

1. 仪器

酸式滴定管(50 mL)、锥形瓶(250 mL)、移液管(25 mL)、分析天平、托盘天平、容量瓶(100 mL)、烧杯(100 mL)、称量瓶、玻璃棒。

2. 试剂

$AgNO_3$ 滴定液、食盐、5% K_2CrO_4 指示剂。

【内容与步骤】

(1)食盐样品溶液的配制。在电子天平上精密称取食盐样品 0.30～0.35 g，置于 100 mL 烧杯中，用适量的纯化水溶解，然后定量转移到 100 mL 容量瓶中，再用适量纯化水洗涤烧杯、玻璃棒 3 次，转移至容量瓶中，最后加纯化水定容至刻度线，摇匀，备用。

(2)NaCl 含量的测定。用移液管准确移取 25.00 mL 溶液于 250 mL 锥形瓶中，加 5% K_2CrO_4 指示剂 1 mL。在不断振荡下用 $AgNO_3$ 滴定液滴定，至溶液生成浅红色沉淀，且半分钟不褪色，即达到终点。平行测定 3 次，同时用纯化水代替食盐溶液做空白试验。

【注意事项】

1. 滴定反应在 pH 为 6.5～10.5 条件下进行。酸性条件下会生成橙色的 $Cr_2O_7^{2-}$，碱性条件下会生成深褐色的 Ag_2O 沉淀，影响终点的判断。

2. 滴定时应充分振荡，使 AgCl 吸附的 Cl^- 全部释放出来，避免终点提前。

3. 实验结束后，未用完的 $AgNO_3$ 滴定液和 AgCl 沉淀应倒入回收瓶中贮存。

【数据记录与处理】

1. 数据记录

年　月　日

项目	1	2	3
初重(NaCl＋称量瓶)(g)			
末重(NaCl＋称量瓶)(g)			
NaCl 的质量 m(g)			
$AgNO_3$ 滴定液的体积 V_{AgNO_3}(mL)	$V_初$	$V_初$	$V_初$
	$V_终$	$V_终$	$V_终$
	$V_消$	$V_消$	$V_消$
蒸馏水体积 V(mL)	25.00	25.00	25.00
$AgNO_3$ 滴定液 $V_{空白}$(mL)	$V_初$	$V_初$	$V_初$
	$V_终$	$V_终$	$V_终$
	$V_消$	$V_消$	$V_消$
$\overline{V}_{空白}$ (mL)			
NaCl 的含量(%)			
NaCl 的含量的平均值(%)			
相对平均偏差 $R\overline{d}$			

2. 数据处理

根据 $NaCl\% = \frac{c_{AgNO_3} \times (V_{AgNO_3} - \overline{V}_{空白}) \times 10^{-3} \times M_{NaCl}}{m_{试样}} \times 100\%$ ($M_{NaCl} = 58.44$ g/mol)，求 $R\overline{d}$。

【思考】

1. 还可使用哪种沉淀滴定方法测定食盐中的 NaCl 含量？其测定的条件是什么？

2. 为何铬酸钾指示剂法要求溶液为中性或弱碱性？应如何调节？

3. $AgNO_3$ 滴定液要现配现用，若要存放，则应如何保存？为什么？

基础实训 10　EDTA 滴定液的配制与标定

【目的】

1. 掌握 EDTA 滴定液的配制与标定方法。

2. 熟悉金属指示剂的变色原理及确定终点的方法。

3. 学会控制配位滴定的条件。

【原理】

由于 EDTA 在水中溶解度小，因此，常用其二钠盐配制滴定液。标定 EDTA 滴定液的基准物质有很多，如 Zn、Cu、$CaCO_3$、ZnO 和 $MgSO_4$ 等。常用 ZnO 作基准物质，以铬黑 T 为指示剂。标定 EDTA 滴定液的反应原理如下：

终点前：$EBT + Zn^{2+} \rightleftharpoons EBT\text{-}Zn$（紫红色）

$EDTA + Zn^{2+} \rightleftharpoons EDTA\text{-}Zn$（无色）

终点时：$EBT\text{-}Zn$（紫红色）$+ EDTA \rightleftharpoons EDTA\text{-}Zn + EBT$（蓝色）

【仪器与试剂】

1. 仪器

托盘天平、电子天平、称量瓶、烧杯、锥形瓶（250 mL）、酸式滴定管、玻璃棒、量筒（10 mL、100 mL）、试剂瓶（500 mL）、电炉、标签。

2. 试剂

乙二胺四乙酸二钠盐（AR）、ZnO（基准）、铬黑 T 指示剂、稀盐酸溶液、0.025%甲基红乙醇溶液、氨试液、$NH_3 \cdot H_2O\text{-}NH_4Cl$ 缓冲液（pH=10）。

【内容与步骤】

（1）0.05 mol/L EDTA 滴定液的配制。用托盘天平称取 EDTA 9.5 g，置于 500 mL 烧杯中，加纯化水 300 mL，加热搅拌使之溶解，冷却至室温后稀释至 500 mL，摇匀，移入试剂瓶中，贴好标签，待标定。

（2）0.05 mol/L EDTA 滴定液的标定。在电子天平上，用减重称量法精密称取在 800 ℃灼烧至恒重的基准 ZnO 0.11～0.14 g，置于锥形瓶中，加稀盐酸使其溶解，加纯化水 25 mL、甲基红乙醇溶液 1 滴，滴加氨试液至溶液呈微黄色，再加纯化水 25 mL、$NH_3 \cdot H_2O$-NH_4Cl缓冲液（pH=10）10 mL、铬黑 T 指示剂少许，用待标定的 EDTA 滴定液滴定至溶液由紫红色变为纯蓝色，记录所消耗的 EDTA 滴定液的体积。平行测定 3 次，同时做空白试验。

【注意事项】

1. EDTA 在冷水中溶解较慢，因此，需要加热溶解，放冷后稀释至刻度。

2. 长期贮存 EDTA 滴定液应选用聚乙烯塑料瓶，以免 EDTA 与玻璃中的金属离子发生配位反应。

3. 铬黑 T 指示剂配制好后，应置于干燥器内保存，注意防潮。

4. ZnO 加稀盐酸后，须使其全部溶解后才能加水稀释，否则溶液会变浑浊。

5. 甲基红乙醇溶液只需加 1 滴，若多加，则会使溶液在滴加氨试液后呈较深的黄色，影响滴定终点的观察。

【数据记录与处理】

1. 数据记录

年　月　日

项目	1	2	3
基准 ZnO 的质量 m(g)			
EDTA 滴定液的体积 V_{EDTA}(mL)	$V_{终}$	$V_{终}$	$V_{终}$
	$V_{初}$	$V_{初}$	$V_{初}$
	$V_{消}$	$V_{消}$	$V_{消}$
蒸馏水体积 V(mL)	25.00	25.00	25.00
EDTA 滴定液的体积 $V_{空白}$(mL)	$V_{终}$	$V_{终}$	$V_{终}$
	$V_{初}$	$V_{初}$	$V_{初}$
	$V_{消}$	$V_{消}$	$V_{消}$
$\bar{V}_{空白}$ (mL)			
EDTA 溶液浓度 c_{EDTA}(mol/L)			
EDTA 溶液浓度的平均值 $\bar{c}$ (mol/L)			
相对平均偏差 $R\bar{d}$			

2. 数据处理

根据 $c_{EDTA} = \dfrac{m_{ZnO}}{(V_{EDTA} - \bar{V}_{空白}) \times M_{ZnO}} \times 10^3$ （M_{ZnO}=81.38 g/mol），求 $R\bar{d}$。

【思考】

1. 分别用什么量具量取纯化水、稀盐酸、$NH_3 \cdot H_2O$-NH_4Cl 缓冲液？为什么？
2. 标定中加入甲基红乙醇溶液和氨试液的目的是什么？

基础实训 11　自来水总硬度的测定

【目的】

1. 熟练掌握配位滴定法测定水的硬度的原理和操作技术。
2. 掌握计算水的硬度的方法。
3. 学会用铬黑 T 确定终点的方法。

【原理】

水的硬度指溶于水中的钙、镁离子总量，由暂时硬度（Ca^{2+} 和 Mg^{2+} 的酸式碳酸盐形成的硬度，加热后可分解，并形成沉淀）和永久硬度（Ca^{2+} 和 Mg^{2+} 的其他盐类形成的硬度，加热后不分解）构成。日常用水均为硬水，水的硬度是判断水质的一项重要指标，通常用每升水中钙、镁离子总量折算成的 $CaCO_3$ 的毫克数表示。

一般在 pH＝10 的条件下进行，使用铬黑 T(EBT)作指示剂，用 EDTA 直接滴定水中的 Ca^{2+} 和 Mg^{2+}。滴定前，水样中的 Ca^{2+} 和 Mg^{2+} 都会与铬黑 T 形成酒红色配合物；滴定开始后，EDTA 与水样中的 Ca^{2+} 和 Mg^{2+} 反应生成无色的 CaY 和 MgY，因此，滴定过程中溶液的颜色不变，呈酒红色。由于 Mg-EBT 较 Ca-EBT 稳定，随着反应逐渐进行，溶液中的 Ca-EBT 逐渐转化为稳定的 Mg-EBT，化学计量点附近，溶液中的指示剂均以 Mg-EBT 形式存在。化学计量点后，稍过量的 EDTA 可以把 EBT 从 Mg-EBT 置换出来，此时溶液变为纯蓝色，指示滴定终点的到达。滴定过程反应如下：

滴定前：EBT（蓝色）$+Mg^{2+} \rightleftharpoons$ EBT-Mg（紫红色）

EBT（蓝色）$+Ca^{2+} \rightleftharpoons$ EBT-Ca（紫红色）

滴定时：EDTA（无色）$+Mg^{2+} \rightleftharpoons$ EBT-Mg（无色）

EDTA（无色）$+ Ca^{2+} \rightleftharpoons$ EBT-Ca（无色）

EBT-Ca$+Mg^{2+} \rightleftharpoons$ EBT-Mg$+Ca^{2+}$

终点时：EBT-Mg（紫红色）+ EDTA $\rightleftharpoons$ EDTA-Mg+ EBT（蓝色）

EBT-Ca（紫红色）+ EDTA $\rightleftharpoons$ EDTA-Ca + EBT（蓝色）

【仪器与试剂】

1. 仪器

量筒(10 mL)、容量瓶(250 mL)、滴定管(50 mL)、锥形瓶(250 mL)、移液管(25 mL)、洗耳球、玻璃棒、滴管、烧杯、洗瓶。

2. 试剂

0.050 mol/L EDTA 滴定液、水样、$NH_3 \cdot H_2O$-NH_4Cl 缓冲溶液(pH=10)、纯化水、1%铬黑 T 指示剂。

【内容与步骤】

用移液管精密吸取水样 100.00 mL,移入 250 mL 锥形瓶中,加 $NH_3 \cdot H_2O$-NH_4Cl 缓冲溶液 2 mL、1%铬黑 T 指示剂 5 滴,用 EDTA 滴定液滴定,溶液由酒红色变为纯蓝色且 30 s 内不变色,即为滴定终点。平行测定 3 次,同时做空白试验。

【注意事项】

1. 水样中的 Fe^{3+}、Al^{3+}、Cu^{2+}、Pb^{2+} 等金属离子会使指示剂产生封闭现象,因此,当水样中存在上述离子时,应提前用盐酸羟胺或硫化钠进行掩蔽。

2. 水样中加入缓冲溶液后,应立即滴定,以防止生成沉淀。

3. 临近终点时,反应速率较慢,因此,应缓慢加入 EDTA 滴定液。

【数据记录与处理】

1. 数据记录

年　月　日

项目	1	2	3
量取水样的体积 $V_{水样}$(mL)	100.00	100.00	100.00
EDTA 滴定液的体积 V(mL)	$V_{终}$	$V_{终}$	$V_{终}$
	$V_{初}$	$V_{初}$	$V_{初}$
	$V_{消}$	$V_{消}$	$V_{消}$
$\bar{V}_{EDTA}$(mL)			
蒸馏水体积的 V(mL)	100.00	100.00	100.00

续表

项目	1	2	3
EDTA 滴定液的体积 $V_{空白}$(mL)	$V_{终}$	$V_{终}$	$V_{终}$
	$V_{初}$	$V_{初}$	$V_{初}$
	$V_{消}$	$V_{消}$	$V_{消}$
$\bar{V}_{空白}$ (mL)			
水的总硬度(mg/L)			
水的平均硬度(mg/L)			
相对平均偏差 $R\bar{d}$			

2. 数据处理

根据 $m_{CaCO_3}(mg/L)=\dfrac{c_{EDTA}\times(\bar{V}_{EDTA}-\bar{V}_{空白})\times M_{CaCO_3}\times 10^3}{V_{水样}}$ $(M_{CaCO_3}=100.09\ g/mol)$，求 $R\bar{d}$。

【思考】

1. 若实验所用水样硬度以 CaO(10 mg/L)单位计算，则测定结果是多少？

2. 如果滴定过程中反应速率较慢，那么能否对溶液进行加热？

3. 假设本实验测定的水样为日常生活中的饮用水，取样时能否打开水管进行立即取样，为什么？应如何正确取样？

基础实训 12　高锰酸钾滴定液的制备

【目的】

1. 掌握 $KMnO_4$ 滴定液的配制和保存方法。

2. 熟练掌握用 $Na_2C_2O_4$ 作为基准物质标定 $KMnO_4$ 滴定液的方法。

3. 学会用自身指示剂确定终点的方法。

【原理】

标定 $KMnO_4$ 滴定液常用基准物质 $Na_2C_2O_4$，反应为：

$$2MnO_4^- + 5C_2O_4^{2-} + 16H^+ \rightleftharpoons 2Mn^{2+} + 10CO_2\uparrow + 8H_2O$$

开始滴定时反应速率比较慢，但反应产物 Mn^{2+} 对反应具有催化作用，所以，滴定反应呈现先慢后快的特点。若在滴定开始前加入几滴 $MnSO_4$ 溶液，则滴定开始的反应速率就会较快。

$KMnO_4$ 溶液可作自身指示剂。终点前 MnO_4^- 被还原成 Mn^{2+}，溶液呈无色，而稍过量的 $KMnO_4$ 使溶液呈浅红色，指示滴定到达终点。

【仪器与试剂】

1. 仪器

电子天平（分析天平）、酸式滴定管（50 mL）、锥形瓶（250 mL）、移液管（25 mL）、容量瓶（100 mL）、量筒（10 mL）、垂熔玻璃漏斗。

2. 试剂

$KMnO_4$（AR）、$Na_2C_2O_4$（基准物质）、H_2SO_4（AR）。

【内容与步骤】

（1）0.02 mol/L $KMnO_4$ 溶液的配制。称取 $KMnO_4$ 1.7 g，溶于 500 mL 新煮沸并放冷的纯化水中，置于棕色玻璃瓶中，于暗处放置 7～10 天；然后用垂熔玻璃漏斗过滤，存于另一棕色玻璃瓶中，贴上标签，备用。

（2）0.02 mol/L $KMnO_4$ 溶液的标定。精密称取于 105 ℃干燥至恒重的基准物质 $Na_2C_2O_4$ 0.48～0.53 g，用新煮沸并放冷的蒸馏水配成 100 mL 溶液。用移液管准确称取 25.00 mL $Na_2C_2O_4$ 溶液（3 份），置于锥形瓶中，加入 3 mol/L H_2SO_4 3 mL，摇匀。迅速从滴定管中加入 $KMnO_4$ 滴定液约 20 mL，待褪色后，调节温度为 65～75 ℃，趁热滴定溶液，溶液呈浅粉红色并保持 30 s 不褪色，即为终点，记录消耗 $KMnO_4$ 溶液的体积。平行测定 3 次，并做空白试验。

【注意事项】

1. 选择硫酸并控制合适的酸度，开始滴定时酸度为 0.5～1 mol/L。酸度过高时 $H_2C_2O_4$ 易分解，酸度过低时 $KMnO_4$ 被还原为 MnO_2。滴定终点时应控制溶液的酸度为 0.2～0.5 mol/L。

2. 溶液温度为 65～75 ℃时进行滴定。温度过高会使 $H_2C_2O_4$ 分解，温度过低则使反应速率变慢。

3. 滴定至化学计量点时，稍过量的 $KMnO_4$ 就可使溶液呈粉红色，若 30 s 不褪色，则可认为已到滴定终点。若时间过长，则 $KMnO_4$ 和空气中的还原性物质反应而使粉红色褪去。

【数据记录与处理】

1. 数据记录

年　　月　　日

项目	1	2	3
($Na_2C_2O_4$＋称量瓶)初重(g)			
($Na_2C_2O_4$＋称量瓶)末重(g)			
$Na_2C_2O_4$的质量(g)			
	$V_{初}$	$V_{初}$	$V_{初}$
$KMnO_4$用量 V(mL)	$V_{终}$	$V_{终}$	$V_{终}$
	$V_{消}$	$V_{消}$	$V_{消}$
蒸馏水体积 V(mL)	25.00	25.00	25.00
	$V_{终}$	$V_{终}$	$V_{终}$
$KMnO_4$滴定液的体积 $V_{空白}$ (mL)	$V_{初}$	$V_{初}$	$V_{初}$
	$V_{消}$	$V_{消}$	$V_{消}$
$\bar{V}_{空白}$ (mL)			
$KMnO_4$的浓度 c(mol/L)			
$KMnO_4$的浓度平均值 (mol/L)			
相对平均偏差 $R\bar{d}$			

2. 数据处理

根据 $c_{KMnO_4}=\dfrac{2\times m_{Na_2C_2O_4}}{5\times M_{Na_2C_2O_4}\times(V_{KMnO_4}-\bar{V}_{空白})\times10^{-3}}$ ($M_{Na_2C_2O_4}=134.00$ g/mol)，求 $R\bar{d}$ 。

【思考】

1. 用 $Na_2C_2O_4$标定 $KMnO_4$滴定液时，能否使用盐酸溶液或硝酸酸化溶液？

2. 过滤 $KMnO_4$溶液时，能否使用滤纸过滤？为什么？

基础实训 13　双氧水含量的测定

【目的】

1. 掌握应用 $KMnO_4$ 法测定 H_2O_2 含量的方法。

2. 熟练掌握用 $KMnO_4$ 法测定 H_2O_2 滴定速率的控制方法。

3. 学会取用腐蚀性液体试剂的方法。

【原理】

H_2O_2 既有氧化性，又有还原性。在酸性溶液中，H_2O_2 可与 $KMnO_4$ 发生下列反应：

$$2MnO_4^- + 5H_2O_2 + 6H^+ \rightleftharpoons 2Mn^{2+} + 5O_2\uparrow + 8H_2O$$

【仪器与试剂】

1. 仪器

吸量管(1 mL)、移液管(25 mL)、容量瓶(250 mL)、锥形瓶(250 mL)、酸式滴定管(50 mL)。

2. 试剂

$KMnO_4$ 滴定液(0.02 mol/L)、3% H_2O_2 溶液、3 mol/L H_2SO_4 溶液。

【内容与步骤】

准确吸取 3% H_2O_2 1.00 mL，共 3 份，分别置于 3 个贮有 20 mL 蒸馏水的锥形瓶中，各加入 3 mol/L H_2SO_4 溶液 5 mL，摇匀，用 $KMnO_4$ 滴定液(0.02 mol/L)滴定至溶液显微红色并保持 30 s 内不褪色，即为终点，记录消耗 $KMnO_4$ 滴定液的体积。平行测定 3 次，并做空白试验。

【注意事项】

1. 滴定时控制溶液的酸度。酸度过低时 $KMnO_4$ 氧化能力不足，且容易被还原成 MnO_2，影响终点的判断。

2. 滴定时应控制滴定速度与滴定反应速率一致。开始时反应速率较慢，但由于反应产物 Mn^{2+} 对反应具有催化作用，因此，随着反应的进行，反应速率加快。但当接近终点时，溶液中的 H_2O_2 浓度很低，反应速率减慢。

【数据记录与处理】

1. 数据记录

年　月　日

项目	1	2	3
H_2O_2溶液体积 V(mL)			
$KMnO_4$用量 V(mL)	$V_{初}$	$V_{初}$	$V_{初}$
	$V_{终}$	$V_{终}$	$V_{终}$
	$V_{消}$	$V_{消}$	$V_{消}$
蒸馏水体积 V(mL)	25.00	25.00	25.00
$KMnO_4$滴定液的体积 $V_{空白}$(mL)	$V_{终}$	$V_{终}$	$V_{终}$
	$V_{初}$	$V_{初}$	$V_{初}$
	$V_{消}$	$V_{消}$	$V_{消}$
$\bar{V}_{空白}$ (mL)			
$KMnO_4$浓度 c(mol/L)			
H_2O_2含量(W/V)(g/mL)			
H_2O_2含量平均值(W/V)(g/mL)			
相对平均偏差 $R\bar{d}$			

2. 数据处理

根据 $\rho_{H_2O_2}(W/V)=\dfrac{\frac{5}{2}\times c_{KMnO_4}(V_{KMnO_4}-\bar{V}_{空白})\times 10^{-3}\times M_{H_2O_2}}{V_{H_2O_2}}(M_{H_2O_2}=34.01\ \text{g/mol})$，求 $R\bar{d}$。

【思考】

除了该方法外，还可以用哪种方法测定双氧水中 H_2O_2的含量？

能力拓展 2　氢氧化钠滴定液的制备

【目的】

1. 熟练掌握 0.1 mol/L NaOH 滴定液的配制和标定方法。

2. 熟练掌握 NaOH 滴定液浓度的计算方法。

3. 进一步练习碱式滴定管的使用和操作方法。

【原理】

市售 NaOH 纯度不高，易吸收空气中的 CO_2 而生成 Na_2CO_3，因此，不能用直接法配制 NaOH 滴定液，只能用间接法配制成近似浓度溶液，再用基准物质进行标定。

标定 NaOH 滴定液的基准物质有草酸（$H_2C_2O_4 \cdot 2H_2O$）、苯甲酸（$C_7H_6O_2$）、邻苯二甲酸氢钾（$KHC_8H_4O_4$）等。邻苯二甲酸氢钾易制得纯品，在空气中不吸水，容易保存，且摩尔质量较大，是一种很好的基准物质，常用来标定 NaOH 滴定液，标定的化学反应式为：

$$KHC_8H_4O_4 + NaOH = KNaC_8H_4O_4 + H_2O$$

化学计量点时，溶液呈弱碱性（pH＝9.20），因此，可选用酚酞作指示剂指示终点。

【仪器与试剂】

1. 仪器

电子天平、托盘天平、碱式滴定管（50 mL）、玻璃棒、量筒、试剂瓶（1000 mL）、锥形瓶（250 mL）、烧杯、称量瓶。

2. 试剂

固体 NaOH、基准物质 $KHC_8H_4O_4$、酚酞指示剂。

【内容与步骤】

（1）0.1 mol/L NaOH 滴定液的配制。为了排除 NaOH 中的杂质 Na_2CO_3，通常将 NaOH 配成饱和溶液（密度为 1.56 g/mL、质量分数为 0.52）。即用托盘天平称取 NaOH 约 120 g，倒入装有 100 mL 蒸馏水的烧杯中，搅拌使之溶解形成饱和溶液。然后贮于塑料瓶中，静置数日，澄清后备用。根据计算，取澄清的饱和 NaOH 溶液 2.8 mL，置于 500 mL 试剂瓶中，加新煮沸的冷却蒸馏水 500 mL，摇匀密闭，贴上标签，备用。

(2)0.1 mol/L NaOH 滴定液的标定。用减量法精密称取在 105～110 ℃烘箱中干燥至恒重的基准物质 $KHC_8H_4O_4$ 3 份，每份 0.48～0.55 g，分别置于已编号的锥形瓶中，各加蒸馏水 50 mL，使之完全溶解。然后加酚酞指示剂 2 滴，用待标定的 NaOH 滴定液滴定至溶液呈粉红色，且 30 s 内不褪色即可，记录消耗 NaOH 滴定液的体积。平行测定 3 次，并做空白试验。

【注意事项】

1. $KHC_8H_4O_4$ 的干燥温度不能过高，否则会脱水生成邻苯二甲酸酐。

2. 因为固体 NaOH 极易吸潮，所以，固体 NaOH 应放在小烧杯中称量，不能在称量纸上称量。

3. 碱式滴定管在装液前要用待装溶液润洗，读数前应排除气泡。

【数据记录与处理】

1. 数据记录

年　月　日

项目	1	2	3
$KHC_8H_4O_4$ 的质量 m(g)			
NaOH 滴定液的体积 V(mL)	$V_{初}$	$V_{终}$	$V_{终}$
	$V_{终}$	$V_{初}$	$V_{初}$
	$V_{消}$	$V_{消}$	$V_{消}$
蒸馏水体积 V(mL)	50.00	50.00	50.00
NaOH 滴定液的体积 $V_{空白}$(mL)	$V_{终}$	$V_{终}$	$V_{终}$
	$V_{初}$	$V_{初}$	$V_{初}$
	$V_{消}$	$V_{消}$	$V_{消}$
$\bar{V}_{空白}$ (mL)			
NaOH 滴定液的浓度(mol/L)			
NaOH 滴定液的平均浓度(mol/L)			
相对平均偏差 Rd			

2. 数据处理

根据 $c_{NaOH}=\dfrac{m_{KHC_8H_4O_4}}{(V_{NaOH}-\bar{V}_{空白})\times M_{KHC_8H_4O_4}}\times 10^3$ （$M_{KHC_8H_4O_4}=204.44$ g/mol），$R\bar{d}$ 。

【思考】

1. 如何计算所称取的基准物质 $KHC_8H_4O_4$ 的质量范围？

2. 溶解基准物质时加入 50 mL 蒸馏水，应使用量筒还是用移液管？为什么？

3. 如果基准物质未干燥，则对 NaOH 滴定液的浓度产生什么影响？

4. 碱式滴定管装入待标定的 NaOH 滴定液之前，为什么要用少量的待标定溶液润洗 2～3 次？若不润洗，则对测量结果产生什么影响？

能力拓展 3　药用苯甲酸含量的测定

【目的】

1. 熟练掌握酸碱滴定法测定苯甲酸含量的方法。

2. 掌握刻度吸管的使用方法和中性乙醇的配制方法。

【原理】

苯甲酸的电离常数 $K_a=6.3\times10^{-3}$，且 $c\cdot K_a>10^{-8}$，故可用碱滴定液直接滴定苯甲酸。其滴定反应如下：

$$C_6H_5COOH + NaOH \longrightarrow C_6H_5COONa + H_2O$$

在计量点时生成的苯甲酸钠为弱酸强碱盐，水溶液呈碱性，可选用在碱性区域内变色的酚酞指示剂指示终点。

【仪器与试剂】

1. 仪器

电子天平、托盘天平、碱式滴定管(50 mL)、锥形瓶(250 mL)、称量瓶、量筒。

2. 试剂

NaOH 滴定液(0.1 mol/L)、固体苯甲酸、中性乙醇、酚酞指示剂。

【内容与步骤】

用减量法精密称取苯甲酸试样 3 份，每份 0.29～0.34 g，分别置于已编号的锥形瓶中，加中性乙醇(对酚酞显中性)25 mL 溶解后，加酚酞指示剂 2 滴，然后用 NaOH 滴定液滴至溶液呈粉红色，且 30 s 内不褪色，即为终点，记录消耗 NaOH 滴定液的体积。平行测定 3 次，同时做空白试验。

【注意事项】

1. 苯甲酸是芳香酸，在水中的溶解度小，易溶于乙醇，故用中性乙醇作溶剂。

2. 中性稀乙醇的制备：取 95％乙醇 53 mL，加水至 100 mL，然后加酚酞 2 滴，用 NaOH 滴定液滴定至溶液呈粉红色即可。

【数据记录与处理】

1. 数据记录

年　月　日

项目	1	2	3
苯甲酸试样的质量 m(g)			
NaOH 滴定液的体积 V(mL)	$V_{初}$	$V_{初}$	$V_{初}$
	$V_{终}$	$V_{终}$	$V_{终}$
	$V_{消}$	$V_{消}$	$V_{消}$
蒸馏水体积 V(mL)	25.00	25.00	25.00
NaOH 滴定液的体积 $V_{空白}$(mL)	$V_{初}$	$V_{初}$	$V_{初}$
	$V_{终}$	$V_{终}$	$V_{终}$
	$V_{消}$	$V_{消}$	$V_{消}$
$\bar{V}_{空白}$			
苯甲酸的含量(%)			
苯甲酸的平均含量(%)			
相对平均偏差 $R\bar{d}$			

2. 数据处理

根据 $C_7H_6O_2\% = \dfrac{c_{NaOH} \times (V_{NaOH} - \bar{V}_{空白}) \times M_{C_7H_6O_2} \times 10^{-3}}{m_s} \times 100\%$ ($M_{C_7H_6O_2} = 122.12$ g/mol)，求 $R\bar{d}$ 。

【思考】

1. 为什么用中性稀乙醇作溶剂？如何制备中性稀乙醇？

2. 为何本实验要求滴定至溶液变为粉红色，且 30 s 内不褪色才为滴定终点？

3. 为什么可以用碱滴定液直接滴定苯甲酸？

能力拓展 4 $Na_2S_2O_3$滴定液的配制与标定

【目的】

1. 熟练掌握配制 0.01 mol/L $Na_2S_2O_3$溶液的方法。

2. 熟练掌握应用置换碘量法标定滴定液的方法。

3. 学会使用碘量瓶和以淀粉为指示剂确定滴定终点(置换滴定法)的方法。

【原理】

采用氧化还原滴定法(置换滴定法)标定,标定 $Na_2S_2O_3$ 溶液常用的基准物质是 $K_2Cr_2O_7$。其化学反应式为:

$$Cr_2O_7^{2-} + 14H^+ + 6I^- \rightleftharpoons 3I_2 + 2Cr^{3+} + 7H_2O$$

$$2S_2O_3^{2-} + I_2 \rightleftharpoons S_4O_6^{2-} + 2I^-$$

由以上反应可知,1 mol $K_2Cr_2O_7$生成 3 mol I_2,1 mol I_2与 2 mol $Na_2S_2O_3$完全反应,所以,1 mol $K_2Cr_2O_7$相当于 6 mol $Na_2S_2O_3$。

【仪器与试剂】

1. 仪器

电子天平、碱式滴定管(50 mL)、碘量瓶(250 mL)、容量瓶(100 mL)、移液管(25 mL)、烧杯(50 mL、500 mL)、试剂瓶。

2. 试剂

$Na_2S_2O_3 \cdot 5H_2O$(AR)、$K_2Cr_2O_7$(基准物质)、KI(AR)、4 mol/L HCl、Na_2CO_3(AR)、淀粉指示剂。

【内容与步骤】

(1)0.1 mol/L $Na_2S_2O_3$溶液的配制。称取 $Na_2S_2O_3$ 0.1 g,置于 500 mL 烧杯中,加入新煮沸放冷的纯化水约 200 mL,搅拌使其溶解,再加入 $Na_2S_2O_3 \cdot 5H_2O$ 10.5 g,搅拌使其完全溶解,然后用新煮沸并放冷的纯化水稀释至 400 mL,搅匀,转至试剂瓶中,贴上标签,放置 7~14 天,备用。

(2)0.1 mol/L $Na_2S_2O_3$溶液的标定。精密称取在 120 ℃干燥至恒重的基准物质 $K_2Cr_2O_7$ 0.50~0.55 g,置于小烧杯中,加适量水使之溶解,然后定量转移至 100 mL 容量瓶中，加水至刻度，摇匀。用 25 mL 移液管移取 $K_2Cr_2O_7$ 溶液于碘量瓶中，加 KI 2 g、纯化水 25 mL、4 mol/L HCl 溶液 5 mL，密塞，摇匀，水封，在暗处放置 10 min。然后加纯化水 50 mL，用 0.1 mol/L $Na_2S_2O_3$ 溶液滴定至近终点时，加淀粉指示剂 2 mL，继续滴定至蓝色消失、溶液呈亮绿色即为终点，记录消耗 $Na_2S_2O_3$ 溶液的体积并进行数据处理。平行测定 3 次，同时做空白试验。

【注意事项】

1. $K_2Cr_2O_7$ 与 $Na_2S_2O_3$ 反应较慢，增加溶液的酸度，可加快反应速率，但酸度过高，会加速 I^- 被空气中的 O_2 氧化。酸度以 $[H^+]=0.2\sim0.4$ mol/L 为宜。在这样的酸度下，必须放置 10 min，该反应才能定量完成。为了防止 I_2 在放置过程中挥发，将溶液放置于碘量瓶中。

2. 用 $Na_2S_2O_3$ 溶液滴定置换出的 I_2 时，在临近终点时加入淀粉指示剂，溶液呈蓝色。当溶液中的 I_2 全部与 $Na_2S_2O_3$ 作用时，蓝色消失（呈亮绿色），指示滴定到达终点。滴定开始时要快滴、慢摇，以减少 I_2 挥发；当临近终点时，要慢滴并用力旋摇，以减少淀粉对 I_2 的吸附。淀粉指示剂也不可过早加入。

3. 滴定结束后，溶液放置后出现回蓝现象。如果不是很快变蓝（超过 5 min），则是由空气中的 O_2 氧化所致，不影响分析结果。如果很快变蓝，则说明 $K_2Cr_2O_7$ 与 KI 的反应不完全，应重做实验。

【数据记录与处理】

1. 数据记录

年　月　日

项目	1	2	3
（$K_2Cr_2O_4$＋称量瓶）倾倒前的质量 m_1（g）			
（$K_2Cr_2O_4$＋称量瓶）倾倒后的质量 m_2（g）			
称取基准 $K_2Cr_2O_4$ 的质量 m（g）			
$K_2Cr_2O_4$ 溶液的体积 V（mL）	25.00	25.00	25.00
$Na_2S_2O_3$ 滴定液的体积 V（mL）	$V_{初}$	$V_{初}$	$V_{初}$
	$V_{终}$	$V_{终}$	$V_{终}$
	$V_{消}$	$V_{消}$	$V_{消}$
蒸馏水体积 V（mL）	25.00	25.00	25.00

续表

项目	1	2	3
$Na_2S_2O_3$滴定液的体积V(mL)	$V_{初}$	$V_{初}$	$V_{初}$
	$V_{终}$	$V_{终}$	$V_{终}$
	$V_{消}$	$V_{消}$	$V_{消}$
$\bar{V}_{空白}$ (mL)			
$Na_2S_2O_3$溶液浓度(mol/L)			
$Na_2S_2O_3$溶液浓度的平均值(mol/L)			
相对平均偏差 $R\bar{d}$			

2. 数据处理

根据 $c_{Na_2S_2O_3}=\dfrac{6\times m_{K_2Cr_2O_7}\times\dfrac{25}{100}}{(V_{Na_2S_2O_3}-\bar{V}_{空白})\times M_{K_2Cr_2O_7}}\times 10^3$ ($M_{K_2Cr_2O_7}=294.18$ g/mol),求 $R\bar{d}$。

【思考】

1. 用$K_2Cr_2O_7$作基准物质标定$Na_2S_2O_3$溶液时,为什么要加入大量的 KI? 为什么加酸后需放置一定时间才加水稀释? 如果加 KI 而不加 HCl 溶液或加酸后不放置或少放置一定时间就加水稀释,则会产生什么影响?

2. 为什么要在滴定至临近终点时才加入淀粉指示剂? 过早加入淀粉指示剂会造成什么后果?

能力拓展 5 碘滴定液的制备

【目的】

1. 熟练掌握 0.05 mol/L I_2溶液的配制方法。

2. 熟练掌握用比较法标定I_2滴定液的方法。

3. 学会使用淀粉指示剂确定滴定终点的方法。

【原理】

$Na_2S_2O_3$能被I_2直接氧化,且$Na_2S_2O_3$溶液呈弱碱性,因此,可采用直接碘量法进行测定。其化学反应式为:

$$2S_2O_3^{2-} + I_2 \rightleftharpoons S_4O_6^{2-} + 2I^-$$

【仪器与试剂】

1. 仪器

托盘天平、酸式滴定管(50 mL)、25 mL 移液管、锥形瓶(250 mL)、垂熔玻璃滤器、表面皿。

2. 试剂

I_2(AR)、KI(AR)、$Na_2S_2O_3$滴定液、淀粉指示剂。

【内容与步骤】

(1)0.05 mol/L I_2溶液的配制。称取 KI 10.8 g,置于小烧杯中,加水约 15 mL,搅拌使其溶解。再加 I_2 3.9 g,搅拌至 I_2完全溶解后,加盐酸 1 滴,然后转移至棕色瓶中,并用蒸馏水稀释至 300 mL,摇匀,用垂熔玻璃滤器滤过,贴上标签,备用。

(2)0.05 mol/L I_2溶液的标定。将洁净的酸式滴定管用待标定的 I_2溶液润洗后,装入 I_2溶液并调至"0"刻度;用 25 mL 移液管量取 $Na_2S_2O_3$滴定液,置于洁净的锥形瓶中,加入淀粉指示剂 1 mL,用 I_2溶液滴定至溶液显浅蓝紫色即为终点,记录消耗 I_2溶液的体积。平行测定 3 次,并做空白试验。

【注意事项】

1. I_2在水中的溶解度很小,且易挥发,若将 I_2溶解在 KI 浓溶液中,则可与 I^-生成 I_3^-配离子,使 I_2的溶解度提高,挥发性降低。I_2易溶于 KI 浓溶液,但在 KI 稀溶液中溶解很慢,因此,配制时不能过早加水稀释,应搅拌使 I_2在 KI 浓溶液中完全溶解后再加水稀释。

2. 碘有腐蚀性,应在洁净的表面皿上称取。

【数据记录与处理】

1. 数据记录

年　月　日

项目	1	2	3
$Na_2S_2O_3$的溶液的体积 V(mL)	25.00	25.00	25.00
I_2滴定液的体积 V(mL)	$V_{初}$	$V_{初}$	$V_{初}$
	$V_{终}$	$V_{终}$	$V_{终}$
	$V_{消}$	$V_{消}$	$V_{消}$
蒸馏水体积 V(mL)	25.00	25.00	25.00

续表

项目	1	2	3
I_2滴定液的体积$V_{空白}$(mL)	$V_{初}$	$V_{初}$	$V_{初}$
	$V_{终}$	$V_{终}$	$V_{终}$
	$V_{消}$	$V_{消}$	$V_{消}$
$\bar{V}_{空白}$ (mL)			
消耗I_2滴定液体积的平均值(mL)			
$Na_2S_2O_3$溶液浓度(mol/L)			
I_2滴定液浓度(mol/L)			
相对平均偏差$R\bar{d}$			

2. 数据处理

根据$c_{I_2}=\frac{1}{2}\times\frac{c_{Na_2S_2O_3}\times(V_{Na_2S_2O_3}-\bar{V}_{空白})}{V_{I_2}}$,求$R\bar{d}$。

【思考】

1. 配制I_2溶液时为什么要加KI?是否可以将称得的I_2和KI一次加入300 mL水后再搅拌?

2. 由于I_2溶液为棕红色,装入滴定管中看不清楚弯月面最低处,应如何读数?

3. 配制I_2滴定液为什么要加1滴盐酸?

能力拓展6　维生素C含量的测定

【目的】

1. 学会运用直接碘量法测定维生素C含量的方法。
2. 掌握直接碘量法的基本原理。
3. 熟练掌握使用淀粉指示剂确定终点的方法。

【原理】

维生素C具有较强的还原性,能被I_2定量氧化,其化学反应式如下:

$$\text{O=C}_4\text{H(O)(OH)(OH)—CH(OH)—CH}_2\text{OH} + I_2 \longrightarrow \text{O=C}_4\text{H(O)(=O)(=O)—CH(OH)—CH}_2\text{OH} + 2HI$$

(维生素C)　　　　(脱氢维生素C)

【仪器与试剂】

1. 仪器

电子天平(分析天平)、锥形瓶(250 mL)、酸式滴定管(50 mL)。

2. 试剂

维生素 C(药用)、I_2滴定液(0.05 mol/L)、稀醋酸、淀粉指示液。

【内容与步骤】

精密称取维生素 C 样品 3 份,每份一片(约 0.15 g),分别置于 3 个锥形瓶中,各加新煮沸并放冷的纯化水 50 mL 和稀醋酸 5 mL,使其溶解。再加淀粉指示液 1 mL,立即用 I_2滴定液(0.05 mol/L)滴定至溶液显蓝色并保持 30 s 不褪色,即为终点,记录消耗 I_2滴定液的体积。平行测定 3 次,并做空白试验。

【注意事项】

1. 碱性条件有利于碘氧化维生素 C 的反应向右进行,但在中性或碱性条件下,维生素 C 易被空气中的 O_2氧化。因此,该反应适宜的条件为弱酸性。

2. 维生素 C 溶解后,易被空气中的 O_2氧化,所以,在操作时应注意溶解一份,滴定一份,不宜 3 份同时溶解。

【数据记录与处理】

1. 数据记录

年　月　日

项目	1	2	3
(维生素 C+称量瓶)初重(g)			
(维生素 C +称量瓶)末重(g)			
维生素 C 样品的质量 m(g)			
I_2滴定液的浓度 c(mol/L)			

续表

项目	1	2	3
I_2滴定液用量V(mL)	$V_{初}$	$V_{初}$	$V_{初}$
	$V_{终}$	$V_{终}$	$V_{终}$
	$V_{消}$	$V_{消}$	$V_{消}$
蒸馏水体积V(mL)	50.00	50.00	50.00
$\bar{V}_{空白}$			
维生素 C 的含量(%)			
维生素 C 的含量平均值(%)			
相对平均偏差 $R\bar{d}$			

2. 数据处理

根据 $\omega_{I_2}=\dfrac{c_{I_2}\times(V_{I_2}-\bar{V}_{空白})\times10^{-3}\times M_{维生素C}}{m_{样品}}$($M_{维生素C}=176.12\ g/mol$),求 $R\bar{d}$。

【思考】

1. 测定维生素 C 含量时,为什么要溶解一份、滴定一份,而不宜同时溶解?

2. 若本实验在碱性条件下测定,则分析结果是偏高还是偏低?

练　习　题

一、单项选择题

1. 滴定分析法主要用于(　　)。

A. 仪器分析　　B. 常量分析　　C. 定性分析　　D. 重量分析

2. 下列关于滴定分析的说法中，错误的是(　　)。

A. 以化学反应为基础的分析方法

B. 是一种药物分析中常用的含量测定方法

C. 所有化学反应都可以用于滴定分析

D. 要有合适的方法确定滴定终点

3. 测定 $CaCO_3$ 的含量时，可加入一定量的 HCl 滴定液与其完全反应，剩余的 HCl 用 NaOH 溶液滴定，此滴定方式属于(　　)。

A. 直接滴定方式　　B. 返滴定方式

C. 置换滴定方式　　D. 间接滴定方式

4. 下列哪项不是基准物质必须具备的条件(　　)。

A. 物质具有足够的纯度　　B. 物质的组成与化学式完全符合

C. 物质的性质稳定　　D. 物质易溶于水

5. 下列可以作为基准物质的是(　　)。

A. NaOH　　B. HCl　　C. H_2SO_4　　D. 无水 Na_2CO_3

6. 下列不能用直接配制法配制滴定液的物质是(　　)。

A. $K_2Cr_2O_7$　　B. NaCl　　C. HCl　　D. $AgNO_3$

7. 用基准物质配制滴定液时，应选用的量器是(　　)。

A. 容量瓶　　B. 量杯　　C. 量筒　　D. 滴定管

8. 将 0.2500 g Na_2CO_3 基准物质溶于适量水后，用 0.2 mol/L HCl 溶液滴定至终点，消耗此 HCl 溶液的体积大约是(　　)。

A. 18 mL　　B. 20 mL　　C. 24 mL　　D. 26 mL

9. 滴定终点是指(　　)。

A. 滴定液与被测物质质量相等时

B. 加入滴定液 25.00 mL 时

C. 滴定液与被测物质按化学反应式反应完全时

D. 指示剂发生颜色变化的转变点

10. 用 0.1000 mol/L HCl 溶液滴定 25.00 mL NaOH 溶液时，若终点时消耗 HCl 溶

液 20.00 mL，则 NaOH 溶液的浓度为(　　)。

A. 0.1000 mol/L　B. 0.1250 mol/L　C. 0.08000 mol/L　D. 0.0800 mol/L

11. 在滴定分析中，化学计量点与滴定终点的关系是(　　)。

A. 二者含义相同　B. 二者必须吻合

C. 二者互不相干　D. 二者愈接近，滴定误差愈小

12. 下列各对物质中，是共轭酸碱对的是(　　)。

A. $H_2PO_4^-$—PO_4^{3-}　B. NH_4^+—$NH_3 \cdot H_2O$

C. HCl—Cl^-　D. H_2SO_4—SO_4^{2-}

13. 下列关于酸碱指示剂的说法中，错误的是(　　)。

A. 指示剂本身是有机弱酸或有机弱碱

B. 指示剂共轭酸碱对的颜色差异越大越好

C. 指示剂的变色范围越窄越好

D. 指示剂的变色范围必须全部落在滴定突跃范围内

14. 导致酸碱指示剂发生颜色变化的外因是(　　)。

A. 溶液的温度　B. 溶液的 pH　C. 指示剂的电离度　D. 溶液的黏度

15. 酸碱滴定中，选择指示剂的依据是(　　)。

A. 根据指示剂的 pH　B. 根据实际需要

C. 根据理论终点的 pH　D. 根据滴定终点的 pH

16. 以下四种滴定反应，滴定突跃范围最大的是(　　)。

A. 0.1 mol/L NaOH 溶液滴定 0.1 mol/L HCl 溶液

B. 1.0 mol/L NaOH 溶液滴定 1.0 mol/L HCl 溶液

C. 0.1 mol/L NaOH 溶液滴定 0.1 mol/L HAc 溶液

D. 0.1 mol/L NaOH 溶液滴定 0.1 mol/L HCOOH 溶液

17. 0.1000 mol/L NaOH 滴定液滴定 20.00 mL 0.1000 mol/L HAc 溶液，滴定突跃范围为7.74～9.70，可选用的指示剂是(　　)。

A. 甲基橙(3.1～4.4)　B. 甲基红(4.4～6.2)

C. 溴酚蓝(3.0～4.6)　D. 酚酞(8.0～10.0)

18. 以甲基橙为指示剂，用 HCl 滴定液滴定 Na_2CO_3溶液，滴至溶液由黄色变到橙色时为滴定终点，此时 HCl 与 Na_2CO_3反应的物质的量之比为(　　)。

A. 1∶2　B. 1∶1　C. 2∶1　D. 3∶1

19. 强酸滴定弱碱时，一般要求弱碱的电离平衡常数(K_b)与浓度(c_b)的乘积(　　)，才可以直接滴定。

A. $\geqslant 10^{-8}$　B. $< 10^{-8}$　C. $> 10^{-3}$　D. $< 10^{-3}$

20. 标定 HCl 滴定液时，最常用的基准物质是(　　)。

A. 邻苯二甲酸氢钾 B. 无水碳酸钠 C. 草酸钠 D. 草酸

21. 不能用于标定 NaOH 滴定液的基准物质是( )。

A 无水碳酸钠 B. 邻苯二甲酸氢钾 C. 草酸 D. 苯甲酸

22. 用非水滴定法测定下列物质，宜选用的酸性溶剂是( )。

A. NaAc B. 水杨酸 C. 苯酚 D. 苯甲酸

23. 要使弱碱性物质的碱性增强，应选用( )溶剂。

A. 酸性 B. 碱性 C. 中性 D. 惰性

24. 为区分 HCl、$HClO_4$、H_2SO_4、HNO_3四种酸的酸性强弱，可选用( )作为溶剂。

A. 水 B. 乙醇 C. 冰醋酸 D. 四氯化碳

25. 沉淀滴定法中指示终点的方法不包括( )。

A. 铬酸钾法 B. 吸附指示剂法 C. 铁铵矾法 D. 高锰酸钾法

26. Ag_2CrO_4沉淀的溶度积 $K_{sp}=1.12\times10^{-12}$，则 Ag_2CrO_4 在水中的溶解度为( )。

A. 5.6×10^{-5} mol/L B. 5.6×10^{-3} mol/L

C. 6.5×10^{-5} mol/L D. 6.5×10^{-3} mol/L

27. 下列离子中，能用铬酸钾指示剂法测定的是( )。

A. Cl^- B. I^- C. Ag^+ D. SCN^-

28. 用铬酸钾法测定 Cl^- 时，要求溶液的 pH 为 6.5～10.5，若酸度过高，则会( )。

A. AgCl 沉淀不完全 B. AgCl 吸附 Cl^- 能力增强

C. Ag_2CrO_4沉淀不易形成 D. 生成 Ag_2O 深褐色沉淀

29. 用吸附指示剂法测定 Br^- 时，应选用( )作指示剂。

A. 荧光黄 B. 曙红

C. 二甲基二碘荧光黄 D. 甲基紫

30. 下列离子中，能用铁铵矾指示剂法直接测定的是( )。

A. Cl^- B. Br^- C. CN^- D. Ag^+

31. 用吸附指示剂法测定 NaCl 含量时，在化学计量点前，AgCl 沉淀优先吸附( )。

A. Na^+ B. K^+ C. Cl^- D. CrO_4^{2-}

32. 下列离子中，不能用铁铵矾指示剂法返滴定的是( )。

A. Cl^- B. SCN^- C. I^- D. Ag^+

33. 若溶液中同时存在下列离子，则逐滴滴加 $AgNO_3$溶液时最先被沉淀是( )。

A. SCN^- B. Cl^- C. Br^- D. I^-

34. 用荧光黄作指示剂测定 Cl^- 时，最适宜的 pH 为( )。

A. 7～10 B. 2～10 C. 4～10 D. 酸性

35. 配位滴定时，用铬黑 T 作指示剂，溶液的酸度用( ) 调节？

A. 硝酸 B. 盐酸

C. 乙酸-乙酸钠缓冲液　　　　D. 氨-氯化铵缓冲液

36. Ca^{2+}、Mg^{2+}共存时，在下列何种酸度条件下，不加掩蔽剂即可用EDTA滴定Ca^{2+}（　）。

A. pH=5　　B. pH=10　　C. pH=12　　D. pH=2

37. 铬黑T指示剂适宜的pH范围是（　）。

A. 5～7　　B. 1～5　　C. 7～10　　D. 10～12

38. 若以EDTA为滴定剂，铬黑T为指示剂，则下列不出现封闭现象的离子是（　）。

A. Fe^{3+}　　B. Al^{3+}　　C. Cu^{2+}　　D. Mg^{2+}

39. 一般情况下，EDTA与金属离子形成的配位化合物的配位比是（　）。

A. 1∶1　　B. 2∶1　　C. 1∶3　　D. 1∶2

40. 铝盐药物的测定常应用配位滴定法，常用方法是加入过量的EDTA，加热煮沸片刻后，再用标准锌溶液滴定。该法的滴定方式是（　）。

A. 直接滴定　　B. 置换滴定　　C. 返滴定　　D. 间接滴定

41. 在pH≥11的溶液中，EDTA最主要的存在形式是（　）。

A. H_3Y^-　　B. H_2Y^{2-}　　C. HY^{3-}　　D. Y^{4-}

42. $\alpha_{M(L)}=1$表示（　）。

A. M与L没有副反应　　　　B. M与L的副反应相当严重

C. M的副反应较小　　　　D. [M]=[L]

43. 用EDTA滴定金属离子时，准确滴定（TE<0.1%）的条件是（　）。

A. $\lg K_{MY}\geqslant 6$　　　　B. $\lg K'_{MY}\geqslant 6$

C. $\lg(c_M\cdot K_{MY})\geqslant 6$　　　　D. $\lg(c_M\cdot K'_{MY})\geqslant 6$

44. 在非缓冲溶液中，用EDTA滴定金属离子时溶液的pH将（　）。

A. 升高　　　　B. 降低

C. 不变　　　　D. 与金属离子价态有关

45. 在配位滴定中，若[OH^-]过高，则金属离子M会产生水解效应，析出氢氧化物沉淀而影响滴定，下列说法正确的是（　）。

A. 该酸度为最高酸度　　　　B. 该酸度为最低pH

C. 该酸度为水解酸度　　　　D. 该酸度为最适酸度

46. 下列叙述中，错误的结论是（　）。

A. 酸效应使配合物的稳定性降低

B. 水解效应使配合物的稳定性降低

C. 配位效应使配合物的稳定性降低

D. 各种副反应均使配合物的稳定性降低

47. 用 EDTA 直接滴定有色金属离子 M，则终点时呈现的颜色是(　　)。

A. 游离指示剂的颜色　　B. EDTA-M 络合物的颜色

C. 指示剂-M 络合物的颜色　　D. 上述 A+B 的混合色

48. 下列表达式中，正确的是(　　)。

A. $K'_{MY}=c_{MY}/c_M \cdot c_Y$　　B. $K'_{MY}=[MY]/[M][Y]$

C. $K_{MY}=[MY]/[M][Y]$　　D. $K_{MY}=[M][Y]/[MY]$

49. 标定 $KMnO_4$ 滴定液时，常用的基准物质是(　　)。

A. $K_2Cr_2O_7$　　B. $Na_2C_2O_4$

C. $Na_2S_2O_3$　　D. KIO_3

50. 下列物质中，可以用氧化还原滴定法测定其含量的是(　　)。

A. 草酸　　B. 醋酸　　C. 盐酸　　D. 硫酸

51. 直接碘量法应控制的条件是(　　)。

A. 强酸性　　B. 强碱性　　C. 弱酸性或中性　　D. 以上都可以

52. 碘量法中使用碘量瓶的目的是(　　)。

A. 防止碘挥发　　B. 防止溶液与空气接触

C. 防止溶液溅出　　D. A+B

53. 用 $K_2Cr_2O_7$ 标定 $Na_2S_2O_3$ 溶液时，由于 KI 与 $K_2Cr_2O_7$ 反应较慢，为了使反应能完全进行，下列措施中不正确的是(　　)。

A. 增加 KI 的量　　B. 适当增加酸度

C. 让溶液在暗处放置 5～10 min　　D. 加热

54. 用 $KMnO_4$ 法进行滴定的酸度条件是(　　)

A. 强酸性　　B. 强碱性　　C. 弱酸性　　D. 弱碱性

二、多项选择题

1. 用于滴定分析的化学反应必须符合的基本条件是(　　)。

A. 反应物应溶于水　　B. 反应过程中应加入催化剂

C. 反应必须按化学反应式定量完成　　D. 反应速率必须要快

E. 必须要有简便可靠的方法确定终点

2. 基准物质必须具备的条件是(　　)。

A. 物质具有足够高的纯度　　B. 物质的组成与化学式完全符合

C. 物质的性质稳定　　D. 物质易溶于水

E. 价格便宜

3. 滴定液的标定方法有(　　)。

A. 容量瓶标定法　　B. 基准物质标定法

C. 滴定管标定法　　D. 间接标定法

E. 比较法标定

4. 滴定液的配制方法有( )。

A. 多次称量配制法　　B. 移液管配制法

C. 直接配制法　　D. 间接配制法

E. 量筒配制法

5. 下列只能用间接法配制的滴定液是( )。

A. Ag_2CO_3　　B. NaOH

C. NaCl　　D. HCl

E. EDTA

6. 影响滴定突跃范围的因素有( )。

A. 滴定程序　　B. 浓度

C. 电离常数　　D. 离解常数

E. 温度

7. 影响指示剂变色范围的因素有( )。

A. 指示剂用量　　B. 温度

C. 滴定程序　　D. 溶剂

E. 酸度

8. 氧化还原滴定法指示剂包括( )。

A. 自身指示剂　　B. 特殊指示剂

C. 不可逆指示剂　　D. 氧化还原指示剂

E. 吸附指示剂

9. 影响氧化还原反应速率的因素有( )。

A. 环境温度的改变　　B. 反应物浓度

C. 体系温度　　D. 相关电对的 φ'

E. 催化剂的加入

10. 在碘量法中为了减少 I_2 挥发，常采用的措施是( )。

A. 使用碘量瓶　　B. 滴定时不能摇动，滴定结束时再摇

C. 加入过量的 KI　　D. 滴定时加热

E. 以上答案都对

11. 配位滴定中为消除其他离子干扰，根据反应类型不同，常用的掩蔽法主要有( )。

A. 酸碱掩蔽法　　B. 氧化还原掩蔽法

C. 分解反应掩蔽法　　D. 沉淀掩蔽法

E. 配位掩蔽法

12. 金属指示剂应具备的条件是( )。

A. In 与 MIn 色差明显
B. MIn 应足够稳定
C. 指示剂易溶于水
D. 指示剂与金属离子反应迅速且可逆

13. 影响条件稳定常数大小的因素是(　　)。
A. 配合物稳定常数　B. 酸效应系数
C. 配位效应系数　D. 金属指示剂
E. 掩蔽剂

14. 配位滴定中,消除干扰离子的方法有(　　)。
A. 控制溶液酸度　B. 加入沉淀剂
C. 加入配位掩蔽剂　D. 加入氧化还原剂
E. 加入指示剂

15. EDTA 与金属离子刚好能生成稳定配合物时的酸度称为(　　)。
A. 最低酸度　B. 最高酸度　C. 最低 pH　D. 最高 pH

三、名词解释

1. 化学计量点
2. 滴定终点
3. 终点误差
4. 指示剂
5. 滴定液
6. 基准物质
7. 酸碱指示剂
8. 酸碱滴定曲线
9. 滴定突跃
10. 指示剂的变色范围
11. 非水滴定法
12. 均化效应与均化性溶剂
13. 区分效应与区分性溶剂
14. 银量法
15. 酸效应
16. 掩蔽
17. 氧化还原指示剂

四、填空题

1. 选择酸碱指示剂的原则是________________。

2. 弱酸与弱碱间不能互相滴定，是因为____________________。

3. 实验室用基准物质 Na_2CO_3 标定盐酸，若 Na_2CO_3 未经干燥，则会使测量结果__________。（填“偏高”或“偏低”）

4. 酚酞是有机______，酸式色为________色，碱式色为________色，变色范围为 pH ________；用 NaOH 溶液滴定 HCl 溶液时，以酚酞为指示剂，则终点的颜色变化是________；用 Na_2CO_3 标定 HCl 溶液时以酚酞为指示剂，当滴定至粉红色时，Na_2CO_3 与 HCl 反应的物质的量之比为______。

5. 根据指示终点的方法不同，银量法可分为____________、__________和____________。

6. 铬酸钾指示剂法是以__________为指示剂、以__________为滴定液、在______________条件下直接测定____________离子的含量。

7. 铁铵矾指示剂法是在____________溶液中，以____________为指示剂、以____________为滴定液，直接测定____________的含量。

8. EDTA 是一种氨羧配位剂，名称为________，用符号________表示，其结构式为______。配制标准溶液时一般采用 EDTA 二钠盐，分子式为________，其水溶液的 pH 为______，可通过公式__________进行计算，标准溶液常用浓度为______。

9. 一般情况下水溶液中的 EDTA 总是以______等______种形体存在，其中以______与金属离子形成的配合物最稳定，但仅在______时 EDTA 才主要以此种形体存在。除个别金属离子外，EDTA 与金属离子形成络合物时，络合比都是______。

10. K'_{MY} 称______，它表示______配位反应进行的程度，其计算式为__________。

11. 在 $[H^+]$ 一定时，EDTA 酸效应系数的计算公式为__________________。

12. 通常将____________或____________作为判断配位滴定法能否进行准确滴定的条件；通常将________作为酸碱滴定法中弱酸或弱碱能否进行准确滴定的条件。

五、简答题

1. 用于滴定分析的化学反应必须符合的基本条件有哪些？并分析原因。

2. 化学计量点与滴定终点有何关系？

3. 基准物质应具备哪些条件？

4. 滴定液的标定方法有哪些？比较每种方法的优缺点。

5. 以甲基橙为例，简述酸碱指示剂的变色原理。

6. 0.1000 mol/L NaOH 滴定液滴定 0.1000 mol/L HCl 溶液的滴定突跃范围是 pH 为 4.30～9.70，可选择的指示剂有甲基橙、甲基红和酚酞。为何常用酚酞作指示剂，而不用甲基红和甲基橙？

7. 如何配制酸碱滴定中常用的 HCl 和 NaOH 滴定液？用哪些基准物质进行标定？

8. 吸附指示剂法在滴加滴定液前，为什么要加入糊精或淀粉等亲水性的高分子化合物？

9. 用银量法测定下列试样，可选择何种方法？

(1) NaCl (2) KI (3) $AgNO_3$

10. 碘量法的主要误差来源是什么？为什么碘量法不适宜在高酸度或高碱度介质中进行？

11. 求用 EDTA 滴定液(0.1 mol/L)滴定同浓度的 Mg^{2+} 溶液的最低 pH。如何控制 pH？

12. 配位滴定中控制溶液的酸度必须考虑哪些方面的影响？

六、实例分析题

1. 市售浓硫酸的密度为 1.84 g/mL，质量分数为 0.98，该浓硫酸的物质的量浓度是多少？若需要配制 1 mol/L 硫酸 1000 mL，应取浓硫酸多少毫升？用什么量器量取？如何配制？(H_2SO_4 的摩尔质量为 98.07 g/mol)

2. 准确称取基准物质 $K_2Cr_2O_7$ 0.4850 g，溶解后定量转移至 100 mL 容量瓶中，加水至刻度并摇匀。试计算该 $K_2Cr_2O_7$ 溶液的物质的量浓度。并说出用什么精度的天平称取 $K_2Cr_2O_7$？其浓度应保留几位有效数字？($K_2Cr_2O_7$ 的摩尔质量为 294.18 g/mol)

3. 精密称取在 270 ℃干燥至恒重的基准无水碳酸钠 0.1225 g，置于锥形瓶中，加水约 30 mL，振摇使其溶解，再加甲基橙指示剂 1～2 滴，用待标定的 HCl 溶液滴定至溶液由黄色变为橙色即为终点，消耗 HCl 22.50 mL。试计算 HCl 溶液的物质的量浓度。并说出应用什么精度的天平称取碳酸钠？加约 30 mL 水时用什么量器量取？(Na_2CO_3 的摩尔质量为 105.99 g/mol)

4. 使用草酸($H_2C_2O_4 \cdot 2H_2O$)作基准物质标定 NaOH 滴定液时，为使 0.1 mol/L NaOH 滴定液消耗 20～25 mL，应称取基准物质草酸($H_2C_2O_4 \cdot 2H_2O$)多少克？($H_2C_2O_4 \cdot 2H_2O$ 的摩尔质量为 126.07 g/mol)

5. 精密称取供试品 Na_2CO_3 0.5330 g，加适量的纯化水溶解后，定量转移至 100 mL 容量瓶中，加水至刻度并摇匀。用移液管移取该溶液25.00 mL，置于锥形瓶中，加甲基橙指示剂 1～2 滴，用 HCl 滴定液(0.1065 mol/L)滴定至溶液由黄色变为橙色即为终点，消耗 HCl 23.50 mL。求供试品中 Na_2CO_3 的百分含量。

6. 精密称取 CaO 试样 0.1320 g，准确加入 0.2000 mol/L HCl 滴定液 30.00 mL(过量)，待反应完全后，用 0.1000 mol/L NaOH 滴定液滴定剩余 HCl，消耗 NaOH 滴定液 22.20 mL。试求样品 CaO 的质量分数。(CaO 的摩尔质量为 56.08 g/mol)

7. 用无水 Na_2CO_3 标定近似浓度为 0.1 mol/L 的 HCl 溶液，计算：($M_{Na_2CO_3}=105.99$ g/mol)

(1)若消耗 HCl 溶液 20～25 mL，则应称取无水 Na_2CO_3 的质量是多少？

(2)若称取无水 Na_2CO_3 0.1260 g，消耗 HCl 溶液 24.20 mL，求 HCl 溶液的浓度。

8. 某试样含有 Na_2CO_3、$NaHCO_3$ 和其他中性杂质。称取试样 0.2872 g，以酚酞为指示剂，用浓度为 0.1025 mol/L HCl 溶液滴定至终点，消耗 HCl 溶液 22.10 mL；继续用甲基橙作指示剂，滴定至溶液呈橙色即为终点，共消耗 HCl 溶液 47.60 mL。计算试样中 Na_2CO_3、$NaHCO_3$ 和杂质的含量。($M_{Na_2CO_3}=105.99$ g/mol、$M_{NaHCO_3}=84.01$ g/mol)

9. 量取 NaCl 试液 20.00 mL，加入铬酸钾指示剂，用浓度为 0.1002 mol/L $AgNO_3$ 滴

定液滴定至终点，消耗 $AgNO_3$滴定液 25.00 mL。求每升溶液中含 NaCl 多少克？(M_{NaCl} =58.44 g/mol)

10. 称取银合金试样 0.2800 g，溶解后加入铁铵矾指示剂，用 0.1020 mol/L NH_4SCN 滴定液滴定至终点，消耗滴定液 24.80 mL。计算银合金中银的质量分数。(M_{Ag}=107.87 g/mol)

11. 精密称取基准物质 NaCl 0.1510 g，溶解后加入适量的糊精和荧光黄指示剂，滴定至终点时消耗 $AgNO_3$溶液 25.74 mL。求 $AgNO_3$滴定液的浓度。(M_{NaCl}=58.44 g/mol)

12. 称取 0.1005 g 分析纯 $CaCO_3$，溶解后，用容量瓶配成 100 mL 溶液。吸取 25.00 mL，在 pH>12 时，用钙指示剂指示终点，用 EDTA 标准溶液滴定，消耗 24.90 mL，试计算：

(1)EDTA 溶液的浓度(mol/L)。

(2)每毫升 EDTA 溶液相当于 ZnO、Fe_2O_3的克数。

13. 待测溶液含 2×10^{-2} mol/L Zn^{2+} 和 2×10^{-3} mol/L Ca^{2+}，能否在不加掩蔽剂的情况下，只用控制酸度的方法滴定 Zn^{2+}？为防止生成 $Zn(OH)_2$沉淀，要求最低酸度为多少？这时可选用何种指示剂？

14. 取 100 mL 水样，用氨性缓冲液调节至 pH=10，以铬黑 T 为指示剂，用 EDTA 标准液(0.008826 mol/L)滴定至终点，共消耗 12.58 mL，计算水的总硬度。如果再取上述水样 100 mL，用 NaOH 溶液调节 pH =12.5，然后加入钙指示剂，用上述 EDTA 标准液滴定至终点，消耗 10.11 mL，试分别求出水样中 Ca^{2+} 和 Mg^{2+} 的量。

15. 称取葡萄糖酸钙试样 0.5500 g，溶解后，在 pH=10 的氨性缓冲液中用 EDTA 滴定(以铬黑 T 为指示剂)，消耗 EDTA 溶液(0.04985 mol/L)24.50 mL，试计算葡萄糖酸钙的含量。(分子式为 $C_{12}H_{22}O_{14}Ca\cdot H_2O$)

16. 称取干燥 $Al(OH)_3$凝胶 0.3986 g，置于 250 mL 容量瓶中溶解后，吸取 25 mL，精确加入 EDTA 标准液(0.05140 mol/L) 25.00 mL，过量的 EDTA 溶液用标准锌溶液(0.04998 mol/L)回滴，消耗 15.02 mL，求样品中 Al_2O_3的含量。

17. 称取基准物质 $K_2Cr_2O_7$ 0.4735 g，加适量水使其溶解，定量转移至 100 mL 容量瓶中，然后加水至刻度，摇匀。用 25 mL 移液管移取 $K_2Cr_2O_7$溶液25.00 mL，置于碘量瓶中，加 KI 过量(约 2 g)、纯化水 25 mL、4 mol/L HCl 5 mL，密闭，摇匀，水封，在暗处放置 5～10 min。加纯化水 50 mL，用待标定的 $Na_2S_2O_3$溶液滴定至近终点时，加淀粉指示液 1 mL，继续滴定至蓝色消失、溶液呈亮绿色即为终点，消耗 $Na_2S_2O_3$滴定液 24.60 mL。计算 $Na_2S_2O_3$滴定液的浓度。($K_2Cr_2O_7$的摩尔质量为294.18 g/mol)

18. 精密称取维生素 C 样品 0.2025 g，加新煮沸并放冷的纯化水 50 mL 及稀醋酸 5 mL，使其溶解，加淀粉指示液 1 mL，立即用碘滴定液(0.04836 mol/L)滴定至溶液呈蓝色并在 30 s 不褪色，消耗碘滴定液 23.45 mL。试计算维生素 C 样品的含量。(维生素 C 的摩尔质量为 176.12 g/mol)

(刘　飞　钟先锦　程国友　杨入梅　田大慧)

综合实训

综合实训 1　滴定分析仪器校准

【目的】

1. 熟练掌握滴定仪器的校准方法和技能。

2. 学会用绝对校正法校正滴定管。

3. 学会用相对校正法校准移液管和容量瓶。

【原理】

滴定管、移液管和容量瓶是滴定分析中最基础的计量器具，而体积量度的可靠性则取决于刻度是否准确。但这些量器的标称容量往往和实际容量并不完全一致，总是存在或多或少的误差。在生产检验中已将这些误差控制在一定的范围内。但在准确度要求较高的分析中（如原料药品分析、滴定溶液的标定、仲裁分析和科研等），为了确保其计量数据准确，应对容量仪器进行校正。

1. 滴定分析仪器校准的基本概念和容量允差

(1)标准温度。由于玻璃具有热胀冷缩的特性，因此，在不同的温度下，量器的体积不同。为了消除温度的影响，必须指定一个温度，这个温度称为标准温度。国际上规定玻璃量器的标准温度为 293 K(20 ℃)，我国也采用这一标准。

(2)标称容量。为了生产和使用方便，国家规定了一系列容量值标准，这一系列的容量值称为标称容量。

(3)玻璃容器的分级。玻璃容器按其标称容量准确度的高低分为 A 级和 B 级两种，A 级的准确度高。量器中均有相应的等级标志，如无 A 级或 B 级字样，则表示此类量器不分级别，如量筒等。

(4)量器的容量允差。在实际生产过程中，生产出来的计量器具的容量不可能同标称容量完全一致，若两者的偏差在所规定的允许范围内，则称为量器的容量允差（又称为允许偏差)。容量允差是量器的重要技术指标,了解这一指标对正确选用量器具有十分重要的作用。三种常用的量器在 293 K 时的容量允差见综合实训表 1-1、综合实训表 1-2 和综合实训表 1-3。

综合实训表 1-1 常用移液管的允差

体积(mL)	2	5	10	20	25	50	100
允许误差(mL)A 级	±0.006	±0.01	±0.02	±0.03	±0.04	±0.05	±0.08

综合实训表 1-2 常用容量瓶的允差

体积(mL)	10	25	50	100	250	500
允许误差(mL)A 级	±0.02	±0.03	±0.05	±0.10	±0.10	±0.15

综合实训表 1-3 常用滴定管的允差

体积(mL)	5	10	25	50	100
允许误差(mL)A 级	±0.010	±0.025	±0.04	±0.05	±0.10

2. 滴定分析仪器校准的影响因素

测量体积的基本单位是 mL 或 L。1 mL 是指真空中 1 g 纯水在 3.98 ℃时所占的容积。从理论上讲,将真空中 25 g 纯水在 3.98 ℃时置于 25 mL 容量瓶中,溶液弯月面下沿线的实线应恰好与容量瓶标线重合。国产的滴定分析仪器的标称容量一般规定都是以 20 ℃作为标准温度进行标定的,但实际分析测定工作是在室温中进行的,因此,在实验条件下将称得纯水的质量换算为容积时,必须考虑以下因素的影响:

(1)水的密度随温度改变。

(2)温度对玻璃仪器热胀冷缩的影响。

(3)空气浮力对纯水质量的影响。

为了便于计算,将上述三种因素的校准值合并为总校准值(见综合实训表 1-4)。表中的数字表示在不同的温度下,用水充满 20 ℃时容积为 1 mL 的玻璃容器,在空气中用黄铜砝码称取水的质量。

综合实训表 1-4 温度变化时纯水在真空中的质量以及纯水在空气中的质量

温度(℃)	1 mL 水在真空中的质量(g)	1 mL 水在空气中的质量(g)
15	0.99913	0.99793
16	0.99897	0.99780
17	0.99880	0.99766
18	0.99862	0.99751
19	0.99843	0.99735
20	0.99823	0.99718

续表

温度(℃)	1 mL 水在真空中的质量(g)	1 mL 水在空气中的质量(g)
21	0.99802	0.99700
22	0.99780	0.99680
23	0.99757	0.99660
24	0.99732	0.99630
25	0.99707	0.99617
26	0.99681	0.99593
27	0.99654	0.99569
28	0.99626	0.99544
29	0.99597	0.99518
30	0.99567	0.99491

利用表中的校正值将不同温度下的质量换算成 20 ℃时水的体积(mL)。计算公式如下：

$$V_s = \frac{W_t}{d_t}$$

式中，V_s是 20 ℃时水的实际体积(mL)；W_t是在 t ℃时空气中水的质量(g)；d_t 是在 t ℃空气中用黄铜砝码称量 1 mL 水的质量(g/mL)。

3. 滴定分析仪器校准的方法

(1)相对校准。用一个玻璃量器间接地校准另一个玻璃量器，称为相对校准。在实际工作中，容量瓶与移液管一般是配套使用的，如用容量瓶配制溶液后，用移液管移取其中的一部分进行测定。此时，重要的不是知道两种容器的准确容量，而是比较两种容器所盛液体的体积比例关系。例如，用 25 mL 移液管从 100 mL 容量瓶中取出一份溶液，确定该溶液容积是否是容量瓶容积的 1/4，就需要对这两种量器进行相对校准。此法操作简单，在实际工作中使用较多，但只有在这两种量器配套使用时才有意义。

(2)绝对校准。该方法采用称量法进行校准。由滴定分析仪器校准的原理可知：在一定的条件下，水的质量、密度和体积三者之间存在一定的关系。例如，容量瓶的绝对校准：先将清洁干燥的容量瓶放在天平上准确称量，然后向容量瓶中加入纯水至标线，记录水温，用滤纸吸干瓶颈内壁和瓶外的液滴，然后盖上瓶塞称量，两次称量之差即为容量瓶容纳水的质量。最后根据不同温度下纯水在空气中的密度，计算被校容量瓶的真实容量。

思考题

现有标示容量为 50 mL 的容量瓶，在 25 ℃时按正确的校准方法操作，称得容量瓶中纯水的质量为 50.000 g，试问该容量瓶是否合格。

4. 滴定分析仪器校准的条件

校准工作是一项技术性较强的工作，实验室所用的仪器必须达到以下要求：

(1)天平的称量误差应小于量器允差的 1/10。

(2)温度计的分度值应小于 0.1 ℃。

(3)室内温度变化不超过 1 ℃，室温最好控制在 20±5 ℃。

【仪器与试剂】

1. 仪器

电子天平(100/0.0001 g)、温度计(最小分度值为 0.1 ℃)、具塞锥形瓶(50 mL)、滴定管(50 mL)、腹式吸管(25 mL)、容量瓶(100 mL)、洗耳球、烧杯、洗瓶、滴管、玻璃棒。

2. 试剂

95%乙醇(供干燥仪器用)、纯化水。

【内容与步骤】

1. 滴定管的绝对校准

(1)取一个洗净、晾干并加热、干燥的 100 mL 具塞锥形瓶，在分析天平上称定其恒重时质量为 W_1 g。

(2)取用铬酸洗液洗净的 50 mL 滴定管 1 支，用洁布擦干外壁，倒挂于滴定台上至少 5 min，然后在滴定管中注入纯水至液面距最高标线以上约 5 mm 处，垂直挂在滴定台上，等待 30 s 后调节液面至 0.00 mL。打开滴定管活塞，向已称质量的锥形瓶中放水 5 mL(3 滴/秒)，注意勿将水沾在锥形瓶口上。当液面降至 5.00 mL 刻度线以上约 0.5 mL 时，等待 15 s，然后在 10 s 内将液面调节至 5.00 mL 刻度线，随即将锥形瓶内壁接触液定管管尖，以除去挂在管尖下的液滴，立即盖上瓶塞进行称量，称得的质量为 W_2 g，W_2-W_1 即为 0.00～5.00 mL 段的纯水质量。

(3)重新向滴定管中加纯水至 0.00 mL，按上述方法处理。从滴定管放水 10.00 mL 至具塞锥形瓶中，操作方法与上述方法相同。加水后，立即盖上瓶塞进行称量，称得的质量为 W_3g，W_3-W_1 即为 0.00～10.00 mL 段的纯水质量。

(4)滴定管校准均从 0.00 mL 标线开始，一段一段地校准，直至校准到 50 mL 刻度线。然后将温度计插入水中测量水温，每支滴定管重复校准一次，两次测定所得同一刻度的体积差应不大于 0.01 mL，最后根据公式计算滴定管各个体积段的校准值(两次平均)。滴定管校准记录格式如综合实训表 1-5 所示。

综合实训表 1-5　滴定管校准记录格式(示例,T=20 ℃)

滴定管量出体积(mL)	瓶+水(g)	瓶重(g)	水重(g)	实际体积(mL)	校正值(mL)
0.00～5.00	36.665	31.666	4.999	5.01	+0.01
0.00～10.00	46.688	36.665	10.023	10.05	+0.05
0.00～15.00	61.627	46.688	14.939	14.98	−0.02
0.00～20.00	81.627	61.627	20.000	20.06	+0.06
0.00～25.00	106.555	81.627	24.928	25.00	0.00

2. 移液管与容量瓶的相对校准

将一个 100 mL 容量瓶洗净、晾干(可用几毫升无水乙醇润洗内壁后倒挂在漏斗板上),用 25 mL 移液管准确吸取纯水 4 次至容量瓶中,观察弯月面下缘与标线是否相切,然后重复做一次,如果连续两次实验结果不相符,则应在容量瓶颈部重新做标记。即记下弯月面下缘的位置,用红丝线套上,再封蜡固定其位置或贴上透明胶带作标记。以后使用该容量瓶和移液管时,即可按校准后所标记的标线配套使用。

【注意事项】

1. 实验结果的好坏取决于量取或放出纯水的体积是否准确。

2. 被校准的移液管、容量瓶和滴定管均须用铬酸洗液洗净至内壁不挂水珠,并且干燥。

3. 实验所用仪器应提前备好,放在天平室,使其温度与室温尽量接近;实验所用纯水也应用洁净烧杯盛好并放在天平室,至少放置 1 h 以上,然后插入温度计测定水温,水温和室温相差不超过 0.1 ℃。

4. 校准中应随时检查所用仪器、物品是否干燥,并保持手、锥形瓶外壁、天平盘干燥。

5. 一般情况下,50 mL 滴定管每隔 10 mL 测一个校准值;25 mL 滴定管每隔 5 mL 测一个校准值;3 mL 微量滴定管每隔 0.5 mL 测一个校准值。

【数据记录与处理】

年　月　日

温度:　　　　水的密度:

滴定管量出体积(mL)	瓶+水(g)	瓶重(g)	水重(g)	实际体积(mL)	校正值(mL)
0.00～10.00					
0.00～20.00					
0.00～30.00					
0.00～40.00					
0.00～50.00					

【思考】

1. 在什么情况下用相对校准？

2. 滴定分析仪器校准称量时，电子天平称至 0.0001 g，但记录数据时只需要记录至千分之一位，为什么？

3. 分段校准滴定管时，为何每次都要从 0.00 mL 开始？

4. 分段校准滴定管时，滴定管每次放出的纯水体积是否一定为整数？

5. 校准滴定管时，如何处理具塞锥形瓶内、外壁的水？

综合实训 2 药用 NaOH 含量的测定(双指示剂法)

【目的】

熟练掌握用双指示剂法测定药用 NaOH 样品含量的方法和操作技能。

【原理】

由于 NaOH 易吸收空气中的 CO_2，因而 NaOH 中含有一定量的 Na_2CO_3，形成 NaOH 与 Na_2CO_3 的混合碱。它们能与盐酸滴定液发生定量反应，可利用双指示剂法，分别测定药用 NaOH 中 NaOH 和 Na_2CO_3 的含量。

先在混合碱溶液中加入酚酞指示剂，用 HCl 滴定液滴定至溶液的红色刚好消失，即第一滴定终点，溶液中的 NaOH 全部被 HCl 中和并生成 NaCl 和 H_2O，而样品中的 Na_2CO_3 仅被盐酸中和了一半，生成 $NaHCO_3$，此时，设消耗 HCl 体积为 V_1 mL；再向此溶液中加入甲基橙指示剂，继续用 HCl 滴定液滴定至溶液呈橙黄色(或橙色)，即第二滴定终点，溶液中的 $NaHCO_3$ 被中和生成 H_2CO_3，并分解为 H_2O 和 CO_2，此时，设消耗 HCl 体积为 V_2 mL，则总碱量消耗 HCl 体积应为 (V_1+V_2)mL，其中 Na_2CO_3 消耗的体积为 $2V_2$ mL，NaOH 消耗的体积为 (V_1-V_2)mL，根据各组分消耗盐酸的体积，即可计算各组分的含量。

【仪器与试剂】

1. 仪器

滴定管(50 mL)、玻璃棒、量筒、烧杯(50 mL)、锥形瓶(250 mL)、容量瓶(100 mL)、移液管(25 mL)、洗耳球、洗瓶。

2. 试剂

HCl(0.1 mol/L)滴定液、药用 NaOH、酚酞指示剂、甲基橙指示剂。

【内容与步骤】

迅速精密称取样品约 0.35 g，置于 50 mL 小烧杯中，加少量纯化水溶解后，定量转移至 100 mL 容量瓶中，加水稀释至刻度，摇匀，备用。

从容量瓶中精密吸取 25 mL 样品溶液，置于 250 mL 锥形瓶中，加纯化水 25 mL 和 2 滴酚酞指示剂，用 HCl 滴定液滴定至溶液的红色刚好消失，记录所用 HCl 滴定液的体积 V_1 mL，然后加入甲基橙指示剂 2 滴，继续用 HCl 滴定液滴定至溶液由黄色变为橙黄色(或橙色)，记录所用 HCl 滴定液的体积 V_2 mL。平行测定 3 次，分别求出混合碱中 NaOH 和 Na_2CO_3 的百分含量。

【注意事项】

1. 样品溶液中含有大量的 OH^-，滴定前不宜将样品溶液久置于空气中，否则易吸收 CO_2 使 NaOH 量减少，而使 Na_2CO_3 量增多。

2. 在第一计量点之前，不应有 CO_2 损失，如果溶液中 HCl 局部浓度过大，则会引起 CO_2 损失，带来较大的误差。因此，滴定时应将溶液置于冰水中冷却，滴定时速度不要太快，摇动锥形瓶，使 HCl 分散均匀；但滴定速度也不能太慢，以免溶液吸收空气中的 CO_2。

【数据记录与处理】

1. 数据记录

年　月　日

项目	1	2	3
药用 NaOH 的质量 m(g)			
试样体积 V(mL)	25.00	25.00	25.00
HCl 滴定液的体积 V_1(mL)(酚酞变色时)	$V_{终}$	$V_{终}$	$V_{终}$
	$V_{初}$	$V_{初}$	$V_{初}$
	$V_{消}$	$V_{消}$	$V_{消}$
HCl 滴定液的体积 V_2(mL)(甲基橙变色时)	$V_{终}$	$V_{终}$	$V_{终}$
	$V_{初}$	$V_{初}$	$V_{初}$
	$V_{消}$	$V_{消}$	$V_{消}$
NaOH 的含量(%)			

续表

项目	1	2	3
Na_2CO_3的含量(%)			
NaOH的平均含量(%)			
Na_2CO_3的平均含量(%)			
NaOH%相对平均偏差 $R\bar{d}$			
Na_2CO_3%相对平均偏差 $R\bar{d}$			

2. 数据处理

根据 $NaOH\% = \dfrac{c \times (V_1 - V_2) \times M_{NaOH} \times 10^3}{m_s} \times 100\%$，求 $R\bar{d}$。

根据 $Na_2CO_3\% = \dfrac{1}{2} \times \dfrac{c \times 2V_2 \times M_{Na_2CO_3} \times 10^3}{m_s} \times 100\%$，求 $R\bar{d}$。

【思考】

1. 若没有将标定 HCl 的基准无水碳酸钠置于 270～300 ℃干燥，则对 HCl 滴定液的浓度产生什么影响？对本次测定又有何影响？

2. 用双指示剂法测定混合碱时，若消耗 HCl 滴定液的体积为 $V_1 < V_2$，则试样的组成可能是什么？若 $V_1 = V_2$，则试样的组成又可能是什么？

综合实训 3　药用硼砂含量的测定

【目的】

1. 熟练掌握用间接法测定药用硼砂含量的方法。
2. 熟练掌握硼砂含量的计算方法。
3. 进一步熟悉常用的滴定仪器的使用。
4. 学会用酚酞指示剂指示滴定终点的方法和用指示剂调节溶液酸碱性的方法。

【原理】

药用硼砂水溶液呈碱性，其 $K_b > 10^{-8}$，与 HCl 的化学反应式为：

$$2HCl + Na_2B_4O_7 + 5H_2O = 4H_3BO_3 + 2NaCl$$

在化学计量点前，溶液中未反应完的硼砂和反应生成的硼酸构成了一对缓冲对，导致上述反应不能进行完全，同时也影响滴定终点的观察。因此，《中国药典》(2010 年版)

采用间接法测定硼砂的含量，即在上述溶液中加入适量的甘油与硼酸（硼砂与盐酸的生成物）反应，生成甘油硼酸，以此来破坏溶液的缓冲对，提高反应的完成程度和滴定终点的清晰度。化学反应式如下：

$$B(OH)_3 + 2\,\begin{matrix} CH_2-OH \\ | \\ CH-OH \\ | \\ CH_2-OH \end{matrix} = \left[\begin{matrix} CH_2-O & & O-CH_2 \\ | & \diagdown \quad \diagup & | \\ HO-CH & B & CH-OH \\ | & \diagup \quad \diagdown & | \\ CH_2-O & & O-CH_2 \end{matrix}\right]^{-} + 3H_2O + H^{+}$$

甘油硼酸的 $K_a=3.0\times10^{-7}$，可以以酚酞为指示剂，用 NaOH 滴定液直接滴定。

从反应原理可知：1 mol 硼砂可生成 4 mol 硼酸，进一步生成 4 mol 甘油硼酸，滴定需消耗 4 mol NaOH（甘油硼酸与 NaOH 的反应计量关系为 1∶1）。终点时根据 NaOH 滴定液的消耗体积和浓度，间接计算硼砂的含量。

【仪器与试剂】

1. 仪器

电子天平、称量瓶、酸式滴定管（50 mL）、碱式滴定管（50 mL）、量筒（100 mL）、锥形瓶（250 mL）、电炉。

2. 试剂

硼砂（$Na_2B_4O_7\cdot10H_2O$）固体试样、0.1 mol/L HCl 溶液、0.1 mol/L NaOH 滴定液、甲基橙指示剂、酚酞指示剂、中性甘油（甘油 80 mL，加水 20 mL、酚酞 1 滴，用 0.1 mol/L NaOH 滴定液滴定至溶液呈粉红色）。

【内容与步骤】

用减量法在电子天平上准确称取 3 份药用硼砂（$Na_2B_4O_7\cdot10H_2O$），每份 0.29～0.34 g，分别置于已编号的锥形瓶中，加 25 mL 蒸馏水，然后加热溶解，冷却至室温。加甲基橙指示剂 1 滴，溶液呈黄色，用 0.1 mol/L HCl 溶液滴定至溶液呈橙红色，煮沸 2 min 后冷却至室温，若溶液呈黄色，则继续滴定至溶液呈橙红色。再加入中性甘油 80 mL 与酚酞指示剂 8 滴，用 NaOH 滴定液滴至溶液呈粉红色且 30 s 内不褪色，即为滴定终点，记录消耗 NaOH 滴定液的体积。平行测定 3 次，并做空白试验。

【注意事项】

1. 加热后的硼砂溶液必须冷却至室温后才能加入指示剂。
2. 滴定终点为溶液呈粉红色，若滴至溶液呈红色，则测定结果偏高。
3. 0.1 mol/L HCl 溶液不需要标定。
4. 碱式滴定管在装液前要用待装溶液润洗，装液后需排气泡再读数。

【数据记录与处理】

1. 数据记录

年　月　日

项目	1	2	3
药用硼砂的质量 m(g)			
NaOH 滴定液的体积 V(mL)	$V_{初}$	$V_{初}$	$V_{初}$
	$V_{终}$	$V_{终}$	$V_{终}$
	$V_{消}$	$V_{消}$	$V_{消}$
蒸馏水体积 V(mL)	25.00	25.00	25.00
NaOH 滴定液的体积 $V_{空白}$(mL)	$V_{初}$	$V_{初}$	$V_{初}$
	$V_{终}$	$V_{终}$	$V_{终}$
	$V_{消}$	$V_{消}$	$V_{消}$
$\overline{V}_{空白}$			
药用硼砂的含量(%)			
药用硼砂的平均含量(%)			
相对平均偏差 $R\overline{d}$			

2. 数据处理

根据 $$Na_2B_4O_7 \cdot 10H_2O\% = \frac{\frac{1}{4} \times c_{NaOH} \times (V_{NaOH} - \overline{V}_{空白}) \times M_{Na_2B_4O_7 \cdot 10H_2O}}{m_s} \times 100\%$$

($M_{Na_2B_4O_7 \cdot 10H_2O} = 381.37$ g/mol),求 $R\overline{d}$。

【思考】

1. 为什么不能用直接滴定法测定药用硼砂的含量?
2. 甲基橙指示剂刚好变为橙红色,说明反应进行到什么程度?为什么此时还需要加热?
3. 为什么 HCl 溶液不需要标定?中性甘油是什么?为什么要加入中性甘油?

综合实训 4　药用硫酸锌含量的测定

【目的】

1. 掌握配位滴定法测定硫酸锌含量的原理和方法。

2. 熟悉铬黑 T(EBT)金属指示剂的变色原理和判断终点的方法。

3. 学会控制硫酸锌含量测定的条件。

【原理】

以铬黑 T(EBT)为指示剂，用 EDTA 滴定液测定药用 $ZnSO_4 \cdot 7H_2O$ 含量，其作用原理如下：

终点前：$EBT + Zn^{2+} \rightleftharpoons EBT\text{-}Zn$

$EDTA + Zn^{2+} \rightleftharpoons EDTA\text{-}Zn$(无色)

终点时：$EBT\text{-}Zn$(红色) $+ EDTA \rightleftharpoons EDTA\text{-}Zn + EBT$(蓝色)

【仪器与试剂】

1. 仪器

电子天平、称量瓶、锥形瓶(250 mL)、酸式滴定管、量筒(10 mL、100 mL)。

2. 试剂

EDTA 滴定液(0.05 mol/L)、铬黑 T 指示剂、$NH_3 \cdot H_2O\text{-}NH_4Cl$ 缓冲液(pH=10)、药用硫酸锌样品。

【内容与步骤】

在电子天平上，用减重称量法精密称取 3 份硫酸锌样品，每份 0.29～0.34 g，分别置于 250 mL 锥形瓶中，加纯化水 30 mL 溶解后，加 $NH_3 \cdot H_2O\text{-}NH_4Cl$ 缓冲液(pH=10) 10 mL 与铬黑 T 指示剂 2 滴，用 EDTA 滴定液(0.05 mol/L)滴定至溶液由红色变为蓝色，记录所消耗的 EDTA 滴定液的体积。平行测定 3 次，同时做空白实验。

【注意事项】

1. 如果样品溶解缓慢，可将样品加热，冷却至室温后再滴定。

2. 注意样品是否风化，如果风化，则对样品进行处理后再测定。

【数据记录与处理】

1. 数据记录

年　月　日

项目	1	2	3
初重($ZnSO_4 \cdot 7H_2O$+称量瓶)(g)			
末重($ZnSO_4 \cdot 7H_2O$+称量瓶)(g)			

续表

项目	1	2	3
$ZnSO_4 \cdot 7H_2O$ 的质量 m(g)			
EDTA 滴定液的用量 V(mL)	$V_{终}$	$V_{终}$	$V_{终}$
	$V_{初}$	$V_{初}$	$V_{初}$
	$V_{消}$	$V_{消}$	$V_{消}$
蒸馏水的体积 V(mL)	30.00	30.00	30.00
EDTA 滴定液的用量 $\bar{V}_{空白}$	$V_{终}$	$V_{终}$	$V_{终}$
	$V_{初}$	$V_{初}$	$V_{初}$
	$V_{消}$	$V_{消}$	$V_{消}$
$\bar{V}_{空白}$			
$ZnSO_4 \cdot 7H_2O$ 的含量(%)			
$ZnSO_4 \cdot 7H_2O$ 的含量平均值(%)			
相对平均偏差 $R\bar{d}$			

2. 数据处理

根据 $w_{ZnSO_4 \cdot 7H_2O} = \dfrac{c_{EDTA} \times (V_{EDTA} - \bar{V}_{空白}) \times \dfrac{M_{ZnSO_4 \cdot 7H_2O}}{1000}}{m_{ZnSO_4 \cdot 7H_2O}}$，求 $R\bar{d}$ 。

【思考】

1. 如果样品风化，则对结果产生什么影响？
2. 本实训与 EDTA 滴定液标定有何异同？
3. 用 EDTA 测定 Zn^{2+} 含量时，为什么要加入 $NH_3 \cdot H_2O\text{-}NH_4Cl$ 缓冲液？

（刘　飞　王　丹）

附　录

附录1　弱酸、弱碱在水中的电离常数

化合物	温度(℃)	分步	K_a(或K_b)	pK_a(或pK_b)	化合物	温度(℃)	分步	K_a(或K_b)	pK_a(或pK_b)
砷酸	25	1	5.8×10^{-3}	2.24	氢氧化钙	25	1	4.0×10^{-2}	1.4
		2	1.1×10^{-7}	6.96		30	2	3.74×10^{-3}	2.43
		3	3.2×10^{-12}	11.5	羟胺	20		1.70×10^{-8}	7.97
亚砷酸	25		6×10^{-10}	9.23	氢氧化铅	25		9.6×10^{-4}	3.02
硼酸	20		7.3×10^{-10}	9.14	氢氧化银	25		1.1×10^{-4}	3.96
碳酸	25	1	4.30×10^{-7}	6.37	氢氧化锌	25		9.6×10^{-4}	3.02
		2	5.61×10^{-11}	10.25	甲酸	20		1.77×10^{-4}	3.75
铬酸	25	1	1.8×10^{-1}	0.74	乙酸	25		1.76×10^{-5}	4.75
		2	3.20×10^{-7}	6.49	乳酸	25		1.4×10^{-4}	3.85
氢氟酸	25		3.53×10^{-4}	3.45	草酸	25	1	6.5×10^{-2}	1.19
氢氰酸	25		4.93×10^{-10}	9.31		25	2	6.1×10^{-5}	4.21
氢硫酸	25	1	9.5×10^{-8}	7.02	酒石酸	25	1	1.04×10^{-3}	2.98
		2	1.3×10^{-14}	13.9		25	2	4.55×10^{-5}	4.34
过氧化氢	25		2.4×10^{-12}	11.62	琥珀酸	25	1	6.89×10^{-5}	4.16
次氯酸	25		3.0×10^{-8}	7.53		25	2	2.47×10^{-6}	5.61
次溴酸	25		2.06×10^{-9}	8.69	丙二酸	25	1	1.49×10^{-3}	2.83
次碘酸	25		2.3×10^{-11}	10.64			2	2.03×10^{-6}	5.69
碘酸	25		1.69×10^{-1}	0.77	苯甲酸	25		6.46×10^{-5}	4.19
亚硝酸	25		7.1×10^{-4}	3.16	邻苯二甲酸	25	1	1.3×10^{-3}	2.89
磷酸	25	1	7.52×10^{-3}	2.12			2	3.9×10^{-6}	5.51
		2	6.23×10^{-8}	7.21	水杨酸	19	1	1.07×10^{-3}	2.97

续表

化合物	温度(℃)	分步	K_a(或K_b)	pK_a(或pK_b)	化合物	温度(℃)	分步	K_a(或K_b)	pK_a(或pK_b)
	18	3	2.2×10^{-13}	12.66		18	2	4×10^{-14}	13.4
亚磷酸	18	1	1.4×10^{-1}	0.85	乙二胺	25	1	8.5×10^{-5}	4.07
		2	2.6×10^{-7}	6.59		25	2	7.1×10^{-8}	7.15
硅酸	30	1	2.2×10^{-10}	9.66	尿素	21		1.26×10^{-14}	13.9
		2	2×10^{-12}	11.7	吡啶	20		2.21×10^{-10}	9.65
		3	1.0×10^{-12}	12	吗啡	25		1.62×10^{-6}	5.79
硫酸	25	2	1.2×10^{-2}	1.92	烟碱	25	1	1.05×10^{-6}	5.98
亚硫酸	18	1	1.20×10^{-2}	1.81		25	2	1.32×10^{-11}	10.88
		2	6.3×10^{-8}	7.2	奎宁	25	1	3.31×10^{-6}	5.48
氨水	25		1.76×10^{-5}	4.75		25	2	1.35×10^{-10}	9.87

附录 2 国际原子量表(2007)

原子序数	元素		原子量	原子序数	元素		原子量
	符号	名称			符号	名称	
1	H	氢	1.00794(7)	14	Si	硅	28.0855(3)
2	He	氦	4.002602(2)	15	P	磷	30.973762(4)
3	Li	锂	[6.9411(2)]	16	S	硫	32.066(6)
4	Be	铍	9.012182(3)	17	Cl	氯	35.4527(9)
5	B	硼	10.811(7)	18	Ar	氩	39.948(1)
6	C	碳	12.0107(8)	19	K	钾	39.0984(1)
7	N	氮	14.00674(7)	20	Ca	钙	40.078(4)
8	O	氧	15.9994(3)	21	Sc	钪	44.95591(8)
9	F	氟	18.9984032(5)	22	Ti	钛	47.867(1)
10	Ne	氖	20.1797(6)	23	V	钒	50.9415(1)
11	Na	钠	22.98977(2)	24	Cr	铬	51.9961(6)
12	Mg	镁	24.3050(6)	25	Mn	锰	54.938049(9)
13	Al	铝	26.981538(2)	26	Fe	铁	55.845(2)

续表

原子序数	元素		原子量	原子序数	元素		原子量
	符号	名称			符号	名称	
27	Co	钴	58.9332(9)	58	Ce	铈	140.116(1)
28	Ni	镍	58.6934(2)	59	Pr	镨	140.90765(2)
29	Cu	铜	63.546(3)	60	Nd	钕	144.24(3)
30	Zn	锌	65.39(2)	61	Pm	钷	[145]
31	Ga	镓	69.723(1)	62	Sm	钐	150.36(3)
32	Ge	锗	72.61(2)	63	Eu	铕	151.964(1)
33	As	砷	74.9216(2)	64	Gd	钆	157.25(3)
34	Se	硒	78.96(3)	65	Tb	铽	158.92534(2)
35	Br	溴	79.904(1)	66	Dy	镝	162.5(3)
36	Kr	氪	83.80(1)	67	Ho	钬	164.93032(2)
37	Rb	铷	85.4678(3)	68	Er	铒	167.26(3)
38	Sr	锶	87.62(1)	69	Tm	铥	168.93421(2)
39	Y	钇	88.90585(2)	70	Yb	镱	173.04(3)
40	Zr	锆	91.224(2)	71	Lu	镥	174.967(1)
41	Nb	铌	92.90638(2)	72	Hf	铪	178.49(2)
42	Mo	钼	95.94(1)	73	Ta	钽	180.9479(1)
43	Te	锝	[98]	74	W	钨	183.84(1)
44	Ru	钌	101.07(2)	75	Re	铼	186.207(1)
45	Rh	铑	102.9055(2)	76	Os	锇	190.23(3)
46	Pd	钯	106.42(1)	77	Ir	铱	192.217(3)
47	Ag	银	107.8682(2)	78	Pt	铂	195.078(2)
48	Cd	镉	112.411(8)	79	Au	金	196.96655(2)
49	In	铟	114.818(3)	80	Hg	汞	200.59(2)
50	Sn	锡	118.71(7)	81	Tl	铊	204.3833(2)
51	Sb	锑	121.76(1)	82	Pb	铅	207.2(1)
52	Te	碲	127.6(3)	83	Bi	铋	208.98038(2)
53	I	碘	126.90447(3)	84	Po	钋	[210]
54	Xe	氙	131.29(2)	85	At	砹	[210]
55	Cs	铯	132.90945(2)	86	Rn	氡	[222]
56	Ba	钡	137.327(7)	87	Fr	钫	[223]
57	La	镧	138.9055(2)	88	Ra	镭	[226]

续表

原子序数	元素		原子量	原子序数	元素		原子量
	符号	名称			符号	名称	
89	Ac	锕	[227]	104	Rf	𬬻	[261]
90	Th	钍	232.0381(1)	105	Db	𬭊	[262]
91	Pa	镤	231.03588(2)	106	Sg	𬭳	[266]
92	U	铀	238.0289(1)	107	Bh	𬭛	[264]
93	Np	镎	[237]	108	Hs	𬭶	[269]
94	Pu	钚	[244]	109	Mt	鿏	[268]
95	Am	镅	[243]	110	Ds	𫟼	[269]
96	Cm	锔	[247]	111	Rg	𬬭	[272]
97	Bk	锫	[247]	112	Uub	[]	[277]
98	Cf	锎	[251]				
99	Es	锿	[252]				
100	Fm	镄	[257]				
101	Md	钔	[258]				
102	No	锘	[259]				
103	Lr	铹	[262]				

注:( )表示原子量数值最后一位的不确定性,[ ]中的数值用于某些放射性元素,它们的准确原子量因与来源无关而无法提供。

附录3 难溶化合物的溶度积(18~25 ℃)

名称	化学式	溶度积K_{sp}	名称	化学式	溶度积K_{sp}
砷酸银	Ag_3AsO_4	1.0×10^{-22}	硫酸钙	$CaSO_4$	1.0×10^{-5}
溴化银	$AgBr$	5.0×10^{-13}	草酸镉	CdC_2O_4	1.5×10^{-8}
溴酸银	$AgBrO_3$	5.5×10^{-5}	氢氧化镉	$Cd(OH)_2$	$(2\sim0.6)\times10^{-14}$
氰化银	$AgCN$	1.2×10^{-16}	碳酸钴	$CoCO_3$	1.4×10^{-13}
碳酸银	Ag_2CO_3	8.1×10^{-12}	草酸钴	CoC_2O_4	6×10^{-8}
草酸银	$Ag_2C_2O_4$	3.5×10^{-11}	氢氧化钴	$Co(OH)_2$	$(2\sim0.2)\times10^{-15}$
氯化银	$AgCl$	1.8×10^{-10}	氢氧化铬	$Cr(OH)_3$	6.7×10^{-31}
铬酸银	Ag_2CrO_4	4.0×10^{-12}	溴化亚铜	$CuBr$	5.3×10^{-9}
碘化银	AgI	8.3×10^{-17}	氰化亚铜	$CuCN$	3.2×10^{-20}

续表

名称	化学式	溶度积K_{sp}	名称	化学式	溶度积K_{sp}
碘酸银	$AgIO_3$	3×10^{-8}	碳酸铜	$CuCO_3$	2.4×10^{-10}
磷酸银	Ag_3PO_4	1.0×10^{-20}	草酸铜	CuC_2O_4	3×10^{-8}
硫化银	Ag_2S	6×10^{-50}	氯化亚铜	$CuCl$	1.0×10^{-6}
硫酸银	Ag_2SO_4	2×10^{-5}	氢氧化铜	$Cu(OH)_2$	2.2×10^{-20}
氢氧化铝	$Al(OH)_3$	1.0×10^{-32}	碱式碳酸铜	$Cu_2(OH)_2CO_3$	1.7×10^{-34}
碳酸钡	$BaCO_3$	5×10^{-9}	硫化铜	CuS	6.0×10^{-36}
草酸钡	BaC_2O_4	1.1×10^{-7}	硫化亚铜	Cu_2S	1.0×10^{-49}
铬酸钡	$BaCrO_4$	1.6×10^{-10}	碳酸亚铁	$FeCO_3$	2.5×10^{-11}
氟化钡	BaF_2	1.7×10^{-6}	草酸亚铁	FeC_2O_4	2.0×10^{-7}
硫酸钡	$BaSO_4$	1.1×10^{-10}	氢氧化锰	$Mn(OH)_2$	2×10^{-13}
氢氧化亚铁	$Fe(OH)_2$	1.0×10^{-15}	硫化锰	MnS(粉红色)	2.5×10^{-10}
氢氧化铁	$Fe(OH)_3$	3.8×10^{-38}	溴化铅	$PbBr_2$	9.1×10^{-6}
磷酸铁	$FePO_4$	1.3×10^{-22}	碳酸铅	$PbCO_3$	7.5×10^{-14}
硫化亚铁	FeS	5×10^{-18}	草酸铅	PbC_2O_4	3.5×10^{-11}
硫酸亚汞	Hg_2SO_4	6×10^{-7}	氯化铅	$PbCl_2$	2×10^{-5}
碘化亚汞	Hg_2I_2	4.5×10^{-29}	铬酸铅	$PbCrO_4$	1.8×10^{-14}
硫化汞	HgS(黑色)	1.6×10^{-52}	碘化铅	PbI_2	8.0×10^{-9}
硫化亚汞	Hg_2S	1.0×10^{-47}	磷酸铅	$Pb_3(PO_4)_2$	8.0×10^{-43}
碳酸锂	Li_2CO_3	2.0×10^{-3}	硫化铅	PbS	1.0×10^{-27}
磷酸锂	Li_3PO_4	3.2×10^{-9}	硫酸铅	$PbSO_4$	1.6×10^{-8}
碳酸镁	$MgCO_3$	2×10^{-5}	硫化锡	SnS	1.0×10^{-26}
草酸镁	MgC_2O_4	8.6×10^{-5}	碳酸锶	$SrCO_3$	1.0×10^{-10}
氢氧化镁	$Mg(OH)_2$	$(2\sim0.6)\times10^{-11}$	草酸锶	SrC_2O_4	5.6×10^{-8}
氟化镁	MgF_2	7×10^{-9}	氢氧化锶	$Sr(OH)_2$	3.2×10^{-4}
碳酸钙	$CaCO_3$	1.0×10^{-11}	碳酸锌	$ZnCO_3$	1.5×10^{-11}
草酸钙	CaC_2O_2	5.0×10^{-9}	草酸锌	ZnC_2O_4	1.5×10^{-9}
铬酸钙	$CaCrO_4$	2.0×10^{-9}	氢氧化锌	$Zn(OH)_2$	1.0×10^{-17}
氟化钙	CaF_2	4.0×10^{-11}	硫化锌	$ZnS(\alpha)$	1.6×10^{-24}
氢氧化钙	$Ca(OH)_2$	5.5×10^{-6}	硫化锌	$ZnS(\beta)$	2.5×10^{-22}
磷酸钙	$Ca_3(PO_4)_2$	1.0×10^{-29}	氢氧化锆	$Zr(OH)_4$	1.0×10^{-54}

附录 4 标准电极电势表(298.15 K,水溶液)

电极反应				E^θ (V)
氧化态(O_x)	电子数		还原态(Red)	
Li^+	$+e^-$	$\rightleftharpoons$	Li	−3.045
K^+	$+e^-$	$\rightleftharpoons$	K	−2.924
Ba^{2+}	$+2e^-$	$\rightleftharpoons$	Ba	−2.905
Ca^{2+}	$+2e^-$	$\rightleftharpoons$	Ca	−2.866
Na^+	$+e^-$	$\rightleftharpoons$	Na	−2.714
Mg^{2+}	$+2e^-$	$\rightleftharpoons$	Mg	−2.363
Al^{3+}	$+3e^-$	$\rightleftharpoons$	Al	−1.663
$ZnO_2^{2-}+2H_2O$	$+2e^-$	$\rightleftharpoons$	$Zn+4OH^-$	−1.216
$SO_4^{2-}+2H_2O$	$+2e^-$	$\rightleftharpoons$	$SO_3^{2-}+2OH^-$	−0.93
$2H_2O$	$+2e^-$	$\rightleftharpoons$	H_2+2OH^-	−0.828
Zn^{2+}	$+2e^-$	$\rightleftharpoons$	Zn	−0.763
Cr^{3+}	$+3e^-$	$\rightleftharpoons$	Cr	−0.744
$AsO_4^{3-}+2H_2O$	$+2e^-$	$\rightleftharpoons$	$AsO_2^-+4OH^-$	−0.67
$SO_3^{2-}+3H_2O$	$+4e^-$	$\rightleftharpoons$	$S_2O_3^{2-}+6OH^-$	−0.58
$2CO_2+2H^+$	$+2e^-$	$\rightleftharpoons$	$H_2C_2O_4$	−0.49
Fe^{2+}	$+2e^-$	$\rightleftharpoons$	Fe	−0.440
Cr^{3+}	$+e^-$	$\rightleftharpoons$	Cr^{2+}	−0.407
Cd^{2+}	$+2e^-$	$\rightleftharpoons$	Cd	−0.403
Cu_2O+H_2O	$+2e^-$	$\rightleftharpoons$	$2Cu+2OH^-$	−0.36
AgI	$+e^-$	$\rightleftharpoons$	$Ag+I^-$	−0.152
Sn^{2+}	$+2e^-$	$\rightleftharpoons$	Sn	−0.136
Pb^{2+}	$+2e^-$	$\rightleftharpoons$	Pb	−0.126
$CrO_4^{2-}+4H_2O$	$+3e^-$	$\rightleftharpoons$	$Cr(OH)_3+5OH^-$	−0.13
Fe^{3+}	$+3e^-$	$\rightleftharpoons$	Fe	−0.037
$2H^+$	$+2e^-$	$\rightleftharpoons$	H_2	0.0000

续表

电极反应				E^{θ} (V)
氧化态(O_x)	电子数		还原态(Red)	
$NO_3^- + H_2O$	$+2e^-$	⇌	$NO_2^- + 2OH^-$	0.01
AgBr	$+e^-$	⇌	$Ag + Br^-$	0.071
Sn^{4+}	$+2e^-$	⇌	Sn^{2+}	0.151
Cu^{2+}	$+e^-$	⇌	Cu^+	0.153
$S_4O_6^{2-}$	$+2e^-$	⇌	$2S_2O_3^{2-}$	0.17
$S + 2H^+$	$+2e^-$	⇌	H_2S	0.17
$SO_4^{2-} + 4H^+$	$+2e^-$	⇌	$H_2SO_3 + H_2O$	0.17
AgCl	$+e^-$	⇌	$Ag + Cl^-$	0.222
$IO_3^- + 3H_2O$	$+6e^-$	⇌	$I^- + 6OH^-$	0.25
Hg_2Cl_2	$+2e^-$	⇌	$2Hg + 2Cl^-$	0.268
Cu^{2+}	$+2e^-$	⇌	Cu	0.34
$[Fe(CN)_6]^{3-}$	$+e^-$	⇌	$[Fe(CN)_6]^{4-}$	0.356
$O_2 + 2H_2O$	$+4e^-$	⇌	$4OH^-$	0.401
Cu^+	$+e^-$	⇌	Cu	0.520
I_2	$+2e^-$	⇌	$2I^-$	0.536
I_3^-	$+2e^-$	⇌	$3I^-$	0.545
MnO_4^-	$+e^-$	⇌	MnO_4^{2-}	0.564
$IO_3^- + 2H_2O$	$+4e^-$	⇌	$IO^- + 4OH^-$	0.56
$MnO_4^- + 2H_2O$	$+3e^-$	⇌	$MnO_2 + 4OH^-$	0.60
$ClO_3^- + 3H_2O$	$+6e^-$	⇌	$Cl^- + 6OH^-$	0.63
$O_2 + 2H^+$	$+2e^-$	⇌	H_2O_2	0.682
Fe^{3+}	$+e^-$	⇌	Fe^{2+}	0.771
Hg_2^{2+}	$+2e^-$	⇌	2Hg	0.788
Ag^+	$+e^-$	⇌	Ag	0.799
Hg^{2+}	$+2e^-$	⇌	Hg	0.920
$NO_3^- + 4H^+$	$+3e^-$	⇌	$NO + 2H_2O$	0.957

续表

电极反应				E^{θ} (V)
氧化态(O_x)	电子数		还原态(Red)	
$HNO_2 + H^+$	$+e^-$	$\rightleftharpoons$	$NO + H_2O$	1.00
Br_2	$+2e^-$	$\rightleftharpoons$	$2Br^-$	1.065
$IO_3^- + 6H^+$	$+6e^-$	$\rightleftharpoons$	$I^- + 3H_2O$	1.085
$2IO_3^- + 12H^+$	$+10e^-$	$\rightleftharpoons$	$I_2 + 6H_2O$	1.19
$O_2 + 4H^+$	$+4e^-$	$\rightleftharpoons$	$2H_2O$	1.228
$MnO_2 + 4H^+$	$+2e^-$	$\rightleftharpoons$	$Mn^{2+} + 2H_2O$	1.228
$Cr_2O_7^{2-} + 14H^+$	$+6e^-$	$\rightleftharpoons$	$2Cr^{3+} + 7H_2O$	1.333
$HBrO + H^+$	$+2e^-$	$\rightleftharpoons$	$Br^- + H_2O$	1.34
Cl_2	$+2e^-$	$\rightleftharpoons$	$2Cl^-$	1.359
$2ClO_4^- + 16H^+$	$+14e^-$	$\rightleftharpoons$	$Cl_2 + 8H_2O$	1.39
$BrO_3^- + 6H^+$	$+6e^-$	$\rightleftharpoons$	$Br^- + 3H_2O$	1.44
$PbO_2 + 4H^+$	$+2e^-$	$\rightleftharpoons$	$Pb^{2+} + 2H_2O$	1.449
$ClO_3^- + 6H^+$	$+6e^-$	$\rightleftharpoons$	$Cl^- + 3H_2O$	1.451
$2HIO + 2H^+$	$+2e^-$	$\rightleftharpoons$	$I_2 + 2H_2O$	1.45
$2ClO_3^- + 12H^+$	$+10e^-$	$\rightleftharpoons$	$Cl_2 + 6H_2O$	1.470
$HClO + H^+$	$+2e^-$	$\rightleftharpoons$	$Cl^- + H_2O$	1.494
$MnO_4^- + 8H^+$	$+5e^-$	$\rightleftharpoons$	$Mn^{2+} + 4H_2O$	1.507
$2BrO_3^- + 12H^+$	$+10e^-$	$\rightleftharpoons$	$Br_2 + 6H_2O$	1.52
$2HBrO + 2H^+$	$+2e^-$	$\rightleftharpoons$	$Br_2 + 2H_2O$	1.59
Ce^{4+}	$+e^-$	$\rightleftharpoons$	Ce^{3+}	1.61
$2HClO + 2H^+$	$+2e^-$	$\rightleftharpoons$	$Cl_2 + 2H_2O$	1.630
$MnO_4^- + 4H^+$	$+3e^-$	$\rightleftharpoons$	$MnO_2 + 2H_2O$	1.692
Pb^{4+}	$+2e^-$	$\rightleftharpoons$	Pb^{2+}	1.694
$H_2O_2 + 2H^+$	$+2e^-$	$\rightleftharpoons$	$2H_2O$	1.776
$S_2O_8^{2-}$	$+2e^-$	$\rightleftharpoons$	$2SO_4^{2-}$	2.01
$O_3 + 2H^+$	$+2e^-$	$\rightleftharpoons$	$O_2 + H_2O$	2.07
F_2	$+2e^-$	$\rightleftharpoons$	$2F^-$	2.87

附录 5 部分氧化还原电对的条件电极电势

电极反应				溶液成分
氧化态(O_x)		还原态(Red)	$E^{\Theta'}$(V)	
$AgI + e^-$	$\rightleftharpoons$	$Ag + I^-$	−1.37	1 mol/L KI
$Ag^+ + e^-$	$\rightleftharpoons$	Ag	0.77	1 mol/L H_2SO_4
			0.792	1 mol/L $HClO_4$
$Fe^{3+} + e^-$	$\rightleftharpoons$	Fe^{2+}	−0.68	10 mol/L NaOH
			0.01	1 mol/L $K_2C_2O_4$，pH=5
			0.07	0.5 mol/L 酒石酸钠，pH=5～8
			0.46	2 mol/L H_3PO_4
			0.53	10 mol/L HCl
			0.64	5 mol/L HCl
			0.68	1 mol/L H_2SO_4
			0.70	1 mol/L HCl
			0.71	0.5 mol/L HCl
			0.767	1 mol/L $HClO_4$
$Sn^{4+} + 2e^-$	$\rightleftharpoons$	Sn^{2+}	−0.63	1 mol/L $HClO_4$
			0.14	1 mol/L HCl
$Cr^{3+} + e^-$	$\rightleftharpoons$	Cr^{2+}	−0.40	5 mol/L HCl
			−0.37	0.1～0.5 mol/L H_2SO_4
			−0.26	饱和 $CaCl_2$
$Pb(II) + 2e^-$	$\rightleftharpoons$	Pb	−0.32	1 mol/L NaAc
$CrO_4^{2-} + 2H_2O + 3e^-$	$\rightleftharpoons$	$CrO_2^- + 4OH^-$	−0.12	1 mol/L NaOH
$Cr_2O_7^{2-} + 14H^+ + 6e^-$	$\rightleftharpoons$	$2Cr^{3+} + 7H_2O$	0.84	0.1 mol/L $HClO_4$
			0.92	0.1 mol/L H_2SO_4
			0.93	0.1 mol/L HCl
			1.00	1 mol/L HCl
			1.05	2 mol/L HCl

续表

电极反应				
氧化态(O_x)		还原态(Red)	E^θ(V)	溶液成分
			1.08	3 mol/L HCl
			1.11	2 mol/L H_2SO_4
			1.15	4 mol/L H_2SO_4
$Ce^{4+} + e^-$	$\rightleftharpoons$	Ce^{3+}	0.06	2.5 mol/L K_2CO_3
			1.28	1 mol/L HCl
			1.44	1 mol/L H_2SO_4
			1.61	1 mol/L HNO_3
			1.70	1 mol/L $HClO_4$
$SO_4^{2-} + 4H^+ + 2e^-$	$\rightleftharpoons$	$SO_2 + 2H_2O$	0.07	1 mol/L H_2SO_4
$I_3^- + 2e^-$	$\rightleftharpoons$	$3I^-$	0.545	0.5 mol/L H_2SO_4
$[Fe(CN)_6]^{3-} + e^-$	$\rightleftharpoons$	$[Fe(CN)_6]^{4-}$	0.48	0.01 mol/L HCl
			0.56	0.1 mol/L HCl
			0.71	1 mol/L HCl
			0.72	1 mol/L $HClO_4$
			0.72	1 mol/L H_2SO_4
$H_3AsO_4 + 2H^+ + 2e^-$	$\rightleftharpoons$	$HAsO_2 + 2H_2O$	0.577	1 mol/L HCl(或 $HClO_4$)
$Sb^{5+} + 2e^-$	$\rightleftharpoons$	Sb^{3+}	−0.589	10 mol/L KOH

附录6　化学试剂的分类、标志、使用及安全常识

一、常用易燃、易爆化学试剂

序号	类别	试剂名称
1	苯类	苯、甲苯、二甲苯、联苯、异丙苯、硝基苯、对二甲苯、氯苯、乙基苯
2	胺类	氨水、甲胺(水溶液)、二甲胺溶液、二乙胺、乙二胺、三甲胺、三乙胺、正丙胺、异丙胺
3	醇类	甲醇、无水甲醇、苯甲醇、乙醇、无水乙醇、正丙醇、异丙醇、正丁醇、异丁醇、正己醇、乙二醇
4	烯、腈类	乙腈、四氢呋喃、偏氯乙烯、四氯乙烯、氯丙烯、喹啉、溴丙烯、苯乙烯
5	醚类	乙醚、无水乙醚、石油醚、苯甲醚、正丙醚、异丙醚、叔丁基甲醚、二苯醚(苯醚)

续表

序号	类别	试剂名称
6	酮类	丙酮、工业丙酮、乙酰丙酮、丁酮、氯丙酮、丙酮基丙酮
7	脂类	乙酸乙酯、甲酸乙酯、苯甲酸甲酯、水杨酸甲酯、氯乙酸甲酯、溴乙酸甲酯、正戊酸甲酯、丙烯酸甲酯
8	醛类	甲醛、乙醛、苯甲醛、呋喃甲醛(糠醛)、水杨醛、柠檬醛、正戊醛、正己醛
9	烷类	氯仿(三氯甲烷)、二氯甲烷、正己烷、四氯化碳、环己烷、环氧乙烷、溴甲烷、溴乙烷、正戊烷
10	固体类	金属钠、镁屑、赤(红)磷、五氧化二磷、硝酸铵、铅粉、高氯酸钾、氢化钠、氢化锂、硝酸钾、过氧化铅

二、试剂毒性的分类

1. 分类

第一类溶剂:指已知可以致癌并被强烈怀疑为对人和环境有害的溶剂,如苯、四氯化碳、1,2—二氯乙烷、1,1—二氯乙烷、1,1,1-三氯乙烷。

第二类溶剂:指无基因毒性但有动物致癌性的溶剂,如甲醇、甲苯、二甲苯、氯仿、乙腈、甲酰胺、环己烷、正己烷。

第三类溶剂:指对人体低毒的溶剂,如甲酸、乙酸、乙醚、丙酮、甲酸乙酯、乙酸乙酯、乙酸甲酯、乙酸丙酯。

2. 符号说明标志图

符号	E	T	F	F+	F++	Xi	T+	O	C	Xn	N
说明	易爆	有毒	易燃	很易燃	极易燃	刺激	极毒	氧化剂	腐蚀	有害	危害环境

三、化学试剂的安全防护

1. 防毒

(1)有毒气体,应在通风橱内进行操作,如 H_2S、Cl_2、Br_2、NO_2、浓 HCl 和 HF 等。

(2)有特殊气味的试剂,应在通风良好的情况下使用,如苯、四氯化碳、乙醚、硝基苯等。

(3)会透过皮肤的药品,应避免与皮肤接触,如苯、有机溶剂、汞等。

(4)剧毒药品,应妥善保管,如氰化物、高汞盐[$HgCl_2$、$Hg(NO_3)_2$ 等]、可溶性钡盐($BaCl_2$)、重金属盐(如铅盐、镉盐)、三氧化二砷等。

2. 防爆

(1)使用可燃性气体时,要防止气体逸出,要求室内通风良好。

(2)操作大量可燃性气体时,严禁同时使用明火,还要防止发生电火花及其他撞击火花。

(3)有些易爆炸药品需要防震和隔热。

(4)分类存放,严禁将强氧化剂和强还原剂放在一起。

(5)久置的乙醚在使用前应除去其中可能产生的过氧化物。

3. 防火

(1)易燃有机溶剂忌明火、电火花或静电放电,如乙醚、丙酮、乙醇、苯。

(2)勿将废弃试剂倒入下水道,聚集后易引起火灾。

(3)有些物质在空气中易氧化自燃,如磷、金属钠、钾、铁粉、锌粉、铝粉、电石及金属氧化物等,应隔绝空气保存。常用的灭火剂有水、沙、二氧化碳灭火器、四氯化碳灭火器、泡沫灭火器和干粉灭火器等。

4. 防灼伤

(1)强酸、强碱、强氧化剂、溴、磷、钠、钾、苯酚、冰醋酸等均会腐蚀皮肤,应特别防止溅入眼内。

(2)液氧、液氮等会严重灼伤皮肤,使用时要小心。

四、使用常用试剂时注意事项和事故处理

序号	试剂名称	注意事项	事故处理
1	酸	稀释硫酸时应将硫酸缓慢倒入水中,不可反操作。挥发性的酸如盐酸、醋酸、硝酸、三氯乙酸、三氟甲磺酸、高氯酸等,应在通风橱中进行操作,并带上口罩、防护镜	被酸灼伤时,先用大量水冲洗,然后再用3%~5%碳酸氢钠溶液清洗,再用水冲洗。严重者迅速就医
2	碱	使用氢氧化钠、氢氧化钾、氨水等时,穿白大衣并戴手套。应用玻璃器皿称量 NaOH 和 KOH。氨水应在通风橱中进行操作	皮肤接触:立即用水冲洗至少 15 min。若有灼伤,则就医治疗。眼睛接触:立即提起眼睑,用流动清水或生理盐水冲洗至少15 min,或用 3%硼酸溶液冲洗,严重者迅速就医
3	三氯甲烷	具有中等毒性,对皮肤、眼睛、黏膜和呼吸道有刺激作用;是一种致癌剂,可损害肝和肾,易挥发,应避免吸入挥发的气体。操作时戴合适的手套和安全眼镜,并始终在化学通风橱中进行。易燃	眼睛接触:立即提起眼睑,用大量流动清水或生理盐水进行彻底冲洗。吸入:迅速脱离现场至空气新鲜处,保持呼吸道通畅。灭火:在上风处灭火,灭火剂有二氧化碳、砂土
4	二氯甲烷	低毒,具有麻醉作用,主要损害中枢神经和呼吸系统。易燃	吸入:迅速脱离现场至空气新鲜处,保持呼吸道通畅。灭火:用砂土、泡沫、二氧化碳灭火
5	甲苯	属低毒类,对皮肤、黏膜有刺激性,对中枢神经系统有麻醉作用	吸入:迅速脱离现场至空气新鲜处,保持呼吸道通畅。灭火:用砂土、泡沫、二氧化碳灭火,用水灭火无效
6	苯	属中等毒性、致癌性、致突变性类。易燃,其蒸气可与空气形成爆炸性混合物。操作时戴手套、口罩、防护镜,并在通风橱中进行	灭火:用雾状水、泡沫、干粉、二氧化碳、砂土灭火,用水灭火无效

续表

序号	试剂名称	注意事项	事故处理
7	甲醛	有很大的毒性且易挥发，也是一种致癌剂，很容易通过皮肤对眼睛、黏膜和上呼吸道产生刺激和损伤作用。应避免吸入其挥发的气雾。操作时戴合适的手套和安全眼镜，始终在化学通风橱中进行。远离热、火花及明火	皮肤接触：用肥皂水及清水进行彻底冲洗，或用2%碳酸氢钠溶液冲洗
8	苯甲醛	对眼睛、呼吸道黏膜有一定的刺激作用	灭火：用泡沫、二氧化碳、干粉、砂土灭火，用水灭火无效
9	丙酮	属低毒类。其蒸气可与空气形成爆炸性混合物。遇明火、高热时极易燃烧、爆炸。可与氧化剂能发生强烈反应	灭火：用泡沫、干粉、二氧化碳、砂土灭火，用水灭火无效
10	乙酸乙酯	属低毒类，易燃	灭火：用抗溶性泡沫、二氧化碳、干粉、砂土灭火，用水灭火无效
11	乙醇	属微毒类，易燃	灭火：用抗溶性泡沫、二氧化碳、干粉、砂土灭火
12	正丁醇	属微毒类，易燃	灭火：用抗溶性泡沫、二氧化碳、干粉、砂土、1211 灭火剂、雾状水灭火
13	甲醇	属中等毒类，对视神经和视网膜具有特殊选择作用，能引起眼睛失明；可导致代谢性酸中毒。操作时戴合适的手套和安全护目镜，只能在化学通风橱进行	灭火：用抗溶性泡沫、二氧化碳、干粉、砂土灭火
14	乙醚	属微毒类，其蒸气可与空气形成爆炸性混合物。遇明火、高热时极易燃烧爆炸。与氧化剂能发生强烈反应。在空气中久置后能生成具有爆炸性的过氧化物	灭火：用泡沫、二氧化碳、干粉、砂土灭火，用水灭火无效
15	石油醚	属微毒类，易燃	灭火：用泡沫、二氧化碳、干粉、砂土灭火，用水灭火无效
16	对硝基苯酚	毒害品，对皮肤有强烈刺激作用。具有致突变性	皮肤接触：用肥皂水或清水进行彻底冲洗。眼睛接触：立即提起眼睑，用大量流动的清水或生理盐水冲洗
17	异丙醇	属微毒类，易燃	灭火：用抗溶性泡沫、二氧化碳、干粉、砂土灭火
18	环己烷	属低毒类，有刺激和麻醉作用。极易燃，其蒸气可与空气形成爆炸性混合物。遇明火、高热时极易燃烧、爆炸。与氧化剂能发生强烈反应，甚至引起燃烧。在火场中，受热的容器有爆炸危险	灭火：用泡沫、二氧化碳、干粉、砂土灭火，用水灭火无效
19	乙酸	属低毒类，吸入后对鼻、喉和呼吸道有刺激作用，对眼有强烈的刺激作用	皮肤接触：立即用水冲洗至少 15 min。眼睛接触：立即提起眼睑，用流动的清水或生理盐水冲洗至少 15 min

续表

序号	试剂名称	注意事项	事故处理
20	甲酸	属低毒类，主要引起皮肤、黏膜的刺激症状。操作时戴合适的手套和安全眼镜(或面具)并在化学通风橱中进行	皮肤接触：立即用水冲洗至少 15 min。眼睛接触：立即提起眼睑，用流动的清水或生理盐水冲洗至少 15 min
21	乙腈	属中等毒类。极易挥发和易燃；是一种刺激物和化学窒息剂，可因吸入、咽下或皮肤吸收而发挥其效应。中毒严重的病人可按氰化物中毒方式处理。操作时要戴合适的手套和安全眼镜，只能在化学通风橱中进行。远离热、火花和明火	灭火：用抗溶性泡沫、二氧化碳、干粉、砂土灭火，用水灭火无效
22	溴	使用时穿白大衣并戴手套、口罩、安全眼镜	立即用大量水冲洗，再用酒精擦至无溴液，然后涂上甘油或烫伤膏，严重者就医
23	金属钠	在空气中能自燃，化学反应活性很高，在氧、氯、氟、溴蒸气中会燃烧。遇水或潮气发生猛烈反应并放出氢气，大量放热，引起燃烧或爆炸。金属钠暴露在空气或氧气中能自行燃烧并爆炸，使熔融物飞溅。与卤素、磷、许多氧化物、氧化剂和酸类剧烈反应。使用时应戴手套、口罩、安全眼镜，在石油醚或者煤油浸润下操作，切不可长时间暴露在空气中	灭火：不可用水、卤代烃(如 1211 灭火剂)、碳酸氢钠、碳酸氢钾灭火，应使用干燥氯化钠粉末、干燥石墨粉、碳酸钠干粉、碳酸钙干粉、干砂等灭火
24	金属镁	易燃，燃烧时产生强烈的白光并放出热量。遇水或潮气发生猛烈反应并放出氢气，大量放热，引起燃烧或爆炸。遇氯、溴、碘、硫、磷、砷和氧化剂剧烈反应，有燃烧、爆炸危险。粉体可与空气形成爆炸性混合物，当达到一定浓度时，遇火发生爆炸	灭火：严禁用水、泡沫、二氧化碳灭火。最好用干燥石墨粉和干砂闷熄火苗，隔绝空气。施救时须对眼睛、皮肤加以保护，以免飞来炽粒烧伤身体以及镁光灼伤视力

注：遇到以下几种情况不能用水灭火：

(1)金属钠、钾、镁、铝粉、电石、过氧化钠着火，应用干砂灭火。

(2)比水轻的易燃液体如汽油、苯、丙酮等着火，可用泡沫灭火剂灭火。

(3)有灼烧的金属或熔融物的地方着火，应用干沙或干粉灭火器灭火。

(4)电气设备或带电系统着火，可用二氧化碳灭火器或四氯化碳灭火器灭火。

五、化学试剂的贮存

(1)遇火、热、潮能引起燃烧、爆炸或发生化学反应、产生有毒气体的危险化学品，不得在露天或在潮湿、积水的建筑物中储存。

(2)受日光照射能发生化学反应并引起燃烧、爆炸、分解、化合或能产生有毒气体的危险化学品，应储存在一级建筑物中，其包装应采取避光措施。

(3)压缩气体和液化气体必须与爆炸物品、氧化剂、易燃物品、自燃物品、腐蚀性物品隔离储存;易燃气体不得与助燃气体、剧毒气体同储;氧气不得与油脂混合储存;盛装液化气体的容器属于压力容器,必须有压力表、安全阀、紧急切断装置,并定期检查,不得超装。

(4)易燃液体、遇湿易燃物品、易燃固体不得与氧化剂混合储存,具有还原性的氧化剂应单独存放。

(5)有毒物品应储存在阴凉、通风、干燥的场所,不要露天存放,也不要接近酸类物质。

(6)腐蚀性物品必须包装严密,不允许泄露,严禁与液化气体和其他物品共存。

(7)危险化学品入库时,应严格检验商品质量、数量、包装情况以及有无泄露。

六、化学试剂的处理

1. 固体废弃物

(1)分类:干燥的固体试剂;色谱分离用的吸附剂;用过的滤纸片;测定熔点的废玻璃管和一些碎玻璃。

(2)处理方法:回收;盛放在指定的容器中;有毒的固体废弃物需先经过处理,以减少毒性。

2. 水溶性废弃物

(1)特点:具有水溶性且有一定的毒性。

(2)处理方法:酸性或碱性物质先中和,并且用大量水冲洗干净;不得随便将水溶液废弃物倒入下水道。

3. 有机溶剂

(1)特点:通常不溶于水,具有高度易燃性。

(2)处理方法:倒入贴有合适标签的容器并分类存放;在合适的地方将这些溶剂点燃,且不得倒入下水道。